# 不动点方法的理论及应用

张国伟　著

科学出版社

北京

# 内 容 简 介

本书专注于应用半序以及不动点指数讨论不动点问题. 第 1 章介绍一般的半序集和与选择公理等价的 Zorn 引理, 讨论赋范线性空间中具有不同性质的锥及其导出的半序, 完整地说明锥的性质之间的关系, 给出增算子不动点定理不依赖于 Zorn 引理的证明. 第 2 章介绍连续算子的延拓和收缩核, 论述全连续算子延拓和不动点指数的内容, 重点在于一些泛函形式拉伸与压缩型条件下不动点指数的计算, 叙述全连续算子的一些不动点定理. 第 3 章介绍不动点方法在几类微分边值问题非平凡解研究中的应用. 第 4 章的内容是非紧性测度和非紧算子的不动点.

本书适合非线性泛函分析相关领域的研究人员、研究生和高年级本科生阅读和参考.

**图书在版编目(CIP)数据**

不动点方法的理论及应用/张国伟著. —北京: 科学出版社, 2017.3
ISBN 978-7-03-051938-2

Ⅰ. ①不⋯　Ⅱ. ①张⋯　Ⅲ. ①不动点方法—研究　Ⅳ. ①O189.3

中国版本图书馆 CIP 数据核字 (2017) 第 040455 号

责任编辑: 胡庆家 / 责任校对: 张凤琴
责任印制: 张　伟 / 封面设计: 迷底书装

**科学出版社** 出版
北京东黄城根北街 16 号
邮政编码: 100717
http://www.sciencep.com

北京厚诚则铭印刷科技有限公司　印刷
科学出版社发行　各地新华书店经销
*
2017 年 3 月第　一　版　开本: 720 × 1000 B5
2021 年 1 月第五次印刷　印张: 14 1/4
字数: 278 000
定价: **78.00 元**
(如有印装质量问题, 我社负责调换)

# 前　　言

　　不动点方法研究在变换下不动点的存在和非存在、个数、性质和求法, 是讨论方程是否有解的具有一般性意义的工具, 这里的方程是指从各类具体方程抽象出来的算子方程. 不动点问题无论是在拓扑学上还是在泛函分析中都是重要的内容, 自1910 年荷兰数学家 Brouwer 建立的不动点定理至今已经有较长的历史, 两位波兰数学家 Banach 和 Schauder 的不动点定理, 以及美国数学家 Lefschetz 和丹麦数学家 Nielsen 的工作, 分别是不同方向上的代表, 我国的数学家也在各个方面作出了重要的贡献, 不动点方法在代数方程、微分方程、积分方程和数理经济学等领域都有广泛的应用.

　　关于不动点方法已有很多非常出色的专著来论述, 其中一部分与本书内容相关密切的著作已在参考文献中列出. 本书限定在作者的能力和兴趣所在的范围内, 专注于应用半序以及不动点指数讨论不动点问题, 实际上全书的内容是作者的部分研究工作和一些相关文献内容的综合. 第 1 章首先介绍了一般的半序集和与选择公理等价的 Zorn 引理; 然后讨论了赋范线性空间中具有不同性质的锥及其导出的半序, 并且收集了不同空间中的锥, 它们有些在后面被使用, 同时也完整地说明了锥的性质之间关系, 有些内容是新的; 最后给出了增算子不动点定理不依赖于 Zorn 引理的证明. 第 2 章首先介绍了连续算子的延拓和收缩核, 特别给出了一些新的非凸收缩核; 然后论述了全连续算子延拓和不动点指数的内容, 重点在于一些泛函形式拉伸与压缩型条件下不动点指数的计算; 最后叙述了全连续算子的一些不动点定理. 第 3 章是不动点方法在几类微分边值问题非平凡解研究中的应用, 虽然很多结果已经在一些引用的文献中被推广或在更一般情形下被讨论, 但是其中的内容应该不失参考价值. 第 4 章的内容是非紧性测度和非紧算子的不动点, 值得注意的是, 凝聚算子不动点指数中具有一般性的同伦.

　　本书适合非线性泛函分析相关领域的研究人员、研究生和高年级本科生阅读和参考. 感谢国家自然科学基金项目 (NSFC 61473065) 的出版资助, 感谢东北大学李旭光博士在写作和出版过程中的支持和帮助欢迎读者对书中的不足之处给予批评和建议, 如有赐教, 作者不胜感激, 请将内容发至邮箱 gwzhang@mail.neu.edu.cn.

张国伟

2016 年 11 月于东北大学

# 目　　录

# 第1章  半序集与赋范线性空间中的锥

## 1.1  半序集与 Zorn 引理

**定义 1.1.1**  设 $X$ 非空集合, 如果在 $X$ 中的某些元素对 $x, y$ 之间定义一种序关系 "$\leqslant$", 满足条件:

(i) **自反性**: $x \leqslant x$, $\forall\, x \in X$;

(ii) **传递性**: 如果 $x \leqslant y$, $y \leqslant z$, 那么 $x \leqslant z$;

(iii) **反对称性**: 如果 $x \leqslant y$, $y \leqslant x$, 那么 $x = y$,

则称 $X$ 为半序集, 可记为 $(X, \leqslant)$.

如果半序集 $(X, \leqslant)$ 中任意两个元素都能比较, 则称 $X$ 为全序集, 即 $\forall x, y \in X$, 或 $x \leqslant y$, 或 $y \leqslant x$. 设 $x, y$ 是半序集 $(X, \leqslant)$ 中的两个点, 若 $x \leqslant y$, 称集合 $[x, y] = \{z \in X \mid x \leqslant z \leqslant y\}$ 为 $(X, \leqslant)$ 中的序区间. 如果 $x \leqslant y$, 并且 $x \neq y$, 则记为 $x < y$.

设 $X_0$ 是半序集 $X$ 的一个子集. 如果存在 $x \in X$, 使得 $\forall y \in X_0, y \leqslant x$, 则称 $x$ 为 $X_0$ 的一个序上界. 如果 $x$ 是 $X_0$ 的一个序上界, 并且对 $X_0$ 的任意序上界 $x'$, 都有 $x \leqslant x'$, 则称 $x$ 为 $X_0$ 的序上确界, 记作 $\sup X_0$. 类似地, 可以定义 $X_0$ 的序下界和序下确界 $\inf X_0$. 设 $X$ 是半序集, $x \in X$, 如果 $\forall y \in X$, 只要 $x \leqslant y$, 就有 $x = y$, 则称 $x$ 为 $X$ 的一个极大元. 类似地, 可以定义 $X$ 的极小元.

半序集中如果存在极大元或极小元, 它们不一定唯一. 但是全序集中如果存在极大元或极小元, 它们是唯一的.

**引理 1.1.1** (Zorn 引理)  设 $X$ 是半序集. 如果 $X$ 中的任意全序子集在 $X$ 中都有序上界, 则 $X$ 中存在极大元.

**注 1.1.1**  Zorn 引理等价于选择公理, 见文献 [34]. 著名的 Hahn-Banach 定理的证明依赖于 Zorn 引理, 见文献 [14], [87], [114].

**定义 1.1.2**  设 $E$ 是实线性空间, $H \subset E$. 如果 $H$ 中任意有限个元素均线性无关, 则称 $H$ 是 $E$ 中的线性无关组. 如果 $H$ 是 $E$ 中的线性无关组, 并且 $E$ 中的非零元素都是 $H$ 中元素的线性组合, 则称 $H$ 是 $E$ 中的 Hamel 基.

**定理 1.1.1**  设 $E$ 是实线性空间, $\theta$ 是 $E$ 中的零元素, $E \neq \{\theta\}$, 则 $E$ 中存在 Hamel 基.

**证明**  记 $\mathcal{H} = \{H \subset E \mid H$ 中任意有限个元素均线性无关$\}$, 显然若 $\theta \neq x \in E$, 那么 $\{x\} \in \mathcal{H}$. 如果 $H_1, H_2 \in \mathcal{H}$, 当 $H_1 \subset H_2$ 时, 定义 $H_1 \leqslant H_2$, 易证 $(\mathcal{H}, \leqslant)$ 是半

序集. 设 $\{H_\lambda \in \mathcal{H} \mid \lambda \in \Lambda\}$ 是 $\mathcal{H}$ 的全序子集, 令 $H = \bigcup_{\lambda \in \Lambda} H_\lambda$. 由 $\{H_\lambda\}$ 的全序性知, $H \in \mathcal{H}$, 并且 $H$ 是 $\{H_\lambda\}$ 在 $\mathcal{H}$ 中的一个序上界. 根据 Zorn 引理, $\mathcal{H}$ 中存在极大元 $H^*$, 显然 $H^*$ 就是 $E$ 的 Hamel 基. ∎

**注 1.1.2**    可以证明实线性空间 $E$ 中任意两个 Hamel 基的基数相同, 见文献 [12]. 当 $E$ 中 Hamel 基的基数有限时, 称 $E$ 为有限维空间, 否则称 $E$ 为无穷维空间.

**引理 1.1.2**    设 $E$ 是实线性空间, $E \neq \{\theta\}$. 如果 $H$ 是 $E$ 的 Hamel 基, 则 $\forall x \in E \backslash \{\theta\}$, 存在唯一的 $\{x_1, x_2, \cdots, x_n\} \subset H$, 以及唯一的 $\{\lambda_1, \lambda_2, \cdots, \lambda_n\} \subset \mathbf{R}$, 使得 $x = \sum_{i=1}^{n} \lambda_i x_i$.

**证明**    设 $x \in E \backslash \{\theta\}$, $\{x_1, x_2, \cdots, x_n\} \subset H$, $\{\lambda_1, \lambda_2, \cdots, \lambda_n\} \subset \mathbf{R}$, 使得 $x = \sum_{i=1}^{n} \lambda_i x_i$. 如果存在正整数 $m$, 以及

$$\{x_1, \cdots, x_n, x_{n+1}, \cdots, x_{n+m}\} \subset H, \quad \{\mu_1, \cdots, \mu_n, \mu_{n+1}, \cdots, \mu_{n+m}\} \subset \mathbf{R},$$

使得 $x = \sum_{i=1}^{n+m} \mu_i x_i$, 于是

$$\sum_{i=1}^{n} (\mu_i - \lambda_i) x_i + \sum_{i=n+1}^{n+m} \mu_i x_i = \theta.$$

因为 $\{x_1, \cdots, x_n, x_{n+1}, \cdots, x_{n+m}\}$ 线性无关, 从而

$$\mu_i = \lambda_i, \quad i = 1, 2, \cdots, n; \quad \mu_i = 0, \quad i = n, n+1, \cdots, n+m. \qquad ∎$$

**定理 1.1.2**    (i) 设 $E$ 是无穷维的实赋范线性空间, 则 $E$ 中存在不连续的线性泛函;

(ii) 设 $f$ 是实赋范线性空间 $E$ 中的非零线性泛函, $f$ 不连续当且仅当 $\overline{\mathcal{N}(f)} = E$, 即 $f$ 的零空间 $\mathcal{N}(f) = \{x \in E \mid f(x) = 0\}$ 在 $E$ 中稠密.

**证明**    (i) 设 $H$ 是 $E$ 的 Hamel 基, 因为 $E$ 是无穷维的, 所以 $H$ 中含有无穷多元素, 并且可以从 $H$ 中取出一列线性无关的元素 $\{x_n\}$. 因为 $\forall x \in E$, 存在 $x_i, y_j \in H$ 以及 $\lambda_i, \mu_j \in \mathbf{R}(i = 1, 2, \cdots, n, j = 1, 2, \cdots, m)$, 使得

$$x = \sum_{i=1}^{n} \lambda_i x_i + \sum_{j=1}^{m} \mu_j y_j,$$

故根据引理 1.1.2, 可以定义 $E$ 上的泛函

$$f(x) = \sum_{i=1}^{n} \lambda_i i \|x_i\|.$$

由引理 1.1.2 也可知 $f$ 是线性的, 但是 $f(x_n) = n\|x_n\| (n = 1, 2, \cdots)$ 表明 $f$ 不连续.

(ii) 设 $f$ 是实赋范线性空间 $E$ 中的不连续线性泛函, 则对任意正整数 $n$, 存在 $x_n \in E$, 使得 $|f(x_n)| > n\|x_n\|$. 对任意的 $x \in E$, 令

$$y_n = x - \frac{f(x)}{f(x_n)} x_n,$$

于是 $y_n \in \mathcal{N}(f)$. 由于

$$\|y_n - x\| = \frac{|f(x)|}{|f(x_n)|}\|x_n\| \leqslant \frac{|f(x)|}{n} \to 0,$$

故 $x \in \overline{\mathcal{N}(f)}$, 从而 $\overline{\mathcal{N}(f)} = E$.

反之, 设 $\overline{\mathcal{N}(f)} = E$, 则 $\forall x \in E$, 存在 $x_n \in \mathcal{N}(f)$, 使得 $x_n \to x$. 如果 $f$ 连续, 那么 $0 = f(x_n) \to f(x)$, 故 $f$ 是零泛函, 矛盾. ∎

**注 1.1.3**  根据 Hahn-Banach 定理, 实赋范线性空间 $E$ 中存在足够多的连续线性泛函, 并且 $E$ 中的线性泛函是连续的当且仅当 $\mathcal{N}(f)$ 是 $E$ 中的闭集, 见文献 [63], [87]. 由定理 1.1.2 可知, 如果 $f$ 是无穷维实赋范线性空间 $E$ 中连续的非零线性泛函, 则 $\overline{\mathcal{N}(f)} \subsetneqq E$.

## 1.2  赋范线性空间中的锥

设 $E$ 是实赋范线性空间, $\theta$ 是 $E$ 中的零元素.

**定义 1.2.1**  如果 $P$ 是 $E$ 中非空凸闭集, $P \neq \{\theta\}$, 满足条件:

(i) 如果 $x \in P$, $\lambda \geqslant 0$, 那么 $\lambda x \in P$;

(ii) 如果 $x \in P$, $-x \in P$, 那么 $x = \theta$,

则称 $P$ 是 $E$ 中的一个锥.

设 $P$ 是 $E$ 中的锥, $x, y \in E$. 如果 $y - x \in P$, 记 $x \leqslant y$ 或 $y \geqslant x$, 易证 $(E, \leqslant)$ 成为半序集, 称为由锥 $P$ 导出的半序赋范线性空间, 简称为半序赋范线性空间. 显然半序赋范线性空间中的序区间是闭集, 并且易证

**定理 1.2.1**  设 $E$ 是由锥 $P$ 导出的半序赋范线性空间, 则

(i) 如果 $x, y \in P$, 那么 $x + y \in P$;

(ii) 如果 $x, y, z \in E$, 并且 $x \leqslant y$, 那么 $x + z \leqslant y + z$, 同时 $\forall \lambda \geqslant 0$, $\lambda x \leqslant \lambda y$;

(iii) 如果 $x_n, y_n \in E$, $x_n \leqslant y_n$, 并且 $x_n \to x, y_n \to y$, 那么 $x \leqslant y$.

**定义 1.2.2**    设 $E$ 是由锥 $P$ 导出的半序赋范线性空间.

(i) 如果 $P$ 的内点集 $\mathring{P} \neq \varnothing$, 则称 $P$ 是体锥;

(ii) 如果 $E = P - P$(即 $\forall x \subset E$, 存在 $y, z \in P$, 使得 $x = y - z$), 则称 $P$ 是再生锥;

(iii) 如果存在常数 $N > 0$, 使得对任意的 $\theta \leqslant x \leqslant y$, 都有 $\|x\| \leqslant N\|y\|$, 则称 $P$ 是正规锥, 使不等式成立的最小正数 $N$ 称为 $P$ 的正规常数;

(iv) 如果 $E$ 中任意有序上界的增序列收敛 (即 $\{x_n\} \subset E$, 存在 $y \in E$, 满足 $x_1 \leqslant x_2 \leqslant \cdots \leqslant x_n \leqslant \cdots \leqslant y$, 那么存在 $x \in E$, 使得 $\|x_n - x\| \to 0$), 则称 $P$ 是正则锥;

(v) 如果 $E$ 中任意范数有界的增序列收敛 (即 $\{x_n\} \subset E$, 满足 $x_1 \leqslant x_2 \leqslant \cdots \leqslant x_n \leqslant \cdots$, $\sup \|x_n\| < \infty$, 那么存在 $x \in E$, 使得 $\|x_n - x\| \to 0$), 则称 $P$ 是全正则锥.

**注 1.2.1**    如果 $x \leqslant y$ 并且 $x \neq y$, 可记为 $x < y$. 对于体锥 $P$, 显然 $\theta \notin \mathring{P}$, 如果 $y - x \in \mathring{P}$, 可记为 $x \ll y$ 或 $y \gg x$, 并且易证当 $x \gg \theta$, $\lambda > 0$ 时, 有 $\lambda x \gg \theta$; 以及当 $x \ll y \leqslant z$ 或 $x \leqslant y \ll z$ 时, 有 $x \ll z$. 显然正规锥的正规常数 $N \geqslant 1$. $P$ 是再生锥当且仅当 $E = \mathrm{span}P$. 设 $D \subset E$, 如果存在 $x, y \in E$, $x \leqslant y$, 使得 $D \subset [x, y]$, 则称 $D$ 序有界. 序有界集合不一定范数有界, 范数有界集合也不一定序有界, 见 1.3 节中的注.

**定理 1.2.2**    如果 $P$ 是 $E$ 中的体锥, 则 $P$ 是再生锥.

**证明**    设 $x_0 \in \mathring{P}$, 于是存在 $r > 0$, 使得闭球 $\overline{B}(x_0, r) = \{x \in E \mid \|x - x_0\| \leqslant r\} \subset P$. $\forall x \in E \backslash \{\theta\}$, 令

$$y = \frac{\|x\|}{2r}\left(x_0 + r\frac{x}{\|x\|}\right), \quad z = \frac{\|x\|}{2r}\left(x_0 - r\frac{x}{\|x\|}\right).$$

因为

$$x_0 \pm r\frac{x}{\|x\|} \in \overline{B}(x_0, r) \subset P,$$

所以 $y, z \in P$. 另外 $x = y - z$, 可见 $P$ 是再生锥.                                                        ■

**定理 1.2.3**    设 $P$ 是 Banach 空间 $E$ 中的锥, 则如下结论互相等价:

(i) $P$ 是正规锥;

(ii) 如果 $x_n \leqslant z_n \leqslant y_n$, 并且 $x_n \to x$, $y_n \to x$, 那么 $z_n \to x$;

(iii) 任意序区间 $[x, y]$ 范数有界;

(iv) 存在常数 $\delta > 0$, 使得当 $x, y \in P$, 并且 $\|x\| = \|y\| = 1$ 时, $\|x + y\| \geqslant \delta$;

(v) 如果 $x_n \leqslant z_n \leqslant y_n$, 并且 $x_n \xrightarrow{w} x$, $y_n \xrightarrow{w} x$, 那么 $z_n \xrightarrow{w} x$;

(vi) 存在 $E$ 中的等价范数 $\|\cdot\|_1$, 使得对任意的 $\theta \leqslant x \leqslant y$, 都有 $\|x\|_1 \leqslant \|y\|_1$.

**证明**    我们循环证明 (i)—(iv), 至于 (v) 和 (vi) 的证明见文献 [26], [65], [112].

(i) ⇒(ii): 设 $P$ 是正规锥, 其正规常数为 $N$. 如果 $x_n \leqslant z_n \leqslant y_n$, 并且 $x_n \to x$, $y_n \to x$, 于是

$$\theta \leqslant z_n - x_n \leqslant y_n - x_n.$$

从而

$$\|z_n - x_n\| \leqslant N\|y_n - x_n\|,$$

故

$$\|z_n - x\| \leqslant \|z_n - x_n\| + \|x_n - x\|$$
$$\leqslant N\|y_n - x_n\| + \|x_n - x\|$$
$$\leqslant N\|y_n - x\| + N\|x_n - x\| + \|x_n - x\| \to 0.$$

(ii) ⇒(iii): 如果 $[x, y]$ 不是范数有界的, 那么对任意正整数 $n$, 存在 $z_n \in [x, y]$, 使得 $\|z_n\| > n$. 令

$$w_n = \frac{z_n}{\|z_n\|}, \quad x_n = \frac{x}{\|z_n\|}, \quad y_n = \frac{y}{\|z_n\|},$$

于是 $x_n \leqslant w_n \leqslant y_n$. 由于 $x_n \to \theta$, $y_n \to \theta$, 故 $w_n \to \theta$, 这与 $\|w_n\| = 1$ 矛盾.

(iii) ⇒(iv): 如果结论 (iv) 不成立, 那么对任意正整数 $n$, 存在 $x_n, y_n \in P$, $\|x_n\| = \|y_n\| = 1$, 使得 $\|x_n + y_n\| < 4^{-n}$. 显然 $x_n + y_n \neq \theta$, 否则由 $-x_n = y_n \in P$ 可知, $x_n = \theta$, 矛盾. 令

$$u_n = \frac{x_n}{\sqrt{\|x_n + y_n\|}}, \quad v_n = \frac{x_n + y_n}{\sqrt{\|x_n + y_n\|}},$$

于是 $\theta \leqslant u_n \leqslant v_n$, 并且

$$\sum_{n=1}^{\infty} \|v_n\| \leqslant \sum_{n=1}^{\infty} 2^{-n} < \infty.$$

因此由空间的完备性知, 存在 $v \in E$, 使得 $\sum_{n=1}^{\infty} v_n = v$, 显然 $\theta \leqslant u_n \leqslant v_n \leqslant v$. 但是

$$\|u_n\| = \frac{1}{\sqrt{\|x_n + y_n\|}} > 2^n,$$

从而序区间 $[\theta, v]$ 无界, 矛盾.

(iv)⇒(i): 如果 $P$ 不是正规的, 那么对任意正整数 $n$, 存在 $x_n, y_n \in E$, $\theta \leqslant x_n \leqslant y_n$, 使得

$$\|x_n\| > n\|y_n\|, \quad 即 \quad \frac{\|y_n\|}{\|x_n\|} < \frac{1}{n} \to 0.$$

令 $z_n = (y_n - x_n)/\|x_n\|$, 显然 $z_n \in P$, 并且由

$$1 - \frac{\|y_n\|}{\|x_n\|} \leqslant \|z_n\| \leqslant 1 + \frac{\|y_n\|}{\|x_n\|}$$

可知, $\|z_n\| \to 1$. 于是

$$\delta \leqslant \left\| \frac{x_n}{\|x_n\|} + \frac{z_n}{\|z_n\|} \right\| \leqslant \left\| \frac{x_n}{\|x_n\|} + z_n \right\| + \left\| \frac{z_n}{\|z_n\|} - z_n \right\| = \frac{\|y_n\|}{\|x_n\|} + \|z_n\| \left| \frac{1}{\|z_n\|} - 1 \right| \to 0,$$

矛盾.　∎

**定理 1.2.4**　设 $P$ 是 Banach 空间 $E$ 中的锥, 则 $P$ 是全正则锥 $\Rightarrow P$ 是正则锥 $\Rightarrow P$ 是正规锥.

**证明**　如果 $P$ 不是正规锥, 根据定义 1.2.2 的 (iii), 对任意正整数 $n$, 存在 $x_n, y_n \in E$, 使得

$$\theta \leqslant x_n \leqslant y_n, \quad \|x_n\| > 2^n \|y_n\|. \tag{1.2.1}$$

令 $u_n = x_n / \|x_n\|$, $v_n = y_n / (2^n \|y_n\|)$, 由 (1.2.1) 可知

$$\theta \leqslant u_n \leqslant \frac{x_n}{2^n \|y_n\|} \leqslant \frac{y_n}{2^n \|y_n\|} = v_n, \tag{1.2.2}$$

并且

$$\sum_{n=1}^{\infty} \|v_n\| = \sum_{n=1}^{\infty} \frac{1}{2^n} = 1. \tag{1.2.3}$$

从而由空间的完备性知, 存在 $v \in E$, 使得

$$\sum_{n=1}^{\infty} v_n = v. \tag{1.2.4}$$

对正整数 $m$, 定义

$$w_n = \begin{cases} v_1 + v_2 + \cdots + v_{2m}, & n = 2m, \\ v_1 + v_2 + \cdots + v_{2m} + u_{2m+1}, & n = 2m+1, \end{cases}$$

由 (1.2.2), (1.2.3) 和 (1.2.4) 可知

$$\theta \leqslant w_2 \leqslant w_3 \leqslant \cdots \leqslant w_{2m} \leqslant w_{2m+1} \leqslant \cdots \leqslant v, \quad \sup_{n \geqslant 2} \|w_n\| \leqslant 1,$$

即 $\{w_n\}$ 是增序列, 有序上界并且范数有界. 但是 $\|w_{2m+1} - w_{2m}\| = \|u_{2m+1}\| = 1$, 从而序列 $\{w_n\}$ 不收敛, 这说明 $P$ 既不是全正则锥也不是正则锥.

设 $P$ 是全正则锥, 根据前面的证明可知 $P$ 是正规锥, 记其正规常数为 $N$. 如果 $\{z_n\}$ 是 $E$ 中有序上界 $z$ 的增序列, 于是 $\theta \leqslant z - z_n \leqslant z - z_1$, 从而 $\|z - z_n\| \leqslant N \|z - z_1\|$, 由此可知 $\{z_n\}$ 范数有界. 再由 $P$ 的全正则性, $\{z_n\}$ 收敛, 故 $P$ 是正则锥.　∎

**定理 1.2.5**　设 $P$ 是 $E$ 中的锥. 如果 $E$ 是自反空间, 则 $P$ 是全正则锥 $\Leftrightarrow P$ 是正则锥 $\Leftrightarrow P$ 是正规锥.

定理 1.2.5 的证明可见文献 [26], [65].

**定义 1.2.3** 设 $P$ 是 $E$ 中的锥. 如果对 $E$ 中任意两个元素 $x$ 和 $y$, $\sup\{x, y\}$ 都存在, 则称 $P$ 是极小锥; 如果对 $E$ 中任意有序上界的非空集 $D$, $\sup D$ 都存在, 则称 $P$ 是强极小锥.

**注 1.2.2** 显然, $P$ 是极小锥 $\Leftrightarrow$ 对 $E$ 中任意两个元素 $x$ 和 $y$, $\inf\{x, y\}$ 都存在; $P$ 是强极小锥 $\Leftrightarrow$ 对 $E$ 中任意有序下界的非空集 $D$, $\inf D$ 都存在.

如果在度量空间 $(X, d)$ 中引入半序 "$\leqslant$", 则称为半序度量空间, 可记为 $(X, d, \leqslant)$.

**引理 1.2.1** 设 $(X, d, \leqslant)$ 是半序度量空间. 如果 $(X, d, \leqslant)$ 中的任意增序列 $\{x_n\}$(即 $x_1 \leqslant x_2 \leqslant \cdots \leqslant x_n \leqslant \cdots$) 均收敛, 即存在 $x \in X$, 使得 $d(x_n, x) \to 0$, 并且对任意的正整数 $n$, 有 $x_n \leqslant x$, 则对任意的 $x_0 \in X$, 存在 $\overline{x} \in X$, 使得 $x_0 \leqslant \overline{x}$, 并且 $S(\overline{x}) = \{\overline{x}\}$, 其中 $S(u) = \{v \in X \mid u \leqslant v\}$.

**证明** 对于 $x_0 \in X$, 按如下方式选取序列 $\{x_n\}$:

(i) 如果 $\sup_{x \in S(x_n)} d(x, x_n) < +\infty$, 取 $x_{n+1} \in S(x_n)$, 使得

$$d(x_{n+1}, x_n) \geqslant \sup_{x \in S(x_n)} d(x, x_n) - \frac{1}{n}; \tag{1.2.5}$$

(ii) 如果 $\sup_{x \in S(x_n)} d(x, x_n) = +\infty$, 取 $x_{n+1} \in S(x_n)$, 使得

$$d(x_{n+1}, x_n) \geqslant 1.$$

于是得到 $X$ 中的增序列 $\{x_n\}$, 令 $\{x_n\}$ 收敛到 $\overline{x} \in X$, 并且对任意的正整数 $n$, 有 $x_n \leqslant \overline{x}$.

由于对任意的正整数 $n$, $x_0 \leqslant x_n \leqslant \overline{x}$, 故存在正整数 $n_0$, 使得当 $n \geqslant n_0$ 时, $\sup_{x \in S(x_n)} d(x, x_n) < +\infty$. 否则, 由 $d(x_{n+1}, x_n) \to 0$ 知, 与对充分大的 $n$, $d(x_{n+1}, x_n) \geqslant 1$, 矛盾.

取 $x' \in S(\overline{x})$, 根据传递性, $x_n \leqslant \overline{x} \leqslant x'$, 于是对任意的正整数 $n$, $x' \in S(x_n)$. 从而当 $n \geqslant n_0$ 时, 由 (1.2.5) 可知

$$d(x', x_n) \leqslant \sup_{x \in S(x_n)} d(x, x_n) \leqslant d(x_{n+1}, x_n) + \frac{1}{n}.$$

因此 $x_n \to x'$, 故 $x' = \overline{x}$, 即 $\{\overline{x}\} = S(\overline{x})$. ∎

**定理 1.2.6** 设 $P$ 是 $E$ 中的锥.

(i) 如果 $P$ 是极小锥, 则 $P$ 是再生锥;

(ii) 如果 $P$ 是再生的强极小锥, 则 $P$ 是极小锥;

(iii) 如果 $P$ 是正则的极小锥, 则 $P$ 是强极小锥.

**证明**　(i) 对 $x \in E$, 记 $u = \sup\{x, \theta\}$, 于是 $u \in P$. 令 $v = u - x$, 显然 $v \in P$, 并且 $x = u - v$, 即 $P$ 是再生锥.

(ii) 设 $x, y \in E$. 因为 $P$ 是再生的, 所以 $x - y \in P - P$, 并且 $x - y = u - v$, 其中 $u, v \in P$. 于是 $z = x + v = y + u$, 并且 $z \geqslant x, z \geqslant y$, 即 $z$ 是 $\{x, y\}$ 的序上界. 又因为 $P$ 是强极小锥, 所以 $\sup\{x, y\}$ 存在, 即 $P$ 是极小锥.

(iii) 设 $D$ 是 $E$ 中有序下界的非空集, 记 $X = \{x \in E | x \leqslant y, \ \forall y \in D\}$, 显然 $X$ 非空. 对 $X$ 中的增序列 $\{x_n\}$, 显然任意的 $y \in D$ 都是 $\{x_n\}$ 在 $E$ 中的序上界. 因为 $P$ 是正则锥, 所以存在 $x \in E$, 使得 $x_n \to x$. 由于对任意的 $n \geqslant k$ 和 $y \in D$, 有 $x_k \leqslant x_n \leqslant y$, 故 $x_k \leqslant x \leqslant y$. 从而 $x \in X$, 并且对任意的正整数 $n, x_n \leqslant x$. 因此根据引理 1.2.1, 存在 $\overline{x} \in X$, 使得 $S(\overline{x}) = \{\overline{x}\}$.

对 $z \in X$, 因为 $P$ 是极小锥, 所以存在 $x' = \sup\{z, \overline{x}\}$. 又因为 $z, \overline{x} \in X$, 故 $x' \in X$. 显然 $x' \in S(\overline{x})$, 从而 $x' = \overline{x}$, 于是 $z \leqslant \overline{x}$, 即 $\overline{x} = \inf D$.　∎

**定义 1.2.4**　设 $P$ 是 $E$ 中的锥. 如果存在 $E$ 中的锥 $P_1$ 和常数 $b > 0$, 使得对任意的 $x \in P \backslash \{\theta\}$, 都有 $\overline{B}(x, b\|x\|) = \{y \in E \mid \|y - x\| \leqslant b\|x\|\} \subset P_1$, 则称 $P$ 是可扩锥.

**定理 1.2.7**　设 $P$ 是 $E$ 中的锥.

(i) $P$ 是可扩锥当且仅当存在 $f \in E^*$ 和常数 $a > 0$, 使得 $f(x) \geqslant a\|x\|, \ \forall x \in P$;

(ii) 如果 $E$ 是 Banach 空间, 则 $P$ 是可扩锥 $\Rightarrow P$ 是全正则锥;

(iii) 如果 $E$ 是有限维空间, 则 $P$ 是可扩锥.

**证明**　我们只证明结论 (ii), 其余结论的证明可见文献 [26], [41].

设 $P$ 是可扩锥, 于是根据 (i), 存在 $f \in E^*$ 和常数 $a > 0$, 使得

$$f(x) \geqslant a\|x\|, \quad \forall x \in P.$$

如果 $\{x_n\} \subset E$, 满足 $x_1 \leqslant x_2 \leqslant \cdots \leqslant x_n \leqslant \cdots$, 并且 $M = \sup \|x_n\| < \infty$, 那么

$$f(x_1) \leqslant f(x_2) \leqslant \cdots \leqslant f(x_n) \leqslant \cdots \leqslant M\|f\|,$$

故 $\lim_{n\to\infty} f(x_n)$ 存在. 又因为对任意的正整数 $p, x_{n+p} - x_n \in P(n = 1, 2, \cdots)$, 所以

$$\|x_{n+p} - x_n\| \leqslant \frac{1}{a}(f(x_{n+p}) - f(x_n)) \to 0, \quad n \to \infty,$$

故 $\{x_n\}$ 是 Cauchy 列, 于是存在 $x \in E$, 使得 $\|x_n - x\| \to 0$, 即 $P$ 是全正则锥.　∎

从下面 1.3 节中一些具体赋范线性空间中锥的例子可见, 再生锥不一定是体锥, 也不一定是极小锥; 正规锥不一定是正则锥, 正则锥不一定是全正则锥, 全正则锥不一定是可扩锥; 极小锥不一定是强极小锥, 正规的极小锥也不一定是强极小锥, 强极小锥不一定是极小锥.

## 1.3 赋范线性空间中锥的例子

**例 1.3.1** 考虑线性空间 $\mathbf{R}^n = \{x = (x_1, x_2, \cdots, x_n) \mid x_i \in \mathbf{R}(i = 1, 2, \cdots, n)\}$, 其中的范数为

$$\|x\| = \left(\sum_{i=1}^{n} |x_i|^2\right)^{\frac{1}{2}}.$$

令

$$P = \{x \in \mathbf{R}^n \mid x_i \geqslant 0(i = 1, 2, \cdots, n)\},$$

则 $P$ 是 $\mathbf{R}^n$ 中的锥; $P$ 是体锥,

$$\mathring{P} = \{x \in \mathbf{R}^n \mid x_i > 0(i = 1, 2, \cdots, n)\}, \tag{1.3.1}$$

从而 $P$ 是再生锥; $P$ 是可扩锥; $P$ 是极小锥也是强极小锥.

**证明** 显然 $P$ 是非空凸集. 如果 $x \in P$, $\lambda \geqslant 0$, 那么 $\lambda x \in P$; 如果 $x \in P$, $-x \in P$, 那么 $x = \theta$. 令 $x_m = (x_1^{(m)}, x_2^{(m)}, \cdots, x_n^{(m)}) \in P$, 并且 $x_m \to x_0 = (x_1^{(0)}, x_2^{(0)}, \cdots, x_n^{(0)}) \in \mathbf{R}^n(m \to \infty)$. 于是对任意的 $i(i = 1, 2, \cdots, n)$, $x_i^{(m)} \to x_i^{(0)}(m \to \infty)$. 由于 $x_i^{(m)} \geqslant 0$, 故 $x_i^{(0)} \geqslant 0(i = 1, 2, \cdots, n)$, 即 $x_0 \in P$, 从而 $P$ 是闭集. 因此 $P$ 是 $\mathbf{R}^n$ 中锥.

设 $x_0 \in \{x \in \mathbf{R}^n \mid x_i > 0(i = 1, 2, \cdots, n)\}$, 则 $\min_{1 \leqslant i \leqslant n} x_i^{(0)} = r > 0$. 若 $x \in B(x_0, r)$, 那么对任意的 $i(i = 1, 2, \cdots, n)$,

$$|x_i - x_i^{(0)}| \leqslant \|x - x_0\| < r,$$

从而 $x_i > x_i^{(0)} - r \geqslant 0$. 所以 $x \in P$, 即 $x_0$ 是 $P$ 的内点, $P$ 是体锥.

反之, 设 $x_0 \in \mathring{P}$, 则存在 $r > 0$, 使得 $\overline{B}(x_0, r) \subset P$. 取 $x' = (r/\sqrt{n}, r/\sqrt{n}, \cdots, r/\sqrt{n})$, 记 $\overline{x} = x_0 - x'$, 则 $\|\overline{x} - x_0\| = \|x'\| = r$, 于是 $\overline{x} \in \overline{B}(x_0, r) \subset P$. 从而对任意的 $i(i = 1, 2, \cdots, n)$,

$$\overline{x}_i = x_i^{(0)} - \frac{r}{\sqrt{n}} \geqslant 0,$$

故 $x_i^{(0)} \geqslant r/\sqrt{n} > 0$, 即 $x_0 \in \{x \in \mathbf{R}^n \mid x_i > 0(i = 1, 2, \cdots, n)\}$. 因此 (1.3.1) 成立.

根据定理 1.2.2, $P$ 是再生锥. 也可以直接验证 $P$ 是再生锥. 事实上, 对任意的 $x \in \mathbf{R}^n$, 令 $y_i = \max\{x_i, 0\}$, $z_i = -\min\{x_i, 0\}(i = 1, 2, \cdots, n)$, 显然 $y = (y_1, y_2, \cdots, y_n), z = (z_1, z_2, \cdots, z_n) \in P$, 并且 $x = y - z$.

因为 $\mathbf{R}^n$ 是有限维空间, 由定理 1.2.7(iii) 知 $P$ 是可扩锥. 下面我们利用定理 1.2.7(i) 来证明 $P$ 是可扩锥. 事实上, $\forall x = (x_1, x_2, \cdots, x_n) \in \mathbf{R}^n$, 定义

$$\|x\|_1 = |x_1| + |x_2| + \cdots + |x_n|,$$

易证 $\|\cdot\|_1$ 是 $\mathbf{R}^n$ 中的范数. 因为有限维空间中的范数都是等价的 (见文献 [63]), 所以存在常数 $a, b > 0$, 使得

$$a\|x\| \leqslant \|x\|_1 \leqslant b\|x\|, \quad \forall x \in \mathbf{R}^n.$$

设

$$f(x) = x_1 + x_2 + \cdots + x_n, \quad \forall x = (x_1, x_2, \cdots, x_n) \in \mathbf{R}^n,$$

显然 $f$ 是 $\mathbf{R}^n$ 中的线性泛函, 并且 $|f(x)| \leqslant \|x\|_1 \leqslant b\|x\|$, 故 $f \in (\mathbf{R}^n)^*$ (或者根据有限维空间中的线性泛函一定连续, 也可知 $f \in (\mathbf{R}^n)^*$, 见文献 [63]). 而 $\forall x \in P$, $f(x) = \|x\|_1 \geqslant a\|x\|$, 从而由定理 1.2.7(i) 可知 $P$ 是可扩锥.

根据定理 1.2.7(ii) 和定理 1.2.4, $P$ 是正则锥. 而 $P$ 又是再生锥, 因此根据定理 1.2.6 可知, $P$ 是极小锥当且仅当 $P$ 是强极小锥, 于是我们只需验证 $P$ 是极小锥. 设 $x, y \in \mathbf{R}^n$, 令 $z_i = \max\{x_i, y_i\}(i = 1, 2, \cdots, n)$, 易见 $z = (z_1, z_2, \cdots, z_n) = \sup\{x, y\}$. 当然也能很容易地直接验证 $P$ 是强极小锥. ∎

**例 1.3.2**　设 $G$ 是 $\mathbf{R}^n$ 中的非空紧集, 考虑线性空间 $C(G) = \{x \mid x(t)$ 是 $G$ 上实值连续函数 $\}$, 其中的范数为 $\|x\| = \max_{t \in G} |x(t)|$, $\forall x \in C(G)$. 令

$$P = \{x \in C(G) \mid x(t) \geqslant 0, t \in G\},$$

$$P_1 = \left\{x \in P \mid \int_{G_1} x(t)\mathrm{d}t \geqslant \varepsilon_1 \|x\|\right\},$$

$$P_2 = \left\{x \in P \mid \min_{t \in G_2} x(t) \geqslant \varepsilon_2 \|x\|\right\},$$

其中 $G_1, G_2$ 是 $G$ 的非空闭子集, $0 < \varepsilon_1 < \mathrm{mes}G_1$, $0 < \varepsilon_2 < 1$, 则 $P, P_1$ 和 $P_2$ 是 $C(G)$ 中的锥; $P, P_1$ 和 $P_2$ 是体锥,

$$\mathring{P} = \{x \in C(G) \mid x(t) > 0, t \in G\}, \tag{1.3.2}$$

$$\mathring{P}_1 = \left\{x \in \mathring{P} \mid \int_{G_1} x(t)\mathrm{d}t > \varepsilon_1 \|x\|\right\}, \tag{1.3.3}$$

$$\mathring{P}_2 = \left\{x \in \mathring{P} \mid \min_{t \in G_2} x(t) > \varepsilon_2 \|x\|\right\}, \tag{1.3.4}$$

从而 $P, P_1, P_2$ 都是再生锥; $P$ 是正规锥, 但不是正则锥; $P_1$ 和 $P_2$ 都是可扩锥; $P$ 是极小锥, 但不是强极小锥; $P_1$ 和 $P_2$ 既不是极小锥, 也不是强极小锥.

**证明**　(i) 我们只需验证 $P$ 是 $C(G)$ 中的闭集, 即知 $P$ 是 $C(G)$ 中的锥. 令 $\{x_m\} \subset P$, 并且当 $m \to \infty$ 时, $x_m \to x_0 \in C(G)$, 于是 $x_m(t)$ 在 $G$ 上一致收敛到 $x_0(t)$. 因为 $x_m(t) \geqslant 0(t \in G)$, 所以 $x_0(t) \geqslant 0(t \in G)$, 即 $x_0 \in P$, 故 $P$ 是 $C(G)$ 中的闭集.

(ii) 设 $x, y \in P_1$, $\lambda \in [0, 1]$, 于是

$$\int_{G_1} (\lambda x(t) + (1 - \lambda) y(t)) \mathrm{d}t$$
$$= \lambda \int_{G_1} x(t) \mathrm{d}t + (1 - \lambda) \int_{G_1} y(t) \mathrm{d}t$$
$$\geqslant \lambda \varepsilon_1 \|x\| + (1 - \lambda) \varepsilon_1 \|y\|$$
$$\geqslant \varepsilon_1 \|\lambda x + (1 - \lambda) y\|,$$

于是 $P_1$ 是凸集. 令 $\{x_m\} \subset P_1$, 并且当 $m \to \infty$ 时, $x_m \to x_0 \in C(G)$, 故 $\|x_m\| \to \|x_0\|$. 由于 $x_m(t)$ 在 $G$ 上一致收敛到 $x_0(t)$, 所以

$$\int_{G_1} x_m(t) \mathrm{d}t \to \int_{G_1} x_0(t) \mathrm{d}t,$$

从而

$$\int_{G_1} x_0(t) \mathrm{d}t \geqslant \varepsilon_1 \|x_0\|,$$

故 $P_1$ 是 $C(G)$ 中的闭集. 因此易见 $P_1$ 是 $C(G)$ 中的锥.

(iii) 设 $x, y \in P_2$, $\lambda \in [0, 1]$, 于是

$$\min_{t \in G_2} (\lambda x(t) + (1 - \lambda) y(t))$$
$$\geqslant \lambda \min_{t \subset G_2} x(t) + (1 - \lambda) \min_{t \in G_2} y(t)$$
$$\geqslant \lambda \varepsilon_2 \|x\| + (1 - \lambda) \varepsilon_2 \|y\|$$
$$\geqslant \varepsilon_2 \|\lambda x + (1 - \lambda) y\|,$$

则 $P_2$ 是凸集.

定义 $\beta(x) = \min_{t \in G_2} x(t)$, $\forall x \in C(G)$. 于是当 $x, y \in C(G)$ 时, 有

$$\beta(x) - \beta(y) = \min_{t \in G_2} x(t) - \min_{t \in G_2} y(t) = \min_{t \in G_2} x(t) + \max_{t \in G_2} (-y(t))$$
$$\leqslant \max_{t \in G_2} (x(t) - y(t)) \leqslant \max_{t \in G_2} |x(t) - y(t)|$$
$$\leqslant \max_{t \in G} |x(t) - y(t)| = \|x - y\|,$$

同理, $\beta(y) - \beta(x) \leqslant \|x - y\|$, 故 $|\beta(x) - \beta(y)| \leqslant \|x - y\|$, 即 $\beta(x)$ 是 $C(G)$ 上的一致连续泛函.

令 $\{x_m\} \subset P_2$, 并且当 $m \to \infty$ 时, $x_m \to x_0 \in C(G)$, 于是 $\|x_m\| \to \|x_0\|$. 由 $\beta(x)$ 在 $C(G)$ 上的连续性知

$$\beta(x_m) = \min_{t \in G_2} x_m(t) \to \beta(x_0) = \min_{t \in G_2} x_0(t),$$

从而 $\min_{t \in G_2} x_0(t) \geqslant \varepsilon_2 \|x_0\|$, 故 $P_2$ 是 $C(G)$ 中的闭集. 因此易见 $P_2$ 是 $C(G)$ 中的锥.

(iv) 设

$$x_0 \in \{x \in C(G) \mid x(t) > 0, t \in G\},$$

则

$$\min_{t \in G} x_0(t) = r > 0.$$

如果 $x \in B(x_0, r)$, 那么

$$x(t) > x_0(t) - r \geqslant 0 (t \in G).$$

所以 $x \in P$, 即 $x_0$ 是 $P$ 的内点, $P$ 是体锥.

反之, 设 $x_0 \in \overset{\circ}{P}$, 则存在 $r > 0$, 使得 $\overline{B}(x_0, r) \subset P$. 取 $x_1(t) = x_0(t) - r(t \in G)$, 则 $x_1 \in C(G)$, 并且 $\|x_1 - x_0\| = r$, 于是 $x_1 \in \overline{B}(x_0, r) \subset P$. 从而 $x_0(t) - r \geqslant 0$, 故 $x_0(t) \geqslant r > 0(t \in G)$, 即 $x_0 \in \{x \in C(G) \mid x(t) > 0, t \in G\}$. 因此 (1.3.2) 成立.

(v) 设

$$x_0 \in \left\{ x \in \overset{\circ}{P} \mid \int_{G_1} x(t) \mathrm{d}t > \varepsilon_1 \|x\| \right\},$$

则 $\min_{t \in G} x_0(t) = r > 0$. 取 $\delta > 0$ 满足

$$\delta \leqslant \min \left\{ r, \frac{\displaystyle\int_{G_1} x_0(t)\mathrm{d}t - \varepsilon_1 \|x_0\|}{\varepsilon_1 + \mathrm{mes} G_1} \right\}. \tag{1.3.5}$$

于是当 $x \in B(x_0, \delta)$ 时,

$$x(t) > x_0(t) - \delta \geqslant r - \delta \geqslant 0, \quad t \in G,$$

并且由 (1.3.5) 得

$$\int_{G_1} x(t)\mathrm{d}t \geqslant \int_{G_1} (x_0(t) - \delta)\mathrm{d}t = \int_{G_1} x_0(t)\mathrm{d}t - \delta \mathrm{mes} G_1 \geqslant \varepsilon_1 \|x_0\| + \varepsilon_1 \delta \geqslant \varepsilon_1 \|x\|,$$

所以 $x \in P_1$, 即 $x_0$ 是 $P_1$ 的内点, $P_1$ 是体锥.

反之, 设 $x_0 \in \overset{\circ}{P_1}$, 则存在 $r > 0$, 使得 $\overline{B}(x_0, r) \subset P_1$. 取 $x_1(t) = x_0(t) - r(t \in G)$, 类似可得 $x_0(t) \geqslant r > 0(t \in G)$, $x_1 \in P_1$. 并且

$$\int_{G_1} x_0(t)\mathrm{d}t = \int_{G_1} (x_1(t) + r)\mathrm{d}t = \int_{G_1} x_1(t)\mathrm{d}t + r\mathrm{mes} G_1$$

$$\geqslant \varepsilon_1 \|x_1\| + r\mathrm{mes} G_1 > \varepsilon_1 \|x_1\| + \varepsilon_1 r \geqslant \varepsilon_1 \|x_1 + r\| = \varepsilon_1 \|x_0\|,$$

即

$$x_0 \in \left\{ x \in \overset{\circ}{P} \mid \int_{G_1} x(t)\mathrm{d}t > \varepsilon_1 \|x\| \right\}.$$

因此 (1.3.3) 成立.

(vi) 设

$$x_0 \in \left\{ x \in \overset{\circ}{P} \mid \min_{t \in G_2} x(t) > \varepsilon_2 \|x\| \right\},$$

则

$$\min_{t \in G} x_0(t) = r > 0.$$

取 $\delta > 0$ 满足

$$\delta \leqslant \min \left\{ r, \frac{\min\limits_{t \in G_2} x_0(t) - \varepsilon_2 \|x_0\|}{1 + \varepsilon_2} \right\}. \tag{1.3.6}$$

于是当 $x \in B(x_0, \delta)$ 时, $x(t) > x_0(t) - \delta \geqslant r - \delta \geqslant 0 (t \in G)$, 并且由 (1.3.6) 得

$$\min_{t \in G_2} x(t) \geqslant \min_{t \in G_2}(x_0(t) - \delta) = \min_{t \in G_2} x_0(t) - \delta \geqslant \varepsilon_2 \|x_0\| + \varepsilon_2 \delta \geqslant \varepsilon_2 \|x\|,$$

所以 $x \in P_2$, 即 $x_0$ 是 $P_2$ 的内点, $P_2$ 是体锥.

反之, 设 $x_0 \in \overset{\circ}{P_2}$, 则存在 $r > 0$, 使得 $\overline{B}(x_0, r) \subset P_2$. 取 $x_1(t) = x_0(t) - r(t \in G)$, 类似可得 $x_0(t) \geqslant r > 0 (t \in G)$, $x_1 \in P_2$. 并且

$$\begin{aligned} \min_{t \in G_2} x_0(t) &= \min_{t \in G_2}(x_1(t) + r) = \min_{t \in G_2} x_1(t) + r \\ &\geqslant \varepsilon_2 \|x_1\| + r > \varepsilon_2 \|x_1\| + \varepsilon_2 r \\ &\geqslant \varepsilon_2 \|x_1 + r\| = \varepsilon_2 \|x_0\|, \end{aligned}$$

即

$$x_0 \in \left\{ x \in \overset{\circ}{P} \mid \min_{t \in G_2} x(t) > \varepsilon_2 \|x\| \right\}.$$

因此 (1.3.4) 成立.

(vii) 对于由锥 $P$ 导出的半序, 如果 $\theta \leqslant x \leqslant y$, 那么 $0 \leqslant x(t) \leqslant y(t)(t \in G)$, 于是

$$\|x\| = \max_{t \in G} x(t) \leqslant \max_{t \in G} y(t) = \|y\|,$$

从而 $P$ 是正规锥, 其正规常数是 1.

令 $G = [0,1]$, $x_m(t) = 1 - t^m (t \in [0,1])$, 显然 $x_m \in C[0,1](m = 1, 2, \cdots)$, 并且对于锥 $P$ 导出的半序, $x_1 \leqslant x_2 \leqslant \cdots \leqslant x_m \leqslant \cdots \leqslant 1$, 即 $\{x_m\}$ 是 $C[0,1]$ 中有序上界的增序列. 假设 $P$ 是正则锥, 则存在 $x_0 \in C[0,1]$, 使得 $x_m \to x_0$, 从而

$x_m(t) \to x_0(t)(t \in [0,1])$. 从而 $x_0(t) = 1(t \in [0,1))$, $x_0(1) = 0$, 易见 $x_0 \notin C[0,1]$, 矛盾.

(viii) 对于锥 $P_1$, 定义

$$f(x) = \int_{G_1} x(t)\mathrm{d}t, \quad \forall x \in C(G).$$

显然 $f$ 是 $C(G)$ 上的线性泛函, 并且

$$|f(x)| \leqslant \int_{G_1} |x(t)|\mathrm{d}t \leqslant \|x\|\mathrm{mes}G_1,$$

可见 $f \in (C(G))^*$. 于是 $f(x) \geqslant \varepsilon_1\|x\|$, $\forall x \in P_1$.

对于锥 $P_2$, 取 $t_0 \in G_2$, 定义 $g(x) = x(t_0)$, $\forall x \in C(G)$. 显然 $g$ 是 $C(G)$ 上的线性泛函, 并且

$$|g(x)| = |x(t_0)| \leqslant \|x\|,$$

可见 $g \in (C(G))^*$. 于是

$$g(x) \geqslant \min_{t \in G_2} x(t) \geqslant \varepsilon_2\|x\|, \quad \forall x \in P_2.$$

根据定理 1.2.7(i) 可知, $P_1$ 和 $P_2$ 都是可扩锥.

(ix) 设 $x,y \in C(G)$, 令 $z(t) = \max\{x(t), y(t)\}(t \in G)$, 显然 $z \in C(G)$. 对于由锥 $P$ 导出的半序, $x \leqslant z$, $y \leqslant z$, 即 $z$ 是 $\{x,y\}$ 的上界. 如果 $w \in C(G)$ 是 $\{x,y\}$ 的上界, 那么 $x(t) \leqslant w(t)$, $y(t) \leqslant w(t)(t \in G)$, 于是 $z(t) \leqslant w(t)(t \in G)$, 即 $z \leqslant w$, 故 $z = \sup\{x,y\}$. 因此 $P$ 是极小锥.

令

$$G = [0,2], \quad D = \{x \in C[0,2] \mid x(t) < 1(t \in (0,1)), x(t) < 2(t \in (1,2))\}.$$

对正整数 $m > 1$, 取

$$x_m(t) = \begin{cases} 1 - \dfrac{1}{m}, & 0 \leqslant t < 1 - \dfrac{1}{m}, \\ t, & 1 - \dfrac{1}{m} \leqslant t < 1, \\ 1 + (m-1)(t-1), & 1 \leqslant t < 1 + \dfrac{1}{m}, \\ 2 - \dfrac{1}{m}, & 1 + \dfrac{1}{m} \leqslant t \leqslant 2; \end{cases}$$

$$y_m(t) = \begin{cases} 1 + \dfrac{1}{m}, & 0 \leqslant t < 1 - \dfrac{1}{m}, \\ 2 + (m-1)(t-1), & 1 - \dfrac{1}{m} \leqslant t < 1, \\ t + 1, & 1 \leqslant t < 1 + \dfrac{1}{m}, \\ 2 + \dfrac{1}{m}, & 1 + \dfrac{1}{m} \leqslant t \leqslant 2. \end{cases}$$

显然, $x_m \in D$, $y_m \in C[0,2]$, 并且对于由锥 $P$ 导出的半序, $y_m$ 是 $D$ 的序上界. 假设 $P$ 是强极小锥, 则 $D$ 存在序上确界 $x_0 \in C[0,2]$, 于是

$$x_m(t) \leqslant x_0(t) \leqslant y_m(t), \quad \forall t \in [0,2].$$

因为 $\forall t \in (0,1)$, 存在正整数 $m_1$, 使得当 $m > m_1$ 时, $t < 1 - 1/m$, 从而

$$1 - \frac{1}{m} \leqslant x_0(t) \leqslant 1 + \frac{1}{m},$$

故 $x_0(t) \equiv 1(t \in (0,1))$; 又因为 $\forall t \in (1,2)$, 存在正整数 $m_2$, 使得当 $m > m_2$ 时, $t > 1 + 1/m$, 从而

$$2 - \frac{1}{m} \leqslant x_0(t) \leqslant 2 + \frac{1}{m},$$

故 $x_0(t) \equiv 2(t \in (1,2))$. 所以 $x_0 \notin C[0,2]$, 矛盾.

(x) 因为 $P_1$ 和 $P_2$ 都是再生锥和正则锥, 所以根据定理 1.2.6, $P_i$ 是极小锥当且仅当 $P_i$ 是强极小锥 $(i = 1,2)$. 令 $G = [0,1]$.

对于锥 $P_1$, 取 $G_1 = [0,1/2]$, $\varepsilon_1 = 1/8$. 设 $x(t) = t$, $y(t) = 1 - t(t \in [0,1])$, 显然 $x, y \in C[0,1]$. 对正整数 $m > 2$, 令

$$z_m(t) = \begin{cases} 1, & 0 \leqslant t < \dfrac{1}{2}, \\ \dfrac{1 - \dfrac{m}{2}}{t - \dfrac{1}{2}} + 1, & \dfrac{1}{2} \leqslant t < \dfrac{1}{2} + \dfrac{1}{m}, \\ t, & \dfrac{1}{2} + \dfrac{1}{m} \leqslant t \leqslant 1. \end{cases}$$

显然, $z_m \in C[0,1]$, 并且

$$\max\{x(t), y(t)\} \leqslant z_m(t) \leqslant 1, \quad \forall t \in [0,1].$$

因为

$$\int_0^{\frac{1}{2}} (z_m(t) - x(t)) \mathrm{d}t = \int_0^{\frac{1}{2}} (1 - t)\mathrm{d}t = \frac{3}{8} \geqslant \varepsilon_1 \|z_m - x\| = \frac{1}{8},$$

$$\int_0^{\frac{1}{2}} (z_m(t) - y(t)) \mathrm{d}t = \int_0^{\frac{1}{2}} t\mathrm{d}t = \frac{1}{8} \geqslant \varepsilon_1 \|z_m - y\| = \frac{1}{8},$$

所以 $x \leqslant z_m$, $y \leqslant z_m$, 即 $z_m$ 是 $\{x,y\}$ 的序上界. 如果存在 $\sup\{x,y\} = z \in C[0,1]$, 那么

$$\max\{x(t), y(t)\} \leqslant z(t) \leqslant z_m(t), \quad \forall t \in [0,1].$$

假设存在 $t_0 \in [0, 1/2]$, 使得 $z(t_0) < 1$, 于是

$$\int_0^{\frac{1}{2}} (z(t) - y(t))\mathrm{d}t < \int_0^{\frac{1}{2}} t\mathrm{d}t = \frac{1}{8}. \tag{1.3.7}$$

因为

$$\|z - y\| \geqslant \max_{t \in [1/2, 1]} (z(t) - y(t)) \geqslant \max_{t \in [1/2, 1]} (x(t) - y(t)) = 1,$$

并且 $y \leqslant z$, 所以

$$\int_0^{\frac{1}{2}} (z(t) - y(t))\mathrm{d}t \geqslant \varepsilon_1 \|z - y\| \geqslant \frac{1}{8},$$

与 (1.3.7) 矛盾. 因此 $z(t) = 1$, $\forall t \in [0, 1/2]$.

当 $t \in (1/2, 1]$ 时, 存在正整数 $m$, 使得 $1/2 + 1/m < t \leqslant 1$, 于是 $t \leqslant z(t) \leqslant z_m(t) = t$, 即 $z(t) = t$, $\forall t \in (1/2, 1]$.

由此可见 $z(t)$ 在 $t = 1/2$ 处不连续, 与 $z \in C[0, 1]$ 矛盾. 从而 $\sup\{x, y\}$ 不存在, 即 $P_1$ 不是极小锥.

对于锥 $P_2$, 取 $G_2 = \{1/2\}$, $\varepsilon_2 = 1/2$. 设 $x, y$ 和 $z_m$ 与上面相同. 注意到

$$z_m\left(\frac{1}{2}\right) - x\left(\frac{1}{2}\right) = z_m\left(\frac{1}{2}\right) - y\left(\frac{1}{2}\right) = \frac{1}{2} = \varepsilon_2 \|z_m - x\| = \varepsilon_2 \|z_m - y\|,$$

于是 $x \leqslant z_m, y \leqslant z_m$. 如果存在 $z = \sup\{x, y\}$, 那么 $x \leqslant z \leqslant z_m$, 并且当 $t \in (1/2, 1]$ 时, 有

$$t = x(t) \leqslant z(t) \leqslant z_m(t).$$

因此 $z(t) = t$, $\forall t \in (1/2, 1]$, 根据 $z(t)$ 的连续性, $z(1/2) = 1/2$. 由于 $z(1/2) - y(1/2) = 0$, 但是 $\|z - y\| \geqslant z(1) - y(1) = 1$, 与 $y \leqslant z$ 矛盾. 从而 $\sup\{x, y\}$ 不存在, 即 $P_2$ 不是极小锥. ■

**注 1.3.1**    由例 1.3.2 可见, 再生锥不一定是极小锥, 正规锥不一定是正则锥, 极小锥不一定是强极小锥, 同时正规的极小锥也不一定是强极小锥.

**例 1.3.3**    设 $\Omega$ 是 $\mathbf{R}^n$ 中的可测集, $0 < \mathrm{mes}\,\Omega < \infty$. 考虑线性空间

$$L^p(\Omega) = \left\{ x \;\middle|\; \int_\Omega |x(t)|^p \mathrm{d}t < \infty \right\}, \quad 1 \leqslant p < \infty,$$

其中的范数为

$$\|x\| = \left( \int_\Omega |x(t)|^p \mathrm{d}t \right)^{\frac{1}{p}}, \quad \forall x \in L^p(\Omega).$$

令

$$P = \left\{ x \in L^p(\Omega) \mid x(t) \overset{a.e.}{\geqslant} 0, t \in \Omega \right\},$$

则 $P$ 是 $L^p(\Omega)$ 中的锥; $P$ 不是体锥, 但是再生锥; 当 $p = 1$ 时, $P$ 是可扩锥; 当 $p > 1$ 时, $P$ 不是可扩锥, 但是全正则锥; $P$ 是极小锥也是强极小锥.

**证明** (i) 显然 $P$ 是非空凸集. 如果 $x \in P$, $\lambda \geqslant 0$, 那么 $\lambda x \in P$; 如果 $x \in P$, $-x \in P$, 那么 $x = \theta$. 令 $x_m \in P$, 并且 $x_m \to x_0(m \to \infty)$. 于是存在子列 $x_{m_k}(t) \xrightarrow{a.e.} x_0(t)$, 见文献 [87]. 由于 $x_{m_k}(t) \overset{a.e.}{\geqslant} 0$, 故 $x_0(t) \overset{a.e.}{\geqslant} 0$, 即 $x_0 \in P$, 从而 $P$ 是闭集. 因此 $P$ 是 $L^p(\Omega)$ 中锥.

(ii) 如果 $\mathring{P} \neq \varnothing$, 取 $x_0 \in \mathring{P}$, 则存在常数 $r > 0$, 使得

$$B(x_0, r) = \left\{ x \in L^p(\Omega) \,\Big|\, \left( \int_\Omega |x(t) - x_0(t)|^p \mathrm{d}t \right)^{\frac{1}{p}} < r \right\} \subset P.$$

由积分的绝对连续性和测度的介值定理 (见文献 [63]), 存在可测集 $e \subset \Omega$, 使得

$$\text{mes}\, e > 0, \quad \text{mes}(\Omega \backslash e) > 0, \quad \int_e |x_0(t)|^p \mathrm{d}t < r^p / 2^p.$$

令

$$x_1(t) = \begin{cases} x_0(t), & t \in \Omega \backslash e, \\ -x_0(t), & t \in e, \end{cases}$$

则

$$\int_\Omega |x_1(t) - x_0(t)|^p \mathrm{d}t = 2^p \int_e |x_0(t)|^p \mathrm{d}t < r^p,$$

于是 $x_1 \in B(x_0, r)$, 但是 $x_1 \notin P$, 矛盾. 因此 $\mathring{P} = \varnothing$, 即 $P$ 不是体锥.

$\forall x \in L^p(\Omega)$, 显然 $x(t) = x^+(t) - x^-(t)$, 即 $x = x^+ - x^-$, 并且 $x^+, x^- \in P$, 故 $P$ 是再生锥.

(iii) 当 $p = 1$ 时, 定义

$$f(x) = \int_\Omega x(t) \mathrm{d}t, \quad \forall x \in L^1(\Omega),$$

显然 $f$ 是 $L^1(\Omega)$ 中的线性泛函. 因为

$$|f(x)| \leqslant \int_\Omega |x(t)| \mathrm{d}t = \|x\|, \quad \forall x \in L^1(\Omega),$$

所以 $f \in (L^1(\Omega))^*$. 而 $\forall x \in P$, $f(x) = \|x\|$, 故根据定理 1.2.7(i), $P$ 是可扩锥.

当 $p > 1$ 时, 如果 $P$ 是可扩锥, 那么根据定理 1.2.7(i), 存在 $f \in (L^p(\Omega))^*$ 及常数 $a > 0$, 使得

$$f(x) \geqslant a\|x\|, \quad \forall x \in P.$$

对任意的正整数 $m$, 由测度的介值定理 (见文献 [63]), 可将 $\Omega$ 分成 $m$ 个互不相交而测度相等的可测集 $\Omega_i (i = 1, 2, \cdots, m)$. 定义

$$x_i(t) = \begin{cases} m^{\frac{1}{p}}, & t \in \Omega_i, \\ 0, & t \in \Omega \backslash \Omega_i, \end{cases} \quad i = 1, 2, \cdots, m.$$

显然 $x_i \in P$, 并且

$$\|x_i\| = \left( \int_\Omega |x_i(t)|^p \mathrm{d}t \right)^{\frac{1}{p}} = (m\mathrm{mes}\Omega_i)^{\frac{1}{p}} = (\mathrm{mes}\Omega)^{\frac{1}{p}},$$

故

$$f(x_i) \geqslant a\|x_i\| = a(\mathrm{mes}\Omega)^{\frac{1}{p}}, \quad i = 1, 2, \cdots, m. \tag{1.3.8}$$

另一方面, 令 $x^*(t) \equiv 1$, 则 $x^* \in P$, 并且

$$x^*(t) = m^{-\frac{1}{p}} \sum_{i=1}^m x_i(t), \quad \forall t \in \Omega. \tag{1.3.9}$$

于是由 (1.3.8) 和 (1.3.9) 可得

$$f(x^*) = f\left( m^{-\frac{1}{p}} \sum_{i=1}^m x_i \right) = m^{-\frac{1}{p}} \sum_{i=1}^m f(x_i) \geqslant am^{1-\frac{1}{p}}(\mathrm{mes}\Omega)^{\frac{1}{p}},$$

令 $m \to \infty$, 矛盾. 因此 $P$ 不是可扩锥.

(iv) 设 $\{x_m\}$ 是 $L^p(\Omega)$ 中范数有界的增序列, 于是存在常数 $M > 0$, 使得

$$\int_\Omega |x_m(t)|^p \mathrm{d}t \leqslant M^p, \quad m = 1, 2, \cdots,$$

并且

$$x_1(t) \overset{a.e.}{\leqslant} x_2(t) \overset{a.e.}{\leqslant} \cdots \overset{a.e.}{\leqslant} x_m(t) \overset{a.e.}{\leqslant} \cdots, \quad t \in \Omega.$$

由 Fatou 引理, 存在 $\Omega$ 上的可测函数

$$x^*(t) \overset{a.e.}{=} \lim_{m\to\infty} x_m(t),$$

满足

$$\int_\Omega |x^*(t)|^p \mathrm{d}t \leqslant M^p,$$

即 $x^* \in L^p(\Omega)$. 显然

$$0 \overset{a.e.}{\leqslant} x^*(t) - x_m(t) \overset{a.e.}{\leqslant} x^*(t) - x_1(t), \quad m = 1, 2, \cdots, t \in \Omega.$$

于是根据控制收敛定理, 可得

$$\|x^* - x_m\|^p = \int_\Omega |x^*(t) - x_m(t)|^p \mathrm{d}t \to 0, \quad m \to \infty,$$

从而 $x_m \to x^*$, 即 $P$ 是全正则锥.

另外, 当 $1 < p < \infty$ 时, 因为 $L^p(\Omega)$ 是自反空间, 所以根据定理 1.2.5, 只要证明 $P$ 是正规锥, 也可知 $P$ 是全正则锥. 事实上, 设 $\theta \leqslant x \leqslant y$, 于是 $0 \overset{a.e.}{\leqslant} x(t) \overset{a.e.}{\leqslant} y(t)$, $t \in \Omega$, 因此

$$\|x\|^p = \int_\Omega (x(t))^p \mathrm{d}t \leqslant \int_\Omega (y(t))^p \mathrm{d}t = \|y\|^p,$$

从而 $P$ 是正规锥.

(v) 根据定理 1.2.4, $P$ 是正则锥. 而 $P$ 又是再生锥, 因此根据定理 1.2.6 可知, $P$ 是极小锥当且仅当 $P$ 是强极小锥, 于是我们只需验证 $P$ 是极小锥. 设 $x, y \in L^p(\Omega)$, 令 $z(t) = \max\{x(t), y(t)\}$, $t \in \Omega$, 于是

$$|z(t)| \leqslant |x(t)| + |y(t)| \triangleq h(t).$$

因为 $h \in L^p(\Omega)$, 所以 $z \in L^p(\Omega)$, 并且 $x \leqslant z$, $y \leqslant z$, 即 $z$ 是 $\{x, y\}$ 的上界. 如果 $\bar{z}$ 是 $\{x, y\}$ 的上界, 那么

$$x(t) \overset{a.e.}{\leqslant} \bar{z}(t), \quad y(t) \overset{a.e.}{\leqslant} \bar{z}(t), \quad t \in \Omega.$$

由于存在可测集 $e \subset \Omega$, $\mathrm{mes}\, e = 0$, 使得

$$x(t) \leqslant \bar{z}(t), \quad y(t) \leqslant \bar{z}(t),$$

$t \in \Omega \backslash e$, 因此当 $t \in \Omega \backslash e$ 时, $z(t) \leqslant \bar{z}(t)$, 即

$$z(t) \overset{a.e.}{\leqslant} \bar{z}(t), \quad t \in \Omega.$$

从而 $z \leqslant \bar{z}$, 即 $z = \sup\{x, y\}$, $P$ 是极小锥. ∎

**注 1.3.2**  由例 1.3.3 可见, 再生锥不一定是体锥, 全正则锥不一定是可扩锥.

**例 1.3.4**  考虑线性空间

$$c_0 = \{x = (x_1, x_2, \cdots, x_n, \cdots) \mid x_n \to 0 (n \to \infty)\},$$

其中的范数为 $\|x\| = \sup_{n \geqslant 1} |x_n|$, $\forall x \in c_0$. 令

$$P = \{x \in c_0 \mid x_n \geqslant 0 (n \geqslant 1)\},$$

则 $P$ 是 $c_0$ 中的锥; $P$ 不是体锥, 但是再生锥; $P$ 是正则锥, 但不是全正则锥; $P$ 是极小锥也是强极小锥.

**证明**  (i) 显然 $P$ 是非空凸集. 如果 $x \in P$, $\lambda \geqslant 0$, 那么 $\lambda x \in P$; 如果 $x \in P$, $-x \in P$, 那么 $x = \theta$. 令 $x^{(m)} = (x_1^{(m)}, x_2^{(m)}, \cdots, x_n^{(m)}, \cdots) \in P$, 并且

$$x^{(m)} \to x^{(0)} = (x_1^{(0)}, x_2^{(0)}, \cdots, x_n^{(0)}, \cdots), \quad m \to \infty.$$

对任意的正整数 $n$, 因为

$$|x_n^{(m)} - x_n^{(0)}| \leqslant \|x^{(m)} - x^{(0)}\| \to 0, \quad m \to \infty,$$

所以 $x_n^{(m)} \to x_n^{(0)}(m \to \infty)$. 由于 $x_n^{(m)} \geqslant 0$, 故 $x_n^{(0)} \geqslant 0$, 即 $x^{(0)} \in P$, 从而 $P$ 是闭集. 因此 $P$ 是 $c_0$ 中锥.

(ii) 如果 $\overset{\circ}{P} \neq \varnothing$, 取 $x^{(0)} = (x_1^{(0)}, x_2^{(0)}, \cdots, x_n^{(0)}, \cdots) \in \overset{\circ}{P}$, 则存在常数 $r > 0$, 使得

$$B(x_0, r) = \left\{ x \in c_0 \,\bigg|\, \|x - x^{(0)}\| = \sup_{n \geqslant 1} |x_n - x_n^{(0)}| < r \right\} \subset P.$$

如果 $\{x_n^{(0)}\}$ 中有无穷多项大于零, 因为 $x_n^{(0)} \to 0(n \to \infty)$, 则存在正整数 $N$, 当 $n > N$ 时, $|x_n^{(0)}| < r/4$. 取 $\overline{x} = (x_1^{(0)}, \cdots, x_N^{(0)}, -x_{N+1}^{(0)}, \cdots)$, 显然 $\overline{x} \in c_0$. 而

$$\|\overline{x} - x^{(0)}\| = \sup_{n > N} 2|x_n^{(0)}| \leqslant \frac{r}{2} < r,$$

但是 $\overline{x} \notin P$, 矛盾.

如果存在正整数 $N$, 使得当 $n > N$ 时, $x_n^{(0)} = 0$. 取

$$\overline{x} = (x_1^{(0)}, \cdots, x_N^{(0)}, -r/2, 0, \cdots),$$

显然 $\overline{x} \in c_0$. 而 $\|\overline{x} - x^{(0)}\| = r/2 < r$, 但是 $\overline{x} \notin P$, 矛盾.

因此 $P$ 不是体锥.

另外, $\forall x = (x_1, x_2, \cdots, x_n, \cdots) \in c_0$, 取

$$y_n = \max\{x_n, 0\}, \quad z_n = \max\{-x_n, 0\}, \quad n \geqslant 1,$$

可见 $|y_n| \leqslant |x_n|$, $|z_n| \leqslant |x_n|$, 故

$$y = (y_1, y_2, \cdots, y_n, \cdots), \quad z = (z_1, z_2, \cdots, z_n, \cdots) \in P,$$

并且 $x = y - z$, 即 $P$ 是再生锥.

(iii) 设 $x^{(m)} = (x_1^{(m)}, x_2^{(m)}, \cdots, x_n^{(m)}, \cdots), y = (y_1, y_2, \cdots, y_n, \cdots) \in c_0$, 并且

$$x^{(1)} \leqslant x^{(2)} \leqslant \cdots \leqslant x^{(m)} \leqslant \cdots \leqslant y,$$

即 $x_n^{(1)} \leqslant x_n^{(2)} \leqslant \cdots \leqslant x_n^{(m)} \leqslant \cdots \leqslant y_n$, $n = 1, 2, \cdots$.

令 $x^* = (x_1^*, x_2^*, \cdots, x_n^*, \cdots)$, 其中 $x_n^* = \lim_{m \to \infty} x_n^{(m)}$. 由于

$$x_n^{(1)} \leqslant x_n^{(m)} \leqslant x_n^* \leqslant y_n, \quad m, n = 1, 2, \cdots, \tag{1.3.10}$$

而 $x_n^{(1)} \to 0, y_n \to 0(n \to \infty)$, 故 $x_n^* \to 0(n \to \infty)$, 因此 $x^* \in c_0$. 又因为 $\forall \varepsilon > 0$, 存在正整数 $N$, 使得当 $n > N$ 时, 有

$$|x_n^{(1)}| < \varepsilon, \quad |y_n| < \varepsilon, \tag{1.3.11}$$

所以由 (1.3.10) 和 (1.3.11) 知, 当 $n > N$ 时, 有

$$|x_n^{(m)}| < \varepsilon, \quad |x_n^*| < \varepsilon, \quad m = 1, 2, \cdots. \tag{1.3.12}$$

取正整数 $m_0$, 使得当 $m > m_0$ 时, 有

$$|x_n^{(m)} - x_n^*| < \varepsilon, \quad n = 1, 2, \cdots, N. \tag{1.3.13}$$

于是由 (1.3.12) 和 (1.3.13) 知, 当 $m > m_0$ 时,

$$\|x^{(m)} - x^*\| = \sup_{n \geqslant 1} |x_n^{(m)} - x_n^*| \leqslant \sup_{1 \leqslant n \leqslant N} |x_n^{(m)} - x_n^*| + \sup_{n > N} |x_n^{(m)}| + \sup_{n > N} |x_n^*| \leqslant 3\varepsilon,$$

故 $\|x^{(m)} - x^*\| \to 0(m \to \infty)$, 即 $P$ 是正则锥.

另一方面, 令 $z^{(m)} = (z_1^{(m)}, z_2^{(m)}, \cdots, z_n^{(m)}, \cdots)$, 其中

$$z_n^{(m)} = \begin{cases} 1, & n \leqslant m, \\ 0, & n > m. \end{cases}$$

显然 $z^{(m)} \in c_0$, $\|z^{(m)}\| = 1(m = 1, 2, \cdots)$, 并且 $z^{(1)} \leqslant z^{(2)} \leqslant \cdots \leqslant z^{(m)} \leqslant \cdots$. 由于 $\|z^{(m+1)} - z^{(m)}\| = 1$, 故 $\{z^{(m)}\}$ 不收敛. 从而可见 $P$ 不是全正则锥.

(iv) 因为 $P$ 是正则锥又是再生锥, 因此根据定理 1.2.6 可知, $P$ 是极小锥当且仅当 $P$ 是强极小锥, 于是我们只需验证 $P$ 是极小锥. 事实上, 设 $x = (x_1, x_2, \cdots, x_n, \cdots)$, $y = (y_1, y_2, \cdots, y_n, \cdots) \in c_0$, 令 $z_n = \max\{x_n, y_n\}$, 于是

$$|z_n| \leqslant |x_n| + |y_n|, \quad n \geqslant 1,$$

故 $z = (z_1, z_2, \cdots, z_n, \cdots) \in c_0$, 并且 $x \leqslant z$, $y \leqslant z$, 即 $z$ 是 $\{x, y\}$ 的上界. 如果存在 $z' = (z_1', z_2', \cdots, z_n', \cdots) \in c_0$, 使得 $x \leqslant z'$, $y \leqslant z'$, 于是 $x_n \leqslant z_n'$, $y_n \leqslant z_n'(n \geqslant 1)$. 故 $z_n \leqslant z_n'$, 即 $z \leqslant z'$, 从而 $z = \sup\{x, y\}$, $P$ 是极小锥.

直接验证 $P$ 是强极小锥也是非常简单的. 设 $D$ 是 $c_0$ 中有序上界 $y = (y_1, y_2, \cdots, y_n, \cdots)$ 的非空集, 于是 $\forall x = (x_1, x_2, \cdots, x_n, \cdots) \in D$, 有 $x_n \leqslant y_n(n \geqslant 1)$. 取 $z_n = \sup_{x \in D} x_n$, 由于 $x_n \leqslant z_n \leqslant y_n$, 故

$$z = (z_1, z_2, \cdots, z_n, \cdots) \in c_0,$$

并且 $x \leqslant z$, $\forall x \in D$, 即 $z$ 是 $D$ 的序上界. 如果存在 $z' = (z_1', z_2', \cdots, z_n', \cdots) \in c_0$, 使得 $x \leqslant z'$, $\forall x \in D$, 于是 $x_n \leqslant z_n'$. 故 $z_n \leqslant z_n'$, 即 $z \leqslant z'$, 从而 $z = \sup D$, $P$ 是强极小锥. ∎

**注 1.3.3**　由例 1.3.4 可见, 正则锥不一定是全正则锥. 另外对于例 1.3.4 证明 (iii) 中的序列 $\{z^{(m)}\}$, 因为 $\|z^{(m)}\| = 1$, 所以 $\{z^{(m)}\}$ 是范数有界的. 如果 $\{z^{(m)}\}$ 有序上界 $y = (y_1, y_2, \cdots, y_n, \cdots) \in c_0$, 那么 $z_n^{(m)} \leqslant y_n (m, n = 1, 2, \cdots)$, 从而 $y_n \geqslant 1(n \geqslant 1)$, $y \notin c_0$, 矛盾. 这说明范数有界集合不一定序有界.

**例 1.3.5**　考虑线性空间 $C^1[0, 2\pi] = \{x \mid x(t)$是$[0, 2\pi]$上实连续可微函数$\}$, 其中的范数为

$$\|x\| = \max_{t \in [0, 2\pi]} |x(t)| + \max_{t \in [0, 2\pi]} |x'(t)|, \quad \forall x \in C^1[0, 2\pi].$$

令

$$P = \{x \in C^1[0, 2\pi] \mid x(t) \geqslant 0(t \in [0, 2\pi])\},$$

则 $P$ 是 $C^1[0, 2\pi]$ 中的锥; $P$ 是体锥,

$$\mathring{P} = \{x \in C^1[0, 2\pi] \mid x(t) > 0, t \in [0, 2\pi]\}, \tag{1.3.14}$$

从而是再生锥; $P$ 不是正规锥; $P$ 既不是极小锥也不是强极小锥.

**证明**　(i) 显然 $P$ 是非空凸集. 如果 $x \in P$, $\lambda \geqslant 0$, 那么 $\lambda x \in P$; 如果 $x \in P$, $-x \in P$, 那么 $x = \theta$. 令 $x_n \in P$, 并且 $x_n \to x_0(n \to \infty)$, 于是

$$|x_n(t) - x_0(t)| \leqslant \|x_n - x_0\| \to 0, \quad t \in [0, 2\pi].$$

因为 $x_n(t) \geqslant 0$, 所以 $x_0(t) \geqslant 0(t \in [0, 2\pi])$, 即 $x_0 \in P$, 从而 $P$ 是闭集. 因此 $P$ 是 $C^1[0, 2\pi]$ 中锥.

(ii) 设

$$x_0 \in \{x \in C^1[0, 2\pi] \mid x(t) > 0, t \in [0, 2\pi]\},$$

则 $\min_{t \in [0, 2\pi]} x_0(t) = r > 0$. 如果

$$x \in B(x_0, r) = \left\{x \in C^1[0, 2\pi] \;\middle|\; \|x - x_0\| = \max_{t \in [0, 2\pi]} \left|x(t) - x_0(t)\right| \right.$$
$$\left. + \max_{t \in [0, 2\pi]} \left|x'(t) - x_0'(t)\right| < r\right\},$$

那么

$$\max_{t \in [0, 2\pi]} |x(t) - x_0(t)| < r,$$

从而 $x(t) > x_0(t) - r \geqslant 0(t \in [0, 2\pi])$. 所以 $x \in P$, 即 $x_0$ 是 $P$ 的内点, $P$ 是体锥.

反之, 设 $x_0 \in \mathring{P}$, 则存在 $r > 0$, 使得 $\overline{B}(x_0, r) \subset P$. 取 $x_1(t) = x_0(t) - r(t \in [0, 2\pi])$, 则 $x_1 \in C^1[0, 2\pi]$, 并且 $\|x_1 - x_0\| = r$, 于是 $x_1 \in \overline{B}(x_0, r) \subset P$. 从而 $x_0(t) - r \geqslant 0$, 故 $x_0(t) \geqslant r > 0(t \in [0, 2\pi])$, 即

$$x_0 \in \{x \in C^1[0, 2\pi] \mid x(t) > 0, t \in [0, 2\pi]\}.$$

因此 (1.3.14) 成立.

根据定理 1.2.2 可知, $P$ 是再生锥.

(iii) 假设 $P$ 是正规锥, 其正规常数为 $N$. 对任意的正整数 $n$, 令

$$x_n(t) = 1 - \cos nt, \quad y_n(t) = 2, \quad t \in [0, 2\pi].$$

显然 $x_n, y_n \in C^1[0, 2\pi](n = 1, 2, \cdots)$, 并且在由锥 $P$ 导出的半序下, $\theta \leqslant x_n \leqslant y_n$. 于是根据锥的正规性, 有

$$\|x_n\| \leqslant N\|y_n\|, \quad n = 1, 2, \cdots.$$

由于 $\|x_n\| = 2 + n$, $\|y_n\| = 2$, 从而对任意的正整数 $n, 2 + n \leqslant 2N$, 矛盾.

(iv) 取 $x(t) = t$, $y(t) = 2\pi - t(t \in [0, 2\pi])$, 显然 $x, y \in C^1[0, 2\pi]$. 对任意的正整数 $n$, 令

$$z_n(t) = \begin{cases} 2\pi - t, & 0 \leqslant t < \pi - \dfrac{1}{n}, \\ \dfrac{n}{2}(t - \pi)^2 + \pi + \dfrac{1}{2n}, & \pi - \dfrac{1}{n} \leqslant t < \pi + \dfrac{1}{n}, \\ t, & \pi + \dfrac{1}{n} \leqslant t \leqslant 2\pi. \end{cases}$$

易见 $z_n \in C^1[0, 2\pi]$, 并且 $x \leqslant z_n$, $y \leqslant z_n(n \geqslant 1)$, 于是 $z_n$ 是 $\{x, y\}$ 的序上界. 如果 $\sup\{x, y\} = z \in C^1[0, 2\pi]$ 存在, 那么 $x \leqslant z \leqslant z_n$, $y \leqslant z \leqslant z_n$, 即对任意的正整数 $n$,

$$x(t) \leqslant z(t) \leqslant z_n(t), \quad y(t) \leqslant z(t) \leqslant z_n(t), \quad t \in [0, 2\pi]. \tag{1.3.15}$$

对 $t \in [0, \pi)$, 存在正整数 $n_1$, 使得当 $n > n_1$ 时, $t \in [0, \pi - 1/n)$, 于是根据 (1.3.15), $z(t) = 2\pi - t$; 对 $t \in (\pi, 2\pi]$, 存在正整数 $n_2$, 使得当 $n > n_2$ 时, $t \in (\pi + 1/n, 2\pi]$, 于是根据 (1.3.15), $z(t) = t$; 当 $t = \pi$ 时, 根据 (1.3.15), 对任意的正整数 $n$, $\pi \leqslant z(\pi) \leqslant \pi + 1/(2n)$, 于是 $z(\pi) = \pi$. 因此

$$z(t) = \begin{cases} 2\pi - t, & 0 \leqslant t < \pi, \\ t, & \pi \leqslant t \leqslant 2\pi. \end{cases}$$

这与 $z \in C^1[0, 2\pi]$ 矛盾, 从而 $P$ 既不是极小锥也不是强极小锥. ∎

**注 1.3.4**　由例 1.3.5 可见, 确实存在着不是正规的锥. 另外对于例 1.3.5 证明 (iii) 中的序列 $\{x_n\}$, 因为 $\theta \leqslant x_n \leqslant 2$, 所以 $\{x_n\}$ 序有界. 但是 $\|x_n\| = 2 + n$, 因此 $\{x_n\}$ 不是范数有界的. 这说明序有界集合不一定范数有界.

**例 1.3.6**　考虑线性空间 $\mathbf{R}^2$. 令 $P = \{x = (x_1, x_2) \in \mathbf{R}^2 \mid x_1 \geqslant 0, x_2 = 0\}$, 则 $P$ 是 $\mathbf{R}^2$ 中的锥; $P$ 不是体锥, 也不是再生锥; $P$ 是可扩锥; $P$ 不是极小锥, 但是强极小锥.

**证明** 易证 $P$ 是 $\mathbf{R}^2$ 中的锥. 因为 $\mathbf{R}^2$ 是有限维空间, 由定理 1.2.7(iii) 知 $P$ 是可扩锥.

如果 $P$ 是极小锥, 取 $x = (1,0)$, $y = (0,1)$, 则 $z = (z_1, z_2) = \sup\{x,y\}$ 存在, 于是 $z - x \in P$, $z - y \in P$. 由 $z - x \in P$ 得 $z_2 = 0$, 由 $z - y \in P$ 得 $z_2 = 1$, 矛盾. 所以 $P$ 不是极小锥.

设 $D$ 是 $\mathbf{R}^2$ 中有序上界的集合, 于是存在 $y = (y_1, y_2)$, 使得 $\forall x = (x_1, x_2) \in D$, $x \leqslant y$, 因此 $z_1 = \sup_{x \in D} x_1$ 存在, 并且 $z_1 \leqslant y_1$, $x_2 = y_2$. 令 $z = (z_1, y_2)$, 显然 $\forall x \in D$, 有 $x \leqslant z$, 即 $z$ 是 $D$ 的序上界. 对 $D$ 任意的序上界 $z' = (z_1', z_2')$, 由于 $x_1 \leqslant z_1'$, $x_2 = z_2'$, 故 $z_1 = \sup_{x \in D} x_1 \leqslant z_1'$, $z_2' = y_2$, 从而 $z \leqslant z'$, 即 $z$ 是 $D$ 的上确界, $P$ 是强极小锥.

根据定理 1.2.6(ii) 可知, $P$ 不是再生锥. 再由定理 1.2.2 知 $P$ 不是体锥. ∎

**注 1.3.5** 由例 1.3.6 可见, 强极小锥不一定是极小锥.

## 1.4 增算子的不动点定理

**定义 1.4.1** 设 $E$ 是由锥 $P$ 导出的半序赋范线性空间, $D \subset E$, 算子 $A: D \to E$. 如果 $\forall x_1, x_2 \in D$, 当 $x_1 \leqslant x_2$ 时, 都有 $Ax_1 \leqslant Ax_2$, 则称 $A$ 为增算子; 对于体锥, 如果 $\forall x_1, x_2 \in D$, 当 $x_1 < x_2$ 时, 都有 $Ax_1 \ll Ax_2$, 则称 $A$ 为强增算子; 如果 $x^*, x_* \in D$ 是 $A$ 的不动点, 并且对于 $A$ 的任意不动点 $\overline{x}$, 都有 $x_* \leqslant \overline{x} \leqslant x^*$, 则称 $x^*$ 为 $A$ 的最大不动点, $x_*$ 为 $A$ 的最小不动点; 如果 $u_0, v_0 \in D$, 并且 $u_0 \leqslant Au_0$, $Av_0 \leqslant v_0$, 则 $u_0$ 和 $v_0$ 分别称为算子 $A$ 的下解和上解.

**定理 1.4.1** 设 $E$ 是由正则锥 $P$ 导出的半序 Banach 空间, $u_0, v_0 \in E$, $u_0 \leqslant v_0$. 如果 $A: [u_0, v_0] \to E$ 是增算子, 并且 $u_0$ 和 $v_0$ 分别为 $A$ 的下解和上解, 则 $A$ 在 $[u_0, v_0]$ 中存在最大和最小不动点.

**证明** 因为 $A$ 是增算子, $u_0$ 和 $v_0$ 分别为算子 $A$ 的下解和上解, 所以 $A: [u_0, v_0] \to [u_0, v_0]$.

设 $F(A) = \{x \in [u_0, v_0] \mid Ax = x\}$(目前不知是否为非空集合), 令

$$X = \{x \in [u_0, v_0] \mid Ax \geqslant x, \text{ 并且 } x \leqslant u, \forall u \in F(A)\},$$

这里, 当 $F(A) = \varnothing$ 时, $X = \{x \in [u_0, v_0] \mid Ax \geqslant x\}$. 于是 $u_0 \in X$, 并且 $Ax \in X$, $\forall x \in X$. 事实上, 因为 $F(A) \subset [u_0, v_0]$, 所以 $\forall u \in F(A)$, 有 $u_0 \leqslant u$; $\forall x \in X$, 由 $x' = Ax \geqslant x$ 可知 $Ax' \geqslant Ax = x'$; 另外, $\forall u \in F(A)$, 有 $x \leqslant u$, 因此 $x' = Ax \leqslant Au = u$. 故 $x' \in X$.

取增序列 $\{x_n\} \subset X(\subset E)$, $\{x_n\}$ 在 $E$ 中有序上界 $v_0$. 因为 $P$ 是正则的, 所以存在 $x \in E$, 使得 $x_n \to x$. 又因为当 $n \geqslant k$ 时, $x_k \leqslant x_n \leqslant v_0$, 而 $P$ 是闭集,

所以 $u_0 \leqslant x_k \leqslant x \leqslant v_0$. 因此 $x \in [u_0, v_0]$, 并且对任意的 $n \geqslant 1$, $x_n \leqslant x$, 从而 $x_n \leqslant Ax_n \leqslant Ax$, 于是 $x \leqslant Ax$. 另一方面, 如果 $u \in F(A)$, 那么对任意的 $n \geqslant 1$, $x_n \leqslant u$, 故 $x \leqslant u$, 这说明 $x \in X$. 根据引理 1.2.1, 存在 $x_* \in X$, 使得

$$S(x_*) = \{v \in X \mid x_* \leqslant v\} = \{x_*\}.$$

由于 $Ax_* \in X$ 以及 $Ax_* \geqslant x_*$, 故

$$Ax_* \in S(x_*) = \{x_*\},$$

从而 $x_* \in F(A)$. 从 $x_* \in X$ 可知, $x_*$ 是 $A$ 在 $[u_0, v_0]$ 中的最小不动点.

令

$$Y = \{x \in [u_0, v_0] \mid Ax \leqslant x, \text{ 并且 } u \leqslant x, \forall u \in F(A)\},$$

同理可知存在 $x^* \in Y$, 使得 $S(x^*) = \{x^*\}$, 并且 $x^* \in F(A)$, 即 $x^*$ 是 $A$ 在 $[u_0, v_0]$ 中的最大不动点. ∎

**定理 1.4.2** 设 $E$ 是由强极小锥 $P$ 导出的半序 Banach 空间, $u_0, v_0 \in E$, $u_0 \leqslant v_0$. 如果 $A : [u_0, v_0] \to E$ 是增算子, 并且 $u_0$ 和 $v_0$ 分别为 $A$ 的下解和上解, 则 $A$ 在 $[u_0, v_0]$ 中存在最大和最小不动点.

**证明** 令 $D = \{x \in [u_0, v_0] \mid Ax \geqslant x\}$, 显然 $u_0 \in D$, 于是 $D \neq \varnothing$. 另外, $v_0$ 是 $D$ 的一个序上界. 根据 $P$ 是强极小锥可知 $x^* = \sup D$ 存在, 易见 $x^* \in [u_0, v_0]$. 下证 $x^*$ 是 $A$ 在 $[u_0, v_0]$ 中的最大不动点.

当 $x \in D$ 时, 有 $u_0 \leqslant x \leqslant x^* \leqslant v_0$, 从而

$$u_0 \leqslant Au_0 \leqslant Ax \leqslant Ax^* \leqslant Av_0 \leqslant v_0.$$

因为 $Ax \geqslant x$, 故 $x \leqslant Ax^*$, 因此 $Ax^*$ 是 $D$ 的一个序上界, 所以 $x^* \leqslant Ax^*$. 从而 $Ax^* \leqslant A(Ax^*)$, 即 $Ax^* \in D$, 故 $Ax^* \leqslant x^*$. 可见 $Ax^* = x^*$. 如果 $x' \in [u_0, v_0]$ 是 $A$ 的不动点, 那么 $x' \in D$, 从而 $x' \leqslant x^*$, 即 $x^*$ 是 $A$ 在 $[u_0, v_0]$ 中的最大不动点.

令 $G = \{x \in [u_0, v_0] \mid Ax \leqslant x\}$, 同理可证 $x_* = \inf G$ 是 $A$ 在 $[u_0, v_0]$ 中的最小不动点. ∎

如果在定理 1.4.1 中算子 $A$ 是连续的, 那么可以得到分别收敛到最大和最小不动点的迭代序列.

**定理 1.4.3** 设 $E$ 是由正则锥 $P$ 导出的半序 Banach 空间, $u_0, v_0 \in E$, $u_0 \leqslant v_0$. 如果 $A : [u_0, v_0] \to E$ 是连续增算子, 并且 $u_0$ 和 $v_0$ 分别为 $A$ 的下解和上解, 则 $A$ 在 $[u_0, v_0]$ 中存在最大不动点 $x^*$ 和最小不动点 $x_*$, 并且 $\lim_{n \to \infty} v_n = x^*$, $\lim_{n \to \infty} u_n = x_*$, 其中 $v_n = Av_{n-1}$, $u_n = Au_{n-1}(n = 1, 2, \cdots)$, 满足

$$u_0 \leqslant u_1 \leqslant \cdots \leqslant u_n \leqslant \cdots \leqslant v_n \leqslant \cdots \leqslant v_1 \leqslant v_0. \tag{1.4.1}$$

**证明**　因为 $A:[u_0,v_0]\to[u_0,v_0]$ 是增算子, 所以 (1.4.1) 成立. 由 $P$ 是正则锥可知

$$\lim_{n\to\infty}v_n=x^*,\quad\lim_{n\to\infty}u_n=x_*$$

存在. 在 $v_n=Av_{n-1}$ 和 $u_n=Au_{n-1}$ 中令 $n\to\infty$, 由 $A$ 连续可得

$$x_*=Ax_*,\quad x^*=Ax^*,$$

即 $x^*$ 和 $x_*$ 是 $A$ 在 $[u_0,v_0]$ 中的不动点.

如果 $\bar{x}\in[u_0,v_0]$ 是 $A$ 的不动点, 由 $A$ 是增算子有

$$Au_0\leqslant A\bar{x}\leqslant Av_0,$$

即 $u_1\leqslant\bar{x}\leqslant v_1$, 依此下去可得 $u_n\leqslant\bar{x}\leqslant v_n(n=1,2,\cdots)$, 令 $n\to\infty$, $x_*\leqslant\bar{x}\leqslant x^*$, 即 $x^*$ 和 $x_*$ 分别是最大不动点和最小不动点. ■

**注 1.4.1**　算子的最大不动点和最小不动点有可能相同.

## 1.5　本章内容的注释

关于 Zorn 引理和选择公理的讨论, 以及线性空间的 Hamel 基的内容可见文献 [12], [34]. 定理 1.1.2 取自文献 [14].

定理 1.2.2— 定理 1.2.5, 定理 1.2.7 见文献 [13], [25]—[27] 和 [41], [43], [65], [112]. 引理 1.2.1 见文献 [48](也可参见 [32], [33]). 定理 1.2.6 可见文献 [22], [109]. 文献 [41] 在空间可分的条件下证明了定理 1.2.6(iii), 文献 [17] 利用 Zorn 引理去掉了空间可分的条件 (也可见文献 [26]), 而这里的证明取自文献 [109], 不依赖 Zorn 引理.

本章 1.3 节中的例子是文献 [13], [25]—[27] 和 [41], [43], [109], [115] 中一些内容的综合, 并且给出一些新的结论. 与之相关的内容也可参见文献 [111].

定理 1.4.1 见文献 [26],[27], [65], 这里的证明取自文献 [109], 不依赖 Zorn 引理. 定理 1.4.2 和 1.4.3 可见文献 [25], [26], [27].

# 第 2 章　收缩核与全连续算子的不动点指数

## 2.1　连续算子的延拓和收缩核

**定义 2.1.1**　设 $E$ 是一个拓扑空间, $D \subset E$. 若存在连续算子 $P : E \to D$, 使当 $x \in D$ 时, 恒有 $Px = x$, 则称 $D$ 是 $E$ 的收缩核, $P$ 称为是一个保核收缩.

**注 2.1.1**　$D$ 是 $E$ 的收缩核意味着 $D$ 上的恒等算子可以连续地延拓到全空间 $E$ 上, 值域不变. 对于一个收缩核来说, 保核收缩不一定是唯一的. 全空间 $E$ 是自己的收缩核, 因为恒等算子即为保核收缩. 度量空间 $X$ 中的收缩核 $D$ 是闭集. 事实上, 设 $P : X \to D$ 为保核收缩, $x_n \in D$, $x_n \to x_0$. 由于 $P$ 连续, 则 $Px_n \to Px_0$. 因为 $x_n \in D$, 所以 $Px_n = x_n$, 又因为 $Px_0 \in D$, 故 $x_n \to Px_0 \in X$, $x_0 = Px_0 \in D$. 一般地, Hausdorff 拓扑空间中的收缩核都是闭集 (见文献 [19]).

**定义 2.1.2**　设 $E$ 是一个拓扑空间. 如果对于 $E$ 的任何开覆盖 $\{U_\gamma \mid \gamma \in \Gamma\}$, 都存在 $E$ 的开覆盖 $\{V_\lambda \mid \lambda \in \Lambda\}$, 满足

(i) $\{V_\lambda\}$ 比 $\{U_\gamma\}$ 细 (即对任意的 $V_\lambda$, 都存在 $U_\gamma$, 使得 $V_\lambda \subset U_\gamma$);

(ii) $\{V_\lambda\}$ 是局部有限的 (即对 $E$ 中的任意一点 $x$, 都存在 $x$ 的邻域只与 $\{V_\lambda\}$ 中有限个相交),

则称 $E$ 是仿紧空间.

**引理 2.1.1**　设 $(X, d)$ 是度量空间, 则 $(X, d)$ 是仿紧的. 另外, 如果 $\{V_\lambda \mid \lambda \in \Lambda\}$ 是 $X$ 的局部有限开覆盖, 那么存在相应于 $\{V_\lambda\}$ 的单位分解, 即存在连续函数族 $\{\varphi_\lambda : X \to [0,1] \mid \lambda \in \Lambda\}$, 满足如下条件:

(i) $\varphi_\lambda(x) \geqslant 0, \forall x \in X$;

(ii) $\varphi_\lambda(x) \neq 0 \Leftrightarrow x \in V_\lambda (\lambda \in \Lambda)$;

(iii) 对任意的 $x \in X$, 都存在 $x$ 的邻域, 使得只有有限个 $\varphi_\lambda$ 在该邻域中不恒为零;

(iv) 对任意的 $x \in X$, $\sum\limits_{\lambda \in \Lambda} \varphi_\lambda(x) = 1$.

**证明**　度量空间是仿紧的结论就是著名的 Stone 定理, 见文献 [19].

对于 $\lambda \in \Lambda$, 定义

$$\varphi_\lambda(x) = \frac{d(x, X \backslash V_\lambda)}{\sum\limits_{\lambda \in \Lambda} d(x, X \backslash V_\lambda)}, \quad x \in X.$$

因为 $d(x, X \backslash V_\lambda) \neq 0$ 当且仅当 $x \in V_\lambda$, 而 $\{V_\lambda\}$ 是局部有限的, 故 $x$ 最多属于有限个 $V_\lambda$, 从而分母中的和式是有限的. 又因为 $\{V_\lambda\}$ 是 $X$ 的覆盖, 所以对任意的 $x \in X$, 分母不为零, 故 $\varphi_\lambda(x)$ 有意义. 再根据 $\{V_\lambda\}$ 是局部有限的, 对任意的 $x \in X$, 存在邻域只与 $\{V_\lambda\}$ 中有限个相交, 因此分母是有限个不恒为零的连续函数之和, 故 $\varphi_\lambda$ 是连续的. 至于满足条件 (i)—(iv) 是显然的. ■

下面设 $E$ 是实赋范线性空间, $\theta$ 是 $E$ 中的零元素. 对 $x \in E \backslash \{\theta\}$, 用 $[x]$ 表示 $x/\|x\|$. 记以 $\theta$ 为球心以 $R(R > 0)$ 为半径的开球和闭球分别为 $B_R = \{x \in E \mid \|x\| < R\}$ 和 $\overline{B}_R = \{x \in E \mid \|x\| \leqslant R\}$, 其边界为 $\partial B_R = \{x \in E \mid \|x\| = R\}$.

**定理 2.1.1** (连续算子延拓定理) 设 $(X, d)$ 是度量空间, $D$ 是 $X$ 的非空真闭子集, $F$ 是 $D$ 的稠密子集. 如果 $A : D \to E$ 是连续算子, 则 $A$ 存在连续延拓 $\widetilde{A} : X \to E$, 使得 $\widetilde{A}(X) \subset A(D) \bigcup \text{co} A(F) \subset \text{co}(A(D))$.

**证明** 对 $x \in X \backslash D$, 由 $d(x, D) > 0$, 记

$$B\left(x, \frac{1}{2}d(x, D)\right) = \left\{y \in X \mid d(y, x) < \frac{1}{2}d(x, D)\right\},$$

显然

$$\left\{B\left(x, \frac{1}{2}d(x, D)\right) \,\middle|\, x \in X \backslash D\right\}$$

是 $X \backslash D$ 的开覆盖. 根据 Stone 定理, $X \backslash D$ 存在比 $\left\{B\left(x, \frac{1}{2}d(x, D)\right)\right\}$ 细的局部有限开覆盖 $\{V_\lambda \mid \lambda \in \Lambda\}$, 于是对任意的 $\lambda \in \Lambda$, 存在 $v_\lambda \in X \backslash D$, 使得 $B\left(v_\lambda, \frac{1}{2}d(v_\lambda, D)\right) \supset V_\lambda$, 并且 $X \backslash D$ 存在相应于 $\{V_\lambda\}$ 的单位分解 $\{\varphi_\lambda\}$.

取 $x'_\lambda \in D$ 使得

$$d(v_\lambda, x'_\lambda) < \frac{3}{2}d(v_\lambda, D),$$

再由 $F$ 在 $D$ 中稠密, 取 $x_\lambda \in F$ 使得

$$d(x'_\lambda, x_\lambda) < \frac{1}{2}d(v_\lambda, D),$$

于是 $d(v_\lambda, x_\lambda) < 2d(v_\lambda, D)$.

对任意的 $v \in V_\lambda$, 因为

$$d(v_\lambda, D) \leqslant d(v_\lambda, v) + d(v, D) \leqslant \frac{1}{2}d(v_\lambda, D) + d(v, D),$$

所以

$$d(v_\lambda, D) \leqslant 2d(v, D). \tag{2.1.1}$$

对任意的 $x \in D, v \in V_\lambda$, 由 (2.1.1) 知

$$d(x, x_\lambda) \leqslant d(x, v) + d(v, v_\lambda) + d(v_\lambda, x_\lambda)$$

$$\leqslant d(x, v) + \frac{1}{2} d(v_\lambda, D) + 2d(v_\lambda, D)$$

$$\leqslant d(x, v) + d(v, D) + 4d(v, D),$$

于是

$$d(x, x_\lambda) \leqslant 6d(x, v). \tag{2.1.2}$$

令

$$\widetilde{A}x = \begin{cases} Ax, & x \in D, \\ \sum_{\lambda \in \Lambda} \varphi_\lambda(x) Ax_\lambda, & x \in X \backslash D. \end{cases}$$

显然 $\widetilde{A}$ 在 $X \backslash D$ 上连续, 下面只需验证 $\widetilde{A}$ 在 $\partial D$ 上连续.

设 $x \in \partial D$, 因为 $A$ 在 $x$ 处连续, 所以 $\forall \varepsilon > 0$, 存在 $\delta > 0$, 使得 $A(B(x, \delta) \bigcap D) \subset B(Ax, \varepsilon)$, 故

$$\widetilde{A}(B(x, \delta/6) \bigcap D) \subset B(Ax, \varepsilon). \tag{2.1.3}$$

因为 $B(x, \delta/6) \backslash D \neq \varnothing$, 那么对任意的 $y \in B(x, \delta/6) \backslash D$, 它只属于有限个 $V_{\lambda_1}, V_{\lambda_2}, \cdots,$ $V_{\lambda_n}$. 由 (2.1.2) 可知

$$d(x, x_{\lambda_i}) \leqslant 6d(x, y) < \delta, \quad i = 1, 2, \cdots, n,$$

于是 $x_{\lambda_i} \in D \bigcap B(x, \delta)(i = 1, 2, \cdots, n)$, 故

$$\widetilde{A}y = \sum_{i=1}^{n} \varphi_{\lambda_i}(y) Ax_{\lambda_i}$$

是 $A(B(x, \delta) \bigcap D)$ 中元素的凸组合, 从而 $\widetilde{A}(B(x, \delta/6) \backslash D) \subset B(Ax, \varepsilon)$. 再结合 (2.1.3), 可知 $\widetilde{A}(B(x, \delta/6)) \subset B(Ax, \varepsilon)$, 这说明 $\widetilde{A}$ 在 $X$ 上连续.

至于 $\widetilde{A}(X) \subset A(D) \bigcup \text{co} A(F)$ 是显然的. ∎

**推论 2.1.1** $E$ 中的非空凸闭集是 $E$ 的收缩核.

**证明** 设 $D$ 是 $E$ 中的非空凸闭集, 因为恒等算子 $I : D \to E$ 是连续的, 所以根据定理 2.1.1, $I$ 存在连续延拓 $P : E \to \text{co} D = D$, 即 $D$ 是 $E$ 的收缩核, $P$ 是一个保核收缩. ∎

**例 2.1.1** 闭球 $\overline{B}_R(R > 0)$ 是 $E$ 中的非空凸闭集, 所以它是 $E$ 的收缩核, 并且存在保核收缩

$$P(x) = \begin{cases} x, & x \in \overline{B}_R, \\ R[x], & x \in E \backslash \overline{B}_R. \end{cases}$$

**定义 2.1.3**　设 $D$ 是 $E$ 的非空凸子集, $\rho : D \to \mathbf{R}$. 对任意的 $x, y \in D$ 和 $\lambda \in [0, 1]$, 如果

$$\rho(\lambda x + (1 - \lambda)y) \leqslant \lambda \rho(x) + (1 - \lambda)\rho(y),$$

则称 $\rho$ 为 $D$ 上的凸泛函; 如果

$$\rho(\lambda x + (1 - \lambda)y) \geqslant \lambda \rho(x) + (1 - \lambda)\rho(y),$$

则称 $\rho$ 为 $D$ 上的凹泛函. 对 $E$ 中的非空子集 $D$ 和泛函 $\rho : D \to \mathbf{R}$, 如果 $\rho$ 将 $D$ 中的有界集映成 $\mathbf{R}$ 的有界集, 则称 $\rho$ 是有界的. $\gamma : E \to \mathbf{R}$ 叫做 $E$ 上的半凹泛函, 如果对任意的 $x \in E$, $\lambda \in [0, 1]$ 和 $M > 0$,

$$\gamma(\lambda x + (1 - \lambda)Mx) \geqslant \lambda \gamma(x) + (1 - \lambda)\gamma(Mx). \tag{2.1.4}$$

**引理 2.1.2**(粘结引理)　设 $X$ 和 $Y$ 是拓扑空间, $\{D_i \mid i = 1, 2, \cdots, n\}$ 是 $X$ 中的有限闭集族, $X = \bigcup\limits_{i=1}^{n} D_i$. 如果 $f_i : D_i \to Y$ 连续, 并且当 $i \neq j$ 时,

$$f_i|_{D_i \cap D_j} = f_j|_{D_i \cap D_j}, \quad i, j = 1, 2, \cdots, n,$$

则存在唯一的连续映射 $f : X \to Y$, 使得 $f|_{D_i} = f_i (i = 1, 2, \cdots, n)$.

引理 2.1.2 的证明见文献 [19].

**定理 2.1.2**　设 $E$ 是无穷维的. 如果 $\rho : E \to [0, +\infty)$ 是一致连续凸泛函, $\rho(x) = 0 \Leftrightarrow x = \theta$, 并且 $\rho(-x) = \rho(x)$ ($\forall x \in E$), 则 $\forall R > 0$, $D_R = \{x \in E \mid \rho(x) \geqslant R\}$ 是 $E$ 的收缩核.

**证明**　(i) 因为 $E$ 是无穷维的, 根据定理 1.1.2, 存在 $E$ 上的无界线性泛函 $f$, 并且 $f$ 的零空间 $E_0 \subsetneqq E$ 是稠密子空间. 因此 $D_R^{(0)} = D_R \bigcap E_0$ 在 $D_R$ 中稠密. 事实上, 对任意的 $x_0 \in D_R$, 存在 $\{x_n\} \subset E_0$, 使得 $x_n \to x_0$. 如果 $0 < \rho(x_n) < R$, 令 $y_n = (\rho(x_0)x_n)/\rho(x_n)$, 则

$$x_n = \frac{\rho(x_n)}{\rho(x_0)} y_n + \left(1 - \frac{\rho(x_n)}{\rho(x_0)}\right)\theta.$$

因为 $\rho(x_n) \leqslant R \leqslant \rho(x_0)$, 根据 $\rho$ 的凸性, 得

$$\rho(x_n) \leqslant \frac{\rho(x_n)}{\rho(x_0)} \rho(y_n).$$

因此 $\rho(y_n) \geqslant \rho(x_0) \geqslant R$, 于是 $y_n \in D_R \bigcap E_0$. 再由 $\rho$ 的连续性可得, $y_n \to x_0$.

另外, 我们有 $\mathrm{co}D_R = E$. 事实上, 对 $x \in E$, 如果 $0 < \rho(x) < R$, 取 $y = Rx/\rho(x)$, 则 $x = \rho(x)y/R$, 于是

$$\rho(x) \leqslant \frac{\rho(x)}{R}\rho(y), \quad \rho(y) \geqslant R,$$

故 $y, -y \in D_R$. 再由

$$x = \frac{R+\rho(x)}{2R} \frac{Rx}{\rho(x)} + \left(1 - \frac{R+\rho(x)}{2R}\right)\left(-\frac{Rx}{\rho(x)}\right)$$

$$= \frac{R+\rho(x)}{2R} y + \left(1 - \frac{R+\rho(x)}{2R}\right)(-y),$$

可见 $x \in \mathrm{co}D_R$. 而对 $x \in D_R$, 有 $-x \in D_R$, 故

$$\theta = \frac{1}{2}x + \frac{1}{2}(-x) \in \mathrm{co}D_R.$$

根据定理 2.1.1, 可知恒等算子 $I|_{D_R}$ 存在连续延拓

$$F: E \to D_R \bigcup \mathrm{co}D_R^{(0)} \subset D_R \bigcup (\mathrm{co}D_R \bigcap E_0) = D_R \bigcup E_0. \tag{2.1.5}$$

(ii) 因为 $\rho$ 是一致连续的, 且 $\rho(\theta) = 0$, 于是存在 $\delta > 0$, 使得当 $0 < \|y\| \leqslant \delta$ 时,

$$\rho(y) \leqslant \frac{R}{3}, \tag{2.1.6}$$

同时对任意的 $x \in E$, 有

$$|\rho(x-y) - \rho(x)| \leqslant \frac{R}{3}. \tag{2.1.7}$$

(iii) 可以取 $x_0$, 使得 $0 < \|x_0\| \leqslant \delta$, $x_0 \notin F(E)$. 如若不然, 由 (2.1.5) 有

$$\{x \neq \theta \mid \|x\| \leqslant \delta\} \subset F(E) \subset D_R \bigcup E_0. \tag{2.1.8}$$

令 $y = \delta[x]$, $\forall x \in E \backslash \{\theta\}$, 于是 $\|y\| = \delta$, 从而由 (2.1.8) 可见 $y \in F(E)$. 再根据 (2.1.6) 和 (2.1.8) 得

$$y \notin D_R, \quad y \in E_0.$$

因此 $f(y) = 0$, 从而 $f(x) = 0$, 这说明 $f \equiv \theta$, 矛盾.

(iv) 现在证明当 $x \in \{y \in E \mid 0 < \rho(y-x_0) \leqslant R/2\}$ 时,

$$\rho\left(x - x_0 + \frac{2\rho(x-x_0)}{R}x_0\right) \neq 0, \tag{2.1.9}$$

并且 $x \notin D_R$. 如果 (2.1.9) 不成立, 则有

$$x_0 - x = \frac{2\rho(x-x_0)}{R}x_0.$$

因为 $2\rho(x - x_0)/R \leqslant 1$, 由 $\rho$ 的凸性以及 $\rho(\theta) = 0$ 可知

$$\rho(x_0 - x) = \rho\left(\frac{2\rho(x - x_0)}{R}x_0\right)$$

$$= \rho\left(\frac{2\rho(x - x_0)}{R}x_0 + \left(1 - \frac{2\rho(x - x_0)}{R}\right)\theta\right)$$

$$\leqslant \frac{2\rho(x - x_0)}{R}\rho(x_0),$$

故 $\rho(x_0) \geqslant R/2$. 然而根据 (2.1.6) 却有 $\rho(x_0) \leqslant R/3$, 矛盾.

由 (2.1.7) 可见当 $x \in \{y \in E \mid 0 < \rho(y - x_0) \leqslant R/2\}$ 时, $\rho(x) \leqslant R/3 + \rho(x - x_0) < R$, 因此 $x \notin D_R$.

(v) 当 $\rho(x - x_0) \geqslant R/2$ 时, $\rho(x) \neq 0$. 事实上, 如果 $\rho(x) = 0$, 那么 $x = \theta$, 并且 $\rho(x_0) \geqslant R/2$, 这与 (2.1.6) 矛盾.

(vi) 考虑拓扑空间 $E \backslash \{x_0\}$, 记

$$Q_R = \left\{x \in E \backslash \{x_0\} \,\middle|\, \rho(x - x_0) \leqslant \frac{R}{2}\right\},$$

$$W_R = \left\{x \in E \backslash \{x_0\} \,\middle|\, \rho(x - x_0) \geqslant \frac{R}{2}\right\} \backslash \{x \in E \backslash \{x_0\} \mid \rho(x) > R\},$$

于是

$$E \backslash \{x_0\} = Q_R \bigcup W_R \bigcup D_R.$$

由 $\rho$ 的连续性可知, $Q_R$ 和 $W_R$ 以及 $D_R$ 都是 $E \backslash \{x_0\}$ 中的闭集, 并且从 (iv) 可知 $Q_R \bigcap D_R = \varnothing$. 由 (iv) 和 (v) 可以定义如下映射: 当 $x \in Q_R$ 时,

$$G_1(x) = R\frac{x - x_0 + \dfrac{2\rho(x - x_0)}{R}x_0}{\rho\left(x - x_0 + \dfrac{2\rho(x - x_0)}{R}x_0\right)};$$

当 $x \in W_R$ 时,

$$G_2(x) = \frac{Rx}{\rho(x)};$$

当 $x \in D_R$ 时,

$$G_3(x) = x.$$

显然 $G_i(i = 1, 2, 3)$ 都是连续的, 而且当 $x \in Q_R \bigcap W_R$ 时, $\rho(x - x_0) = R/2$, 从而 $G_1(x) = G_2(x)$; 当 $x \in W_R \bigcap D_R$ 时, $G_2(x) = G_3(x)$. 根据引理 2.1.2, 存在 $E \backslash \{x_0\}$ 上唯一的连续映射 $G$, 使得 $G|_{Q_R} = G_1$, $G|_{W_R} = G_2$ 和 $G|_{D_R} = G_3$.

下面我们将证明 $G(E\backslash\{x_0\}) \subset D_R$. 如果 $x \in Q_R$, 那么

$$x - x_0 + \frac{2\rho(x - x_0)}{R}x_0 = \frac{1}{R}\rho\Big(x - x_0 + \frac{2\rho(x - x_0)}{R}x_0\Big)G(x). \tag{2.1.10}$$

因为

$$\rho\Big(x - x_0 + \frac{2\rho(x - x_0)}{R}x_0\Big)$$

$$= \rho\bigg(\Big(1 - \frac{2\rho(x - x_0)}{R}\Big)(x - x_0) + \frac{2\rho(x - x_0)}{R}x\bigg)$$

$$\leqslant \Big(1 - \frac{2\rho(x - x_0)}{R}\Big)\rho(x - x_0) + \frac{2\rho(x - x_0)}{R}\rho(x)$$

$$\leqslant \Big(1 - \frac{2\rho(x - x_0)}{R}\Big)\frac{R}{2} + \frac{2\rho(x - x_0)}{R}R$$

$$= \frac{R}{2} + \rho(x - x_0) \leqslant R,$$

于是根据 (2.1.10) 可知

$$\rho\Big(x - x_0 + \frac{2\rho(x - x_0)}{R}x_0\Big)$$

$$= \rho\bigg(\frac{1}{R}\rho\Big(x - x_0 + \frac{2\rho(x - x_0)}{R}x_0\Big)G(x)$$

$$+ \Big(1 - \frac{1}{R}\rho\Big(x - x_0 + \frac{2\rho(x - x_0)}{R}x_0\Big)\Big)\theta\bigg)$$

$$\leqslant \frac{1}{R}\rho\Big(x - x_0 + \frac{2\rho(x - x_0)}{R}x_0\Big)\rho(G(x)).$$

故 $\rho(G(x)) \geqslant R$. 如果 $x \in W_R$, 那么 $x = (\rho(x)/R)G(x)$, 并且

$$\rho(x) = \rho\Big(\frac{\rho(x)}{R}G(x) + \Big(1 - \frac{\rho(x)}{R}\Big)\theta\Big) \leqslant \frac{\rho(x)}{R}\rho(G(x)).$$

因此 $\rho(G(x)) \geqslant R$.

(vii) 令 $r = GF : E \to D_R$. 显然 $r$ 连续, 并且 $r(x) = x$, $\forall x \in D_R$, 即 $D_R$ 是 $E$ 的收缩核. ■

**推论 2.1.2**  设 $E$ 是无穷维的, 则 $D_R = \{x \in E \mid \|x\| \geqslant R\}(R > 0)$ 是 $E$ 的收缩核. 显然 $D_R$ 是 $E$ 的非凸收缩核.

**引理 2.1.3**(Brouwer 不动点定理)  设 $E$ 是有限维的, $D$ 是 $E$ 中的有界凸闭集. 如果 $F : D \to D$ 连续, 则 $F$ 在 $D$ 中存在不动点.

**推论 2.1.3**  设 $R > 0$, 则 $E$ 为无穷维的 $\Leftrightarrow D_R = \{x \in E \mid \|x\| \geqslant R\}$ 是 $E$ 的收缩核 $\Leftrightarrow S_R = \{x \in E \mid \|x\| = R\}$ 是 $E$ 的收缩核.

**证明**　(i) 如果已知 $D_R$ 是 $E$ 的收缩核, 那么 $S_R$ 也是一个收缩核. 事实上, 设 $P_D : E \to D_R$ 为保核收缩, 令

$$P_1 x = \begin{cases} x, & \|x\| = R, \\ R[x], & \|x\| > R. \end{cases}$$

于是 $P_S = P_1 P_D : E \to S_R$ 为保核收缩.

(ii) 如果已知 $S_R$ 是 $E$ 的收缩核, 设 $P_S : E \to S_R$ 为保核收缩, 令

$$P_D x = \begin{cases} x, & x \in D_R, \\ P_S x, & x \notin D_R. \end{cases}$$

于是 $P_D : E \to D_R$ 为保核收缩, 那么 $D_R$ 也是收缩核.

(iii) 如果已知 $S_R$ 是 $E$ 的收缩核, 那么 $E$ 为无穷维的. 事实上, 设 $P_S : E \to S_R$ 为一个保核收缩, $F = -P_S$, 于是 $F : \overline{B}_R \subset E \to S_R \subset \overline{B}_R$ 连续. 如果 $E$ 是有限维的, 根据 Brouwer 不动点定理, 存在 $x_0 \in S_R$, 使得 $F x_0 = x_0$, 于是 $-P_S x_0 = x_0$, 从而 $-x_0 = x_0, x_0 = \theta$, 与 $x_0 \in S_R$ 矛盾.

根据推论 2.1.2 可知结论成立. ∎

**引理 2.1.4**　设 $\gamma : E \to [0, +\infty)$ 连续半凹泛函, $\gamma(\theta) = 0$. 如果

$$\lim_{\|x\| \to +\infty} \gamma(x) = +\infty,$$

那么

$$\lim_{\gamma(x) \to 0} \|x\| = 0.$$

**证明**　如果结论不成立, 则存在常数 $\delta_0 > 0$ 和 $\{x_n\} \subset E$, 使得对任意正整数 $n, \gamma(x_n) < 1/n$, 并且 $\|x_n\| \geqslant \delta_0$. 因为 $\|n x_n\| \geqslant n\delta_0 \to +\infty (n \to \infty)$, 由条件可知 $\gamma(n x_n) \to \infty (n \to \infty)$, 于是对充分大的 $n, \gamma(n x_n) \geqslant 1$.

由 $\gamma$ 的连续性, 在 (2.1.4) 中令 $M \to 0$ 可得, 对任意的 $x \in E, \lambda \in [0,1], \gamma(\lambda x) \geqslant \lambda \gamma(x)$. 因此

$$\gamma(x_n) = \gamma\left(\frac{1}{n} n x_n\right) \geqslant \frac{1}{n} \gamma(n x_n),$$

于是对充分大的 $n$, 有 $\gamma(x_n) \geqslant 1/n$, 矛盾. ∎

**定理 2.1.3**　设 $E$ 是无穷维的, $\gamma : E \to [0, +\infty)$ 是一致连续的半凹泛函, $\gamma(x) = 0 \Leftrightarrow x = \theta$, 并且 $\gamma(-x) = \gamma(x), \forall x \in E$. 如果 $\lim_{\|x\| \to +\infty} \gamma(x) = +\infty$, 则 $\forall R > 0, D_R = \{x \in E \mid \gamma(x) \geqslant R\}$ 是 $E$ 的收缩核.

**证明**　(i) 因为 $E$ 是无穷维的, 根据定理 1.1.2, 存在 $E$ 上的无界线性泛函 $f$, 并且 $f$ 的零空间 $E_0 \subsetneq E$ 是稠密子空间. 因此 $D_R^{(0)} = D_R \bigcap E_0$ 在 $D_R$ 中稠密.

因为 $\lim_{\|x\| \to +\infty} \gamma(x) = +\infty$, 所以 $D_R' = \{x \in E \mid \gamma(x) \leqslant R\}$ 有界, 于是存在 $R^* > 0$ 使得

$$D_R' \subset B_{R^*} = \{x \in E \mid \|x\| < R^*\}.$$

又因为

$$\mathrm{co}B'_{R^*} = \mathrm{co}\{x \in E \mid \|x\| \geqslant R^*\} = E,$$

并且 $B'_{R^*} \subset D_R$, 所以 $\mathrm{co}D_R = E$, 从而根据定理 2.1.1 知 $I|_{D_R}$ 存在连续延拓

$$F : E \to D_R \bigcup \mathrm{co}D_R^{(0)} \subset D_R \bigcup (\mathrm{co}D_R \bigcap E_0) = D_R \bigcup E_0. \tag{2.1.11}$$

(ii) 因为 $\gamma$ 一致连续并且 $\gamma(\theta) = 0$, 所以存在 $\delta > 0$, 使得当 $\|y\| \leqslant \delta$ 时,

$$\gamma(y) \leqslant \frac{R}{3}, \tag{2.1.12}$$

以及对任意的 $x \in E$,

$$|\gamma(x - y) - \gamma(x)| \leqslant \frac{R}{3}. \tag{2.1.13}$$

根据引理 2.1.4, 对 $\eta \in (0, \delta)$, 存在 $R_1 \in (0, R/3)$, 使得当 $\gamma(x) \leqslant R_1$ 时,

$$\|x\| < \eta, \tag{2.1.14}$$

因此, 若 $\|x\| = \eta$, 那么

$$\gamma(x) > R_1. \tag{2.1.15}$$

另外由 (2.1.12) 知, 若 $\|x\| = \eta$, 有

$$\gamma(x) \leqslant \frac{R}{3}. \tag{2.1.16}$$

(iii) 再由 $\gamma$ 的一致连续性和 $\gamma(\theta) = 0$ 知, 存在 $\delta_1 \in (0, \delta)$, 使得当 $\|y\| \leqslant \delta_1$ 时, 有

$$\gamma(y) < \frac{R_1}{8}, \tag{2.1.17}$$

并且对任意的 $x \in E$,

$$|\gamma(x - y) - \gamma(x)| \leqslant \frac{R_1}{8}. \tag{2.1.18}$$

可以取 $x_0 \in E$ 满足

$$0 < \|x_0\| \leqslant \delta_1, \tag{2.1.19}$$

并且 $x_0 \notin F(E)$. 如若不然, 由 (2.1.11) 知

$$\{x \in E \mid 0 < \|x\| \leqslant \delta_1\} \subset F(E) \subset D_R \bigcup E_0. \tag{2.1.20}$$

于是 $\forall x \in E\backslash\{\theta\}$, 令 $y = \delta_1[x]$. 从而 $\|y\| = \delta_1$, $y \in F(E)$. 由 (2.1.17) 和 (2.1.20) 易见 $y \notin D_R$, $y \in E_0$. 因此 $f(y) = 0$, $f(x) = 0$, 故 $f$ 是零泛函, 矛盾.

(iv) 记 $Q_{R_1} = \{x \in E\backslash\{x_0\} \mid \gamma(x - x_0) \leqslant R_1/2\}$, 现在证明当 $x \in Q_{R_1}$ 时, $\gamma(y(x)) \neq 0$, 其中

$$y(x) = \left(1 - \frac{2\gamma(x - x_0)}{R_1}\right)(x_0 + \eta[x - x_0]) + \frac{2\gamma(x - x_0)}{R_1}x,$$

从而 $y(x) \neq \theta$. 如果结论不成立, 那么 $y(x) = \theta$, 并且

$$-x_0 = \frac{2\gamma(x - x_0)}{R_1}(x - x_0) + \left(1 - \frac{2\gamma(x - x_0)}{R_1}\right)\eta[x - x_0].$$

根据半凹性, 有

$$\gamma(x_0) = \gamma(-x_0) \geqslant \frac{2\gamma(x - x_0)}{R_1}\gamma(x - x_0) + \left(1 - \frac{2\gamma(x - x_0)}{R_1}\right)\gamma\big(\eta[x - x_0]\big). \quad (2.1.21)$$

如果 $0 < \gamma(x - x_0) \leqslant R_1/4$, 由 (2.1.15) 和 (2.1.21) 可知

$$\gamma(x_0) \geqslant \left(1 - \frac{2\gamma(x - x_0)}{R_1}\right)\gamma\big(\eta[x - x_0]\big) \geqslant \frac{R_1}{2}; \quad (2.1.22)$$

如果 $R_1/4 < \gamma(x - x_0) \leqslant R_1/2$, 由 (2.1.21) 可知

$$\gamma(x_0) \geqslant \frac{2\gamma(x - x_0)}{R_1}\gamma(x - x_0) \geqslant \frac{R_1}{8}. \quad (2.1.23)$$

因此 $\gamma(x_0) \geqslant R_1/8$, 这与 (2.1.19) 和 (2.1.17) 矛盾.

(v) 当 $x \in Q_{R_1}$ 时, $x \notin D_R$. 事实上, 由 (2.1.13) 和 (2.1.19) 可知

$$\gamma(x) \leqslant \frac{R}{3} + \gamma(x - x_0) < R.$$

(vi) 证明当 $x \in Q_{R_1}$ 时, $\gamma(y(x)) \leqslant R$, 其中 $y(x)$ 与 (iv) 中相同.

由 (2.1.19) 和 (2.1.18) 可知

$$\gamma(x) \leqslant \gamma(x - x_0) + \frac{R_1}{8} < R_1,$$

所以根据 (2.1.14), $\|x\| < \eta < \delta$. 于是由 (2.1.13) 有

$$\gamma(y(x)) \leqslant \gamma\left(\left(1 - \frac{2\gamma(x - x_0)}{R_1}\right)(x_0 + \eta[x - x_0])\right) + \frac{R}{3}. \quad (2.1.24)$$

由 (2.1.19) 有

$$\left\|\left(1 - \frac{2\gamma(x - x_0)}{R_1}\right)x_0\right\| \leqslant \|x_0\| \leqslant \delta_1 < \delta,$$

又因为

$$\left\| \left( 1 - \frac{2\gamma(x - x_0)}{R_1} \right) \eta[x - x_0] \right\| \leqslant \eta < \delta,$$

所以由 (2.1.13) 和 (2.1.12) 可得

$$\gamma\left( \left( 1 - \frac{2\gamma(x - x_0)}{R_1} \right)(x_0 + \eta[x - x_0]) \right) \leqslant \frac{R}{3} + \frac{R}{3} = \frac{2R}{3}. \tag{2.1.25}$$

于是根据 (2.1.24) 和 (2.1.25) 有 $\gamma(y(x)) \leqslant R$.

(vii) 如果 $\gamma(x - x_0) \geqslant R_1/2$, 那么 $\gamma(x) \neq 0$, 从而 $x \neq \theta$. 事实上, 若 $\gamma(x) = 0$, 则 $x = \theta$, $\gamma(x_0) = \gamma(\theta - x_0) \geqslant R_1/2$, 这与 (2.1.19) 和 (2.1.17) 矛盾.

(viii) 因为 $\lim_{\|x\| \to +\infty} \gamma(x) = +\infty$, 所以存在 $M > 0$, 使得当 $\|x\| = M$ 时, $\gamma(x) > R + 1$.

(ix) 考虑拓扑空间 $E \backslash \{x_0\}$, 记

$$W_{R_1} = \left\{ x \in E \backslash \{x_0\} \mid \gamma(x - x_0) \geqslant \frac{R_1}{2} \right\} \backslash \{x \in E \backslash \{x_0\} \mid \gamma(x) > R\},$$

于是由 (2.1.12) 和 (2.1.19) 知 $E \backslash \{x_0\} = Q_{R_1} \bigcup W_{R_1} \bigcup D_R$. 由 $\gamma$ 的连续性可知, $Q_{R_1}$, $W_{R_1}$ 和 $D_R$ 都是 $E \backslash \{x_0\}$ 中的闭集, 并且从 (v) 可知 $Q_{R_1} \bigcap D_R = \varnothing$. 由 (iv)—(viii) 可以定义如下映射: 当 $x \in Q_{R_1}$ 时,

$$G_1(x) = \frac{\gamma(M[y(x)]) - R}{\gamma(M[y(x)]) - \gamma(y(x))} y(x) + \frac{R - \gamma(y(x))}{\gamma(M[y(x)]) - \gamma(y(x))} M[y(x)],$$

其中 $y(x)$ 与 (iv) 中相同; 当 $x \in W_{R_1}$ 时,

$$G_2(x) = \frac{\gamma(M[x]) - R}{\gamma(M[x]) - \gamma(x)} x + \frac{R - \gamma(x)}{\gamma(M[x]) - \gamma(x)} M[x];$$

当 $x \in D_R$ 时,

$$G_3(x) = x.$$

显然 $G_i(i = 1, 2, 3)$ 都是连续的, 而且当 $x \in Q_{R_1} \bigcap W_{R_1}$ 时, $\gamma(x - x_0) = R_1/2$, 那么 $y(x) = x$, 从而 $G_1(x) = G_2(x)$; 当 $x \in W_{R_1} \bigcap D_R$ 时, $\gamma(x) = R$, 那么 $G_2(x) = G_3(x)$. 根据引理 2.1.2, 存在 $E \backslash \{x_0\}$ 上唯一的连续映射 $G$, 使得 $G|_{Q_{R_1}} = G_1$, $G|_{W_{R_1}} = G_2$ 和 $G|_{D_R} = G_3$.

现在证明 $G(E \backslash \{x_0\}) \subset D_R$. 事实上, 根据 $\gamma$ 的半凹性, 如果 $x \in Q_{R_1}$, 那么

$$\gamma(G(x)) \geqslant \frac{\gamma(M[y(x)]) - R}{\gamma(M[y(x)]) - \gamma(y(x))} \gamma(y(x)) + \frac{R - \gamma(y(x))}{\gamma(M[y(x)]) - \gamma(y(x))} \gamma(M[y(x)]) = R.$$

如果 $x \in W_{R_1}$, 那么

$$\gamma(G(x)) \geqslant \frac{\gamma(M[x]) - R}{\gamma(M[x]) - \gamma(x)}\gamma(x) + \frac{R - \gamma(x)}{\gamma(M[x]) - \gamma(x)}\gamma(M[x]) = R.$$

令 $r = GF : E \to D_R$. 显然 $r$ 连续, 并且 $r(x) = x(\forall\, x \in D_R)$, 即 $D_R$ 是 $E$ 的收缩核. ∎

**定理 2.1.4**　设 $\gamma : E \to [0, +\infty)$ 是有界连续半凹泛函, $\gamma(x) = 0 \Leftrightarrow x = \theta$. 如果 $\lim_{\|x\| \to +\infty} \gamma(x) = +\infty$, 则 $\forall R > 0$, $D_R = \{x \in E \mid \gamma(x) \leqslant R\}$ 是 $E$ 的收缩核.

**证明**　(i) 因为 $\lim_{\|x\| \to +\infty} \gamma(x) = +\infty$, 所以 $D_R$ 有界, 并且 $D'_R = \{x \in E \mid \gamma(x) \geqslant R\} \neq \varnothing$. 取 $R_1 > 0$ 使得

$$D_R \subset \{x \in E \mid \|x\| \leqslant R_1\} = \overline{B}_{R_1}, \quad D'_R \bigcap \overline{B}_{R_1} \neq \varnothing.$$

由于 $\overline{B}_{R_1}$ 是凸闭集, 根据推论 2.1.1, 存在保核收缩 $g_1 : E \to \overline{B}_{R_1}$.

(ii) 因为 $\gamma(x)$ 是有界泛函, 所以存在常数 $M > R$, 使得当 $x \in D'_R \bigcap \overline{B}_{R_1}$ 时, $\gamma(x) \leqslant M$. 再由 $D_{M+1} = \{x \in E \mid \gamma(x) \leqslant M + 1\}$ 有界, 于是存在 $R_2 > R_1$, 使得当 $x \in \partial B_{R_2}$ 时, $\gamma(x) > M + 1$. 由于 $\theta \notin D'_R$, 对 $x \in D'_R \bigcap \overline{B}_{R_1}$ 定义

$$g_2(x) = \frac{\gamma(R_2[x]) - R}{\gamma(R_2[x]) - \gamma(x)}(x - R_2[x]). \tag{2.1.26}$$

显然, $g_2$ 是连续的.

(iii) 令

$$Q_1 = \{x \in D'_R \bigcap \overline{B}_{R_1} \mid \|g_2(x)\| \leqslant R_2\},$$

$$Q_2 = \{x \in D'_R \bigcap \overline{B}_{R_1} \mid \|g_2(x)\| \geqslant R_2\},$$

定义

$$g_{Q_1}(x) = g_2(x) + R_2[x], \quad x \in Q_1; \quad g_{Q_2}(x) = \theta, \quad x \in Q_2.$$

因为当 $x \in Q_1 \bigcap Q_2$ 时, $\|g_2(x)\| = R_2$, 而

$$\|g_2(x)\| = \left\| \frac{\gamma(R_2[x]) - R}{\gamma(R_2[x]) - \gamma(x)}(x - R_2[x]) \right\| = \frac{\gamma(R_2[x]) - R}{\gamma(R_2[x]) - \gamma(x)}(R_2 - \|x\|), \tag{2.1.27}$$

所以由 (2.1.26) 知

$$g_2(x) + R_2[x] = \frac{R_2}{R_2 - \|x\|}(x - R_2[x]) + R_2[x] = \frac{R_2}{R_2 - \|x\|}\frac{\|x\| - R_2}{R_2}R_2[x] + R_2[x] = \theta.$$

因此根据引理 2.1.2, 存在 $D'_R \bigcap \overline{B}_{R_1}$ 上唯一的连续映射 $g_3$, 使得

$$g_3|_{Q_1} = g_{Q_1}, \; g_3|_{Q_2} = g_{Q_2}.$$

(iv) 定义

$$g_4(x) = \begin{cases} g_3(x), & x \in D'_R \bigcap \overline{B}_{R_1}, \\ x, & x \in D_R. \end{cases}$$

当 $x \in \{y \in E \mid \gamma(y) = R\}$ 时, $g_2(x) = x - R_2[x]$, 并且 $\|g_2(x)\| = R_2 - \|x\| < R_2$, 故 $g_3(x) = x$. 因此由引理 2.1.2 知 $g_4$ 在 $\overline{B}_{R_1}$ 上是连续的.

(v) 下面证明当 $x \in D'_R \bigcap \overline{B}_{R_1}$ 时, $\gamma(g_3(x)) \leqslant R$, 即 $g_4 : \overline{B}_{R_1} \to D_R$.

事实上, 当 $x \in Q_2$ 时, $\gamma(g_3(x)) = 0 \leqslant R$; 当 $x \in Q_1 \setminus Q_2$ 时, 由 $\gamma(x) \geqslant R$ 可知

$$\frac{\gamma(R_2[x]) - R}{\gamma(R_2[x]) - \gamma(x)} \geqslant 1,$$

因此

$$g_3(x) = \frac{\gamma(R_2[x]) - R}{\gamma(R_2[x]) - \gamma(x)}(x - R_2[x]) + R_2[x] = \left[\frac{\gamma(R_2[x]) - R}{\gamma(R_2[x]) - \gamma(x)}\left(\frac{\|x\|}{R_2} - 1\right) + 1\right]R_2[x],$$

$$x = \frac{\gamma(R_2[x]) - \gamma(x)}{\gamma(R_2[x]) - R}g_3(x) + \left(1 - \frac{\gamma(R_2[x]) - \gamma(x)}{\gamma(R_2[x]) - R}\right)R_2[x].$$

根据 $\gamma$ 的半凹性以及 $g_3(x) = MR_2[x]$, 其中

$$M = \frac{\gamma(R_2[x]) - R}{\gamma(R_2[x]) - \gamma(x)}\left(\frac{\|x\|}{R_2} - 1\right) + 1 > 0 \quad (\text{由}(2.1.27)),$$

可知

$$\gamma(x) \geqslant \frac{\gamma(R_2[x]) - \gamma(x)}{\gamma(R_2[x]) - R}\gamma(g_3(x)) + \left(1 - \frac{\gamma(R_2[x]) - \gamma(x)}{\gamma(R_2[x]) - R}\right)\gamma(R_2[x]),$$

$$\gamma(g_3(x)) \leqslant \frac{\gamma(R_2[x]) - R}{\gamma(R_2[x]) - \gamma(x)}\gamma(x) - \left(\frac{\gamma(R_2[x]) - R}{\gamma(R_2[x]) - \gamma(x)} - 1\right)\gamma(R_2[x]) = R.$$

(vi) 令 $g(x) = g_4(g_1(x))(\forall x \in E)$, 于是 $g : E \to D_R$ 是保核收缩. ∎

**例 2.1.2** 考虑空间 $C^1[a,b]$, 其中的范数为

$$\|x\| = \max_{a \leqslant t \leqslant b} |x(t)| + \max_{a \leqslant t \leqslant b} |x'(t)| \triangleq \|x\|_C + \|x'\|_C, \quad \forall x \in C^1[a,b].$$

定义 $\gamma : C^1[a,b] \to [0, +\infty)$ 为

$$\gamma(x) = \|x\|_C + \|x'\|_C^\nu, \quad 0 < \nu < 1, \ x \in C^1[a,b].$$

(i) $\gamma$ 是半凹泛函. 事实上, 对任意的 $x \in C^1[a,b]$, $\lambda \in [0,1]$ 和 $M > 0$,

$$\gamma(\lambda x + (1-\lambda)Mx) = [\lambda + (1-\lambda)M]\|x\|_C + [\lambda + (1-\lambda)M]^\nu \|x'\|_C^\nu.$$

因为 $f(t) = t^\nu (0 < \nu < 1)$ 是 $[0, +\infty)$ 上的凹函数, 所以

$$[\lambda + (1-\lambda)M]^\nu = f(\lambda + (1-\lambda)M) \geqslant \lambda + (1-\lambda)M^\nu,$$

并且

$$\begin{aligned}
&\gamma(\lambda x + (1-\lambda)Mx) \\
\geqslant\ & [\lambda + (1-\lambda)M]\|x\|_C + [\lambda + (1-\lambda)M^\nu]\|x'\|_C^\nu \\
=\ & \lambda(\|x\|_C + \|x'\|_C^\nu) + (1-\lambda)(\|Mx\|_C + \|Mx'\|_C^\nu) \\
=\ & \lambda\gamma(x) + (1-\lambda)\gamma(Mx).
\end{aligned}$$

(ii) 显然, $\gamma(-x) = \gamma(x)$, $\gamma(x) = 0 \Leftrightarrow x = \theta$. 因为 $\gamma(x) \leqslant \|x\| + \|x\|^\nu (\forall x \in C^1[a,b])$, 所以 $\gamma$ 是有界的. 对 $x, y \in C^1[a,b]$, 因为

$$\gamma(x) - \gamma(y) = \|x\|_C - \|y\|_C + \|x'\|_C^\nu - \|y'\|_C^\nu \leqslant \|x - y\|_C + \|x' - y'\|_C^\nu,$$

所以

$$|\gamma(x) - \gamma(y)| \leqslant \|x - y\|_C + \|x' - y'\|_C^\nu.$$

对任意的 $\varepsilon \in (0,1)$, 当 $\|x - y\| < (\varepsilon/2)^{1/\nu}$ 时, 因为

$$\|x' - y'\|_C < \left(\frac{\varepsilon}{2}\right)^{1/\nu}, \quad \|x - y\|_C < \left(\frac{\varepsilon}{2}\right)^{1/\nu} < 1,$$

所以

$$|\gamma(x) - \gamma(y)| \leqslant \|x - y\|_C^\nu + \|x' - y'\|_C^\nu < \varepsilon,$$

可见 $\gamma$ 是一致连续的.

(iii) 对任意的 $K > 1$, 如果 $\|x\| > 2K^{1/\nu}$, 那么或者 $\|x\|_C > K^{1/\nu}$, 或者 $\|x'\|_C > K^{1/\nu}$. 因此

$$\gamma(x) \geqslant \max\left\{\|x\|_C, \|x'\|_C^\nu\right\} > K,$$

即 $\lim_{\|x\| \to +\infty} \gamma(x) = +\infty$.

下面几个定理利用连续凸和凹泛函在锥中给出了几个收缩核, 它们不需要空间无穷维的条件.

**定理 2.1.5**　设 $P$ 是 $E$ 中的锥. 如果 $\alpha : P \to [0, +\infty)$ 是一致连续凸泛函, $\alpha(x) = 0 \Leftrightarrow x = \theta$, 则 $\forall R > 0$, $D'_R = \{x \in P \mid \alpha(x) \geqslant R\}$ 是 $E$ 的收缩核.

**证明** 因为 $P$ 是 $E$ 的收缩核, 所以存在保核收缩 $g_1 : E \to P$ 满足 $g_1(x) = x$, $\forall\, x \in P$.

由于 $\alpha(\theta) = 0$, 并且 $\alpha$ 是一致连续的, 故可取 $x_0 \in P \backslash \{\theta\}$, 使得 $\alpha(x_0) \leqslant R/3$, 并且

$$|\alpha(x + x_0) - \alpha(x)| \leqslant \frac{R}{3}, \quad \forall x \in P. \tag{2.1.28}$$

令 $Q_R = \{x \in D_R \mid \alpha(x + x_0) \leqslant R/2\}$, 其中 $D_R = \{x \in P \mid \alpha(x) \leqslant R\}$. 于是对 $x \in Q_R$,

$$\alpha\Big(x + x_0 - \frac{2\alpha(x + x_0)}{R} x_0\Big) > 0. \tag{2.1.29}$$

事实上, 显然 $\alpha(x + x_0) > 0$. 如果 $\alpha(x + x_0) = R/2$, 那么由 $\alpha(x_0) \leqslant R/3$ 可知 $x \neq \theta$, 于是 $\alpha(x) > 0$. 因此

$$\alpha\Big(x + x_0 - \frac{2\alpha(x + x_0)}{R} x_0\Big) = \alpha(x) > 0.$$

如果 $\alpha(x + x_0) < R/2$, 那么

$$x + x_0 - \frac{2\alpha(x + x_0)}{R} x_0 \in P \backslash \{\theta\}.$$

从而 (2.1.29) 成立.

显然 $\theta \in Q_R$, 并且由 (2.1.28) 可推得 $Q_R \bigcap D_R' = \varnothing$. 记

$$W_R = D_R \backslash \Big\{x \in P \,\Big|\, \alpha(x + x_0) < \frac{R}{2}\Big\},$$

于是 $P = Q_R \bigcup W_R \bigcup D_R'$. 由 $\alpha$ 的连续性可知, $Q_R$, $W_R$ 和 $D_R'$ 都是 $P$ 中的闭集. 可以定义如下映射: 当 $x \in Q_R$ 时,

$$G_1(x) = R \frac{x + x_0 - \dfrac{2\alpha(x + x_0)}{R} x_0}{\alpha\Big(x + x_0 - \dfrac{2\alpha(x + x_0)}{R} x_0\Big)};$$

当 $x \in W_R$ 时,

$$G_2(x) = Rx/\alpha(x);$$

当 $x \in D_R'$ 时,

$$G_3(x) = x.$$

显然 $G_i(i = 1, 2, 3)$ 都是连续的, 而且当 $x \in Q_R \bigcap W_R$ 时, $\alpha(x + x_0) = R/2$, 从而 $G_1(x) = G_2(x)$; 当 $x \in W_R \bigcap D_R'$ 时, $G_2(x) = G_3(x)$. 根据引理 2.1.2, 存在 $P$ 上唯一的连续映射 $g_2$, 使得 $g_2|_{Q_R} = G_1$, $g_2|_{W_R} = G_2$ 和 $g_2|_{D_R} = G_3$.

易见 $g_2(P) \subset P$, 下证 $g_2 : P \to D'_R$.

如果 $x \in Q_R$, 那么

$$x + x_0 - \frac{2\alpha(x+x_0)}{R}x_0 = \frac{1}{R}\alpha\Big(x + x_0 - \frac{2\alpha(x+x_0)}{R}x_0\Big)g_2(x).$$

因为

$$\alpha\Big(x + x_0 - \frac{2\alpha(x+x_0)}{R}x_0\Big)$$

$$= \alpha\Big(\Big(1 - \frac{2\alpha(x+x_0)}{R}\Big)(x + x_0) + \frac{2\alpha(x+x_0)}{R}x\Big)$$

$$\leqslant \Big(1 - \frac{2\alpha(x+x_0)}{R}\Big)\alpha(x + x_0) + \frac{2\alpha(x+x_0)}{R}\alpha(x)$$

$$\leqslant \Big(1 - \frac{2\alpha(x+x_0)}{R}\Big)\frac{R}{2} + \frac{2\alpha(x+x_0)}{R}R$$

$$= \frac{R}{2} + \alpha(x + x_0) \leqslant R,$$

所以

$$\alpha\Big(x + x_0 - \frac{2\alpha(x+x_0)}{R}x_0\Big)$$

$$= \alpha\Big(\frac{1}{R}\alpha\Big(x + x_0 - \frac{2\alpha(x+x_0)}{R}x_0\Big)g_2(x)$$

$$+ \Big[1 - \frac{1}{R}\alpha\Big(x + x_0 - \frac{2\alpha(x+x_0)}{R}x_0\Big)\Big]\theta\Big)$$

$$\leqslant \frac{1}{R}\alpha\Big(x + x_0 - \frac{2\alpha(x+x_0)}{R}x_0\Big)\alpha(g_2(x)).$$

于是 $\alpha(g_2(x)) \geqslant R$.

如果 $x \in W_R$, 那么 $x = (\alpha(x)/R)g_2(x)$, 并且

$$\alpha(x) = \alpha\Big(\frac{\alpha(x)}{R}g_2(x) + \Big(1 - \frac{\alpha(x)}{R}\Big)\theta\Big) \leqslant \frac{\alpha(x)}{R}\alpha(g_2(x)).$$

因此 $\alpha(g_2(x)) \geqslant R$. 从而 $g_2 : P \to D'_R$.

令 $g = g_2 g_1 : E \to D'_R$. 显然 $g$ 是连续的, 并且 $g(x) = x$, $\forall x \in D'_R$, 即 $D'_R$ 是 $E$ 的收缩核. ∎

**例 2.1.3**　考虑空间 $E = C[0,1]$, 其中的范数为

$$\|x\| = \max_{0 \leqslant t \leqslant 1}|x(t)|, \quad \forall x \in C[0,1].$$

设

$$P = \left\{ x \in C[0,1] \Big| \ x(t) \geqslant 0, \ \forall t \in [0,1], \ \min_{t \in [1/3,2/3]} x(t) \geqslant \frac{1}{9}\|x\| \right\}.$$

由例 1.3.2 可知, $P$ 是 $E$ 中的锥. 定义 $\alpha(x) = \max_{t \in [1/3,2/3]} x(t), \ \forall x \in P$. 显然 $\alpha(x) = 0 \Leftrightarrow x = \theta$, 下面证明 $\alpha : P \to [0, +\infty)$ 是一致连续的凸泛函.

当 $x, y \in P$ 时,

$$
\begin{aligned}
&\alpha(x) - \alpha(y) \\
&= \max_{t \in [1/3,2/3]} x(t) - \max_{t \in [1/3,2/3]} y(t) = \max_{t \in [1/3,2/3]} x(t) + \min_{t \in [1/3,2/3]} (-y(t)) \\
&\leqslant \max_{t \in [1/3,2/3]} (x(t) - y(t)) \leqslant \max_{t \in [1/3,2/3]} |x(t) - y(t)| \\
&\leqslant \max_{t \in [0,1]} |x(t) - y(t)| = \|x - y\|,
\end{aligned}
$$

同理, $\alpha(y) - \alpha(x) \leqslant \|x - y\|$, 故 $|\alpha(x) - \alpha(y)| \leqslant \|x - y\|$, 即 $\alpha(x)$ 是 $P$ 上的一致连续泛函. 对 $\lambda \in [0,1]$, 有

$$
\begin{aligned}
&\alpha(\lambda x + (1 - \lambda)y) \\
&= \max_{t \in [1/3,2/3]} (\lambda x(t) + (1 - \lambda)y(t)) \\
&\leqslant \lambda \max_{t \in [1/3,2/3]} x(t) + (1 - \lambda) \max_{t \in [1/3,2/3]} y(t) \\
&= \lambda \alpha(x) + (1 - \lambda)\alpha(y),
\end{aligned}
$$

即 $\alpha(x)$ 是 $P$ 上的凸泛函.

取 $R = \dfrac{7}{9}$, $x_1(t) = \dfrac{7}{6}t$, $x_2(t) = \dfrac{7}{6}(1 - t)$, $t \in [0,1]$, 则 $x_1, x_2 \in D_R'$. 但是 $\alpha\left(\dfrac{x_1 + x_2}{2}\right) = \dfrac{7}{12} < R$, 故 $D_R'$ 不是凸集.

**推论 2.1.4** 设 $P$ 是 $E$ 中的锥, 则 $\forall R > 0$, $D_R = \{x \in P \mid \|x\| \geqslant R\}$ 和 $S_R = \{x \in P \mid \|x\| = R\}$ 都是 $E$ 的收缩核.

**证明** 根据定理 2.1.5 可知 $D_R$ 是 $E$ 的收缩核. 设 $g_1 : E \to D_R$ 为保核收缩. 令 $g_2(x) = R[x], \ \forall x \in D_R$. 易见 $g = g_2 g_1 : E \to S_R$ 是保核收缩, 故 $S_R$ 是 $E$ 的收缩核. ■

**定理 2.1.6** 设 $P$ 是 $E$ 中的锥, $\beta : P \to [0, +\infty)$ 是有界连续凹泛函, $\beta(x) = 0 \Leftrightarrow x = \theta$. 如果 $\forall R > 0$, $D_R = \{x \in P \mid \beta(x) \leqslant R\}$ 有界, 则对任意的 $R > 0$, $D_R$ 是 $E$ 的一个收缩核.

**证明** (i) 因为 $D_R$ 有界, 所以 $D_R' = \{x \in P \mid \beta(x) \geqslant R\}$ 非空. 取 $R_1 > 0$ 使得

$$D_R \subset \{x \in P \mid \|x\| \leqslant R_1\} \triangleq P_{R_1},$$

并且 $D'_R \bigcap P_{R_1} \neq \varnothing$. 由于 $P_{R_1}$ 是闭凸集, 故存在一个保核收缩 $g_1 : E \to P_{R_1}$.

(ii) 因为 $\beta(x)$ 是有界泛函, 所以存在常数 $M > R$, 使得当 $x \in D'_R \bigcap P_{R_1}$ 时, $\beta(x) \leqslant M$. 再由 $D_{M+1} = \{x \in P \mid \beta(x) \leqslant M+1\}$ 的有界性可知, 存在 $R_2 > R_1$, 使得当 $x \in P \bigcap \partial B_{R_2}$ 时, $\beta(x) > M+1$. 由于 $\theta \notin D'_R$, 定义

$$g_2(x) = \frac{\beta(R_2[x]) - R}{\beta(R_2[x]) - \beta(x)}(x - R_2[x]), \quad \forall x \in D'_R \bigcap P_{R_1}.$$

显然, $g_2$ 连续.

(iii) 对 $x \in D'_R \bigcap P_{R_1}$, 定义

$$g_3(x) = \begin{cases} g_2(x) + R_2[x], & \|g_2(x)\| \leqslant R_2, \\ \theta, & \|g_2(x)\| \geqslant R_2. \end{cases}$$

我们将证明 $g_3 : D'_R \bigcap P_{R_1} \to P$ 连续.

事实上, 如果 $\|g_2(x)\| \geqslant R_2$, 那么 $g_3(x) = \theta \in P$; 如果 $\|g_2(x)\| \leqslant R_2$, 即

$$\left\| \frac{\beta(R_2[x]) - R}{\beta(R_2[x]) - \beta(x)}(x - R_2[x]) \right\| = \frac{\beta(R_2[x]) - R}{\beta(R_2[x]) - \beta(x)}(R_2 - \|x\|) \leqslant R_2, \qquad (2.1.30)$$

那么

$$g_3(x) = \left( \frac{\beta(R_2[x]) - R}{\beta(R_2[x]) - \beta(x)}(\|x\| - R_2) + R_2 \right)[x] \in P.$$

由 (2.1.30) 可知当 $\|g_2(x)\| = R_2$ 时, $g_3(x) = \theta$, 于是根据引理 2.1.2, $g_3 : D'_R \bigcap P_{R_1} \to P$ 连续.

(iv) 定义

$$g_4(x) = \begin{cases} g_3(x), & x \in D'_R \bigcap P_{R_1}, \\ x, & x \in D_R. \end{cases}$$

当 $x \in \{y \in P \mid \beta(y) = R\} \bigcap P_{R_1}$ 时, $g_2(x) = x - R_2[x]$, 并且 $\|g_2(x)\| = R_2 - \|x\| < R_2$, 因此 $g_3(x) = x$. 从而 $g_4 : P_{R_1} \to P$ 有意义并且连续.

(v) 下面我们证明当 $x \in D'_R \bigcap P_{R_1}$ 时, $\beta(g_3(x)) \leqslant R$, 即 $g_4 : P_{R_1} \to D_R$.

事实上, 当 $\|g_2(x)\| > R_2$ 时, $\beta(g_3(x)) = 0 \leqslant R$; 当 $\|g_2(x)\| \leqslant R_2$ 时, 由 $\beta(x) \geqslant R$ 可知

$$\frac{\beta(R_2[x]) - R}{\beta(R_2[x]) - \beta(x)} \geqslant 1,$$

并且

$$g_3(x) = \frac{\beta(R_2[x]) - R}{\beta(R_2[x]) - \beta(x)}(x - R_2[x]) + R_2[x],$$

$$x = \frac{\beta(R_2[x]) - \beta(x)}{\beta(R_2[x]) - R} g_3(x) + \left(1 - \frac{\beta(R_2[x]) - \beta(x)}{\beta(R_2[x]) - R}\right) R_2[x].$$

根据 $\beta$ 的凹性, 则有

$$\beta(x) \geqslant \frac{\beta(R_2[x]) - \beta(x)}{\beta(R_2[x]) - R} \beta(g_3(x)) + \left(1 - \frac{\beta(R_2[x]) - \beta(x)}{\beta(R_2[x]) - R}\right) \beta(R_2[x]),$$

$$\beta(g_3(x)) \leqslant \frac{\beta(R_2[x]) - R}{\beta(R_2[x]) - \beta(x)} \beta(x) - \left(\frac{\beta(R_2[x]) - R}{\beta(R_2[x]) - \beta(x)} - 1\right) \beta(R_2[x]) = R.$$

(vi) 令 $g(x) = g_4(g_1(x))$, $\forall x \in E$, 则 $g : E \to D_R$ 是一个保核收缩. ∎

**例 2.1.4** 考虑空间 $E = C[0,1]$, $E$ 中的锥 $P$ 与例 2.1.3 相同. 定义 $\beta(x) = \min_{t \in [1/3, 2/3]} x(t)$, $\forall x \in P$. 从例 1.3.2 的证明 (iii) 可知, $\beta : P \to [0, +\infty)$ 是 $P$ 上的连续泛函. 显然 $\beta(x)$ 是 $P$ 上的有界泛函, 并且 $\beta(x) = 0 \Leftrightarrow x = \theta$, 另外 $\forall R > 0$, $D_R = \{x \in P \mid \beta(x) \leqslant R\}$ 有界. 下面证明 $\beta(x)$ 是凹泛函.

对 $x, y \in P, \lambda \in [0,1]$,

$$\begin{aligned}
&\beta(\lambda x + (1 - \lambda)y) \\
&= \min_{t \in [1/3, 2/3]} (\lambda x(t) + (1 - \lambda)y(t)) \\
&\geqslant \lambda \min_{t \in [1/3, 2/3]} x(t) + (1 - \lambda) \min_{t \in [1/3, 2/3]} y(t) \\
&= \lambda \beta(x) + (1 - \lambda) \beta(y),
\end{aligned}$$

即 $\beta(x)$ 是 $P$ 上的凹泛函.

取 $R = \dfrac{5}{18}$, $x_1(t) = \dfrac{5}{6}t$, $x_2(t) = \dfrac{5}{6}(1-t)$, $t \in [0,1]$, 则 $x_1, x_2 \in D_R$. 但是 $\beta\left(\dfrac{x_1 + x_2}{2}\right) = \dfrac{5}{12} > R$, 故 $D_R$ 不是凸集.

设 $P$ 是 $E$ 中的锥, $\alpha$ 和 $\beta : P \to [0, +\infty)$ 都是连续泛函. 对于常数 $R_1, R_2 > 0$, 下面使用记号

$$D_1 = \{x \in P \mid \alpha(x) \leqslant R_1\}, \quad D_2 = \{x \in P \mid \beta(x) \leqslant R_2\},$$

$$D_1' = \{x \in P \mid \alpha(x) \geqslant R_1\}, \quad D_2' = \{x \in P \mid \beta(x) \geqslant R_2\}.$$

如果 $\alpha$ 和 $\beta$ 分别是凸泛函和凹泛函, $D_1 \bigcap D_2' \neq \varnothing$, 显然它是凸闭集, 从而是 $E$ 的收缩核.

**定理 2.1.7** 设 $P$ 是 $E$ 中的锥, $\alpha: P \to [0, +\infty)$ 是连续泛函, $\beta: P \to [0, +\infty)$ 是有界连续凹泛函, $\beta(x) = 0 \Leftrightarrow x = \theta$, 对任意的 $R > 0$, $\{x \in P | \beta(x) \leqslant R\}$ 有界. 如果

$$\alpha(\lambda x) \leqslant \lambda \alpha(x), \quad \forall \lambda \in [0,1], \ x \in P, \tag{2.1.31}$$

$$\beta(\mu x) \geqslant \beta(x), \quad \forall \mu \geqslant 1, \ x \in P, \tag{2.1.32}$$

则 $D_1 \bigcap D_2$ 是 $E$ 的收缩核 (见图 2.1.1).

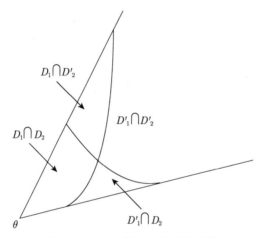

图 2.1.1　凸凹泛函生成的收缩核

**证明**　根据定理 2.1.6, 存在保核收缩 $g_1: E \to D_2$.

如果 $D_1' \bigcap D_2 = \varnothing$, 那么 $D_2 \subset D_1$, 于是 $D_1 \bigcap D_2 = D_2$ 是 $E$ 的收缩核. 下面设 $D_1' \bigcap D_2 \neq \varnothing$. 令

$$g_2(x) = \begin{cases} \dfrac{R_1}{\alpha(x)} x, & x \in D_1' \bigcap D_2, \\ x, & x \in D_1 \bigcap D_2, \end{cases}$$

由引理 2.1.2, 易见 $g_2: D_2 \to P$ 连续. 当 $x \in D_1' \bigcap D_2$ 时, 因为 $R_1/\alpha(x) \leqslant 1$, 所以由 (2.1.31) 得

$$\alpha(g_2(x)) = \alpha\Big(\frac{R_1}{\alpha(x)} x\Big) \leqslant \frac{R_1}{\alpha(x)} \alpha(x) = R_1.$$

又因为 $x = (\alpha(x)/R_1) g_2(x)$, 所以由 (2.1.32) 得

$$\beta(x) = \beta\Big(\frac{\alpha(x)}{R_1} g_2(x)\Big) \geqslant \beta(g_2(x)),$$

而 $\beta(x) \leqslant R_2$, 故 $\beta(g_2(x)) \leqslant R_2$. 因此 $g_2: D_2 \to D_1 \bigcap D_2$, 令 $g(x) = g_2(g_1(x)) (\forall x \in E)$, 于是 $g$ 是一个保核收缩. ∎

**定理 2.1.8** 设 $P$ 是 $E$ 中的锥. 如果

(i) $\alpha : P \to [0, +\infty)$ 是连续泛函, $\beta : P \to [0, +\infty)$ 是连续凹泛函, $\alpha(x) = 0 \Leftrightarrow x = \theta$, $\beta(x) = 0 \Leftrightarrow x = \theta$, 并且满足 (2.1.31) 和 (2.1.32); 或

(ii) $\alpha : P \to [0, +\infty)$ 是一致连续凸泛函, $\beta : P \to [0, +\infty)$ 是连续泛函, $\alpha(x) = 0 \Leftrightarrow x = \theta$, $\beta(x) > 0$, $\forall x \neq \theta$, 并且满足

$$\beta(\mu x) \geqslant \mu \beta(x), \quad \forall \mu \geqslant 1,\ x \in P, \tag{2.1.33}$$

则 $D_1' \bigcap D_2'$ 是 $E$ 的收缩核 (见图 2.1.1).

**证明** (i) 因为 $D_2'$ 是凸闭集, 所以存在保核收缩 $g_1 : E \to D_2'$.

如果 $D_1 \bigcap D_2' = \varnothing$, 那么 $D_1' \supset D_2'$, 于是 $D_1' \bigcap D_2' = D_2'$ 是 $E$ 的收缩核. 下面设 $D_1 \bigcap D_2' \neq \varnothing$. 由于 $\theta \notin D_1 \bigcap D_2'$, 定义

$$g_2(x) = \begin{cases} \dfrac{R_1}{\alpha(x)} x, & x \in D_1 \bigcap D_2', \\ x, & x \in D_1' \bigcap D_2'. \end{cases}$$

由引理 2.1.2, 易见 $g_2 : D_2' \to P$ 连续.

对 $x \in D_1 \bigcap D_2'$, 我们有

$$g_2(x) = \frac{R_1}{\alpha(x)} x, \quad \text{即 } x = \frac{\alpha(x)}{R_1} g_2(x).$$

由 $\alpha(x) \leqslant R_1$ 可知, $\alpha(x)/R_1 \leqslant 1$. 于是根据 (2.1.31), 有

$$\alpha(x) = \alpha\Big(\frac{\alpha(x)}{R_1} g_2(x)\Big) \leqslant \frac{\alpha(x)}{R_1} \alpha(g_2(x)),$$

即 $\alpha(g_2(x)) \geqslant R_1$. 由 (2.1.32) 可知

$$\beta(g_2(x)) = \beta\Big(\frac{R_1}{\alpha(x)} x\Big) \geqslant \beta(x) \geqslant R_2,$$

于是 $g_2 : D_2' \to D_1' \bigcap D_2'$.

令 $g(x) = g_2(g_1(x))(\forall x \in E)$, 则 $g : E \to D_1' \bigcap D_2'$ 是一个保核收缩.

(ii) 由定理 2.1.5 可知, $D_1'$ 是 $E$ 的收缩核, 于是存在保核收缩 $G_1 : E \to D_1'$.

如果 $D_1' \bigcap D_2 = \varnothing$, 那么 $D_2' \supset D_1'$, 于是 $D_1' \bigcap D_2' = D_1'$ 是 $E$ 的收缩核. 下面设 $D_1' \bigcap D_2 \neq \varnothing$. 由于 $\theta \notin D_1' \bigcap D_2$, 定义

$$G_2(x) = \begin{cases} \dfrac{R_2}{\beta(x)} x, & x \in D_1' \bigcap D_2, \\ x, & x \in D_1' \bigcap D_2'. \end{cases}$$

由引理 2.1.2, 易见 $G_2 : D_1' \to P$ 连续.

对 $x \in D_1' \bigcap D_2$, 由于 $\beta(x) \leqslant R_2$, 根据 (2.1.33) 可知

$$\beta(G_2(x)) = \beta \left( \frac{R_2}{\beta(x)} x \right) \geqslant \frac{R_2}{\beta(x)} \beta(x) = R_2.$$

又因为 $x = \dfrac{\beta(x)}{R_2} G_2(x)$, 所以根据 $\alpha$ 的凸性可得

$$R_1 \leqslant \alpha(x) \leqslant \frac{\beta(x)}{R_2} \alpha(G_2(x)) \leqslant \alpha(G_2(x)).$$

于是 $G_2 : D_1' \to D_1' \bigcap D_2'$.

令 $G(x) = G_2(G_1(x)) (\forall x \in E)$, 则 $G : E \to D_1' \bigcap D_2'$ 是一个保核收缩. ∎

**例 2.1.5**　考虑空间 $E = C[0,1]$, $E$ 中的锥 $P$ 与例 2.1.3 相同. 与例 2.1.3 和例 2.1.4 相同, 分别定义 $P$ 上的泛函 $\alpha(x)$ 和 $\beta(x)$, 并且可知 $\alpha : P \to [0, +\infty)$ 是 $P$ 上的一致连续凸泛函, $\beta : P \to [0, +\infty)$ 是 $P$ 上的有界连续凹泛函, $\alpha(x) = 0 \Leftrightarrow x = \theta$, $\beta(x) = 0 \Leftrightarrow x = \theta$. 另外, $\forall R > 0$, $\{x \in P \mid \beta(x) \leqslant R\}$ 有界, 条件 (2.1.31), (2.1.32) 和 (2.1.33) 满足.

令 $R_1 = \dfrac{7}{9}$, $R_2 = \dfrac{5}{18}$. 取

$$x_1(t) = \frac{5}{6} t, \quad x_2(t) = \frac{5}{6}(1-t), \quad t \in [0,1],$$

则 $x_1, x_2 \in D_1 \bigcap D_2$, 但是

$$\beta \left( \frac{x_1 + x_2}{2} \right) = \frac{5}{12} > R_2,$$

故 $D_1 \bigcap D_2$ 不是凸集. 取

$$x_3(t) = \frac{7}{6} t, \quad x_4(t) = \frac{7}{6}(1-t), \quad t \in [0,1],$$

则 $x_3, x_4 \in D_1 \bigcap D_2$, 但是

$$\alpha \left( \frac{x_3 + x_4}{2} \right) = \frac{7}{12} < R_1,$$

故 $D_1' \bigcap D_2'$ 不是凸集.

**定理 2.1.9**　设 $P$ 是 $E$ 中的锥, $\alpha : P \to [0, +\infty)$ 是一致连续凸泛函, $\beta : P \to [0, +\infty)$ 是有界连续凹泛函, $\alpha(x) = 0 \Leftrightarrow x = \theta$, $\beta(x) = 0 \Leftrightarrow x = \theta$, 并且 $\forall R > 0$, $\{x \in P \mid \beta(x) \leqslant R\}$ 有界. 如果

$$R_1 \beta(x) \leqslant R_2 \alpha(x), \quad \forall x \in D_1 \bigcap D_2, \tag{2.1.34}$$

$$\beta(x + \lambda y) \leqslant \beta(x + y), \quad \forall x, y \in P, \ \lambda \in [0, 1], \tag{2.1.35}$$

则 $D_1' \bigcap D_2$ 是 $E$ 的收缩核 (见图 2.1.1).

**证明** 根据定理 2.1.6 可知 $D_2$ 是 $E$ 的收缩核, 所以存在保核收缩 $f_1 : E \to D_2$.

(i) 因为 $\alpha$ 一致连续, $\beta$ 连续, $\alpha(\theta) = \beta(\theta) = 0$, 所以存在 $x_0 \in D_2 \backslash \{\theta\}$, 使得

$$\alpha(x_0) \leqslant \frac{R_1}{3}, \quad \beta(x_0) \leqslant \frac{R_2}{2},$$

并且

$$|\alpha(x + x_0) - \alpha(x)| \leqslant \frac{R_1}{3} \quad \forall x \in P. \tag{2.1.36}$$

(ii) 定义

$$W = \left\{ x \in D_1 \bigcap D_2 \ \middle| \ \alpha(x + x_0) \leqslant \frac{R_1}{2}, \beta(x + x_0) \leqslant \frac{R_2}{2} \right\}.$$

显然 $\theta \in W$, 故 $W \neq \varnothing$. 现在证明当 $x \in W$ 时,

$$\alpha \left( x + x_0 - \frac{2\alpha(x + x_0)}{R_1} x_0 \right) > 0. \tag{2.1.37}$$

当 $\alpha(x + x_0) = R_1/2$ 时, 我们有

$$\alpha \left( x + x_0 - \frac{2\alpha(x + x_0)}{R_1} x_0 \right) = \alpha(x).$$

如果 $\alpha(x) = 0$, 那么 $x = \theta$, 于是 $\alpha(x + x_0) = \alpha(x_0) = R_1/2$, 这与 $\alpha(x_0) \leqslant R_1/3$ 矛盾. 因此 $x \neq \theta$, 并且 $\alpha(x) > 0$, 即 (2.1.37) 成立.

当 $\alpha(x + x_0) < R_1/2$ 时, 有

$$x + x_0 - \frac{2\alpha(x + x_0)}{R_1} x_0 \in P \backslash \{\theta\},$$

这意味着 (2.1.37) 成立.

(iii) 再证明 $W \bigcap D_1' = \varnothing$. 如若不然, 对 $x_1 \in W \bigcap D_1'$, 由 $x_1 \in D_1'$ 可知 $\alpha(x_1) \geqslant R_1$, 由 $x_1 \in W$ 可知 $\alpha(x_1) \leqslant R_1$, 并且 $\alpha(x_1 + x_0) \leqslant R_1/2$. 于是 $\alpha(x_1) = R_1$, 并且根据 (2.1.36) 有

$$\alpha(x_1) - \alpha(x_1 + x_0) \leqslant R_1/3.$$

从而

$$R_1 = \alpha(x_1) \leqslant \frac{R_1}{3} + \alpha(x_1 + x_0) \leqslant \frac{R_1}{3} + \frac{R_1}{2} = \frac{5R_1}{6} < R_1.$$

这个矛盾表明 $W \bigcap D_1' = \varnothing$ 和 $W \bigcap (D_1' \bigcap D_2) = \varnothing$.

(iv) 考虑拓扑空间 $D_2$, 记

$$Q = (D_1 \bigcap D_2) \backslash \{x \in D_2 \mid \alpha(x + x_0) < R_1/2\},$$

于是 $D_2 = W \bigcup Q \bigcup (D_1' \bigcap D_2)$. 由 (ii) 和 (iii) 可以定义如下映射: 当 $x \in W$ 时,

$$G_1(x) = R_1 \frac{x + x_0 - \dfrac{2\alpha(x + x_0)}{R_1} x_0}{\alpha \left( x + x_0 - \dfrac{2\alpha(x + x_0)}{R_1} x_0 \right)};$$

当 $x \in Q$ 时,

$$G_2(x) = R_1 \frac{x}{\alpha(x)};$$

当 $x \in D_1' \bigcap D_2$ 时,

$$G_3(x) = x.$$

显然 $G_i(i = 1, 2, 3)$ 都是连续的.

如果 $x \in W \bigcap Q$, 那么 $\alpha(x + x_0) = R_1/2$, 从而 $G_1(x) = G_2(x)$; 如果 $x \in Q \bigcap (D_1' \bigcap D_2)$, 那么 $\alpha(x) = R_1$, 从而 $G_2(x) = G_3(x)$. 根据引理 2.1.2, 存在 $D_2$ 上唯一的连续映射 $f_2$, 使得 $f_2|_W = G_1$, $f_2|_Q = G_2$ 和 $f_2|_{D_1' \bigcap D_2} = G_3$.

(v) 现在证明 $f_2 : D_2 \to D_1' \bigcap D_2$.

如果 $x \in W$, 因为

$$x + x_0 - \frac{2\alpha(x + x_0)}{R_1} x_0 = \frac{1}{R_1} \alpha \left( x + x_0 - \frac{2\alpha(x + x_0)}{R_1} x_0 \right) f_2(x), \tag{2.1.38}$$

以及

$$\alpha \left( x + x_0 - \frac{2\alpha(x + x_0)}{R_1} x_0 \right)$$
$$= \alpha \left( \left(1 - \frac{2\alpha(x + x_0)}{R_1}\right)(x + x_0) + \frac{2\alpha(x + x_0)}{R_1} x \right)$$
$$\leqslant \left(1 - \frac{2\alpha(x + x_0)}{R_1}\right) \alpha(x + x_0) + \frac{2\alpha(x + x_0)}{R_1} \alpha(x) \tag{2.1.39}$$
$$\leqslant \left(1 - \frac{2\alpha(x + x_0)}{R_1}\right) \frac{R_1}{2} + \frac{2\alpha(x + x_0)}{R_1} R_1$$
$$= \frac{R_1}{2} + \alpha(x + x_0) \leqslant R_1,$$

根据 $\alpha$ 的凸性可得

$$\alpha\Big(x + x_0 - \frac{2\alpha(x+x_0)}{R_1}x_0\Big)$$

$$= \alpha\Big(\frac{1}{R_1}\alpha\Big(x + x_0 - \frac{2\alpha(x+x_0)}{R_1}x_0\Big)f_2(x)\Big)$$

$$\leqslant \frac{1}{R_1}\alpha\Big(x + x_0 - \frac{2\alpha(x+x_0)}{R_1}x_0\Big)\alpha(f_2(x)),$$

于是 $\alpha(f_2(x)) \geqslant R_1$. 由 (2.1.35) 可知

$$\beta\Big(x + x_0 - \frac{2\alpha(x+x_0)}{R_1}x_0\Big) \leqslant \beta(x+x_0) \leqslant \frac{R_2}{2} \leqslant R_2,$$

于是根据 (2.1.39) 有

$$x + x_0 - (2\alpha(x+x_0)/R_1)x_0 \in D_1\bigcap D_2.$$

由 (2.1.34) 可见

$$R_1\beta\Big(x + x_0 - \frac{2\alpha(x+x_0)}{R_1}x_0\Big) \leqslant R_2\alpha\Big(x + x_0 - \frac{2\alpha(x+x_0)}{R_1}x_0\Big). \qquad (2.1.40)$$

根据 (2.1.38) 和 $\beta$ 的凹性, 则有

$$\beta\Big(x + x_0 - \frac{2\alpha(x+x_0)}{R_1}x_0\Big)$$

$$= \beta\Big(\frac{1}{R_1}\alpha\Big(x + x_0 - \frac{2\alpha(x+x_0)}{R_1}x_0\Big)f_2(x)\Big)$$

$$\geqslant \frac{1}{R_1}\alpha\Big(x + x_0 - \frac{2\alpha(x+x_0)}{R_1}x_0\Big)\beta(f_2(x)).$$

因此从 (2.1.40) 可得 $\beta(f_2(x)) \leqslant R_2$.

如果 $x \in Q$, 那么 $x = (\alpha(x)/R_1)f_2(x)$, 并且

$$\alpha(x) = \alpha\left(\frac{\alpha(x)}{R_1}f_2(x) + \Big(1 - \frac{\alpha(x)}{R_1}\Big)\theta\right) \leqslant \frac{\alpha(x)}{R_1}\alpha(f_2(x)),$$

于是 $\alpha(f_2(x)) \geqslant R_1$. 因为

$$\beta(x) = \beta\left(\frac{\alpha(x)}{R_1}f_2(x) + \Big(1 - \frac{\alpha(x)}{R_1}\Big)\theta\right) \geqslant \frac{\alpha(x)}{R_1}\beta(f_2(x)),$$

所以 $\beta(f_2(x)) \leqslant (R_1/\alpha(x))\beta(x)$, 并且由 (2.1.34) 有 $\beta(f_2(x)) \leqslant R_2$.

(vi) 令 $r(x) = f_2(f_1(x))(\forall x \in E)$, 于是 $r : E \to D_1'\bigcap D_2$ 是保核收缩, 即 $D_1'\bigcap D_2$ 是 $E$ 的收缩核. ∎

**例 2.1.6**　考虑空间 $E = C[0,1]$, $E$ 中的锥 $P$ 与例 2.1.3 相同. 与例 2.1.3 和例 2.1.4 相同, 分别定义 $P$ 上的泛函 $\alpha(x)$ 和 $\beta(x)$, 并且可知 $\alpha: P \to [0, +\infty)$ 是 $P$ 上的一致连续凸泛函, $\beta: P \to [0, +\infty)$ 是 $P$ 上的有界连续凹泛函, $\alpha(x) = 0 \Leftrightarrow x = \theta$, $\beta(x) = 0 \Leftrightarrow x = \theta$. 另外 $\forall R > 0$, $\{x \in P \mid \beta(x) \leqslant R\}$ 有界.

取 $R_1 = R_2 = 4/9$, $x_1(t) = t$, $x_2(t) = (t-1)^2$, $t \in [0,1]$. 易见 $x_1, x_2 \in D_1' \bigcap D_2$, (2.1.34) 和 (2.1.35) 满足. 因为

$$\alpha\left(\frac{1}{2}x_1 + \frac{1}{2}x_2\right) = \frac{7}{18} < R_1,$$

所以 $D_1' \bigcap D_2$ 不是凸集.

**例 2.1.7**　设 $E = \mathbf{R}^2$, $P = \{(x,y) \in \mathbf{R}^2 \mid x \geqslant 0, y \geqslant 0\}$. 对 $(x,y) \in P$ 定义

$$\alpha(x,y) = x + y, \quad \beta(x,y) = \min\{x + y, \sqrt{x} + \sqrt{y}\}.$$

显然 $P$ 是 $E$ 中的锥, $\alpha: P \to [0, +\infty)$ 是一致连续凸泛函, $\beta: P \to [0, +\infty)$ 是有界连续凹泛函, 并且满足 (2.1.35), $\alpha(x,y) = 0 \Leftrightarrow (x,y) = (0,0) = \theta$, $\beta(x,y) = 0 \Leftrightarrow (x,y) = (0,0) = \theta$. 另外 $\forall R > 0$, $\{(x,y) \in P \mid \beta(x,y) \leqslant R\}$ 有界.

取 $R_1 = R_2 = 3$, 显然 (2.1.34) 满足. 因为 $(0,9),(9,0) \in D_1' \bigcap D_2$, 并且

$$\beta((0,9)/2 + (9,0)/2) = \sqrt{4.5} + \sqrt{4.5} > 3 = R_2,$$

于是 $D_1' \bigcap D_2$ 不是凸集.

## 2.2　全连续算子及其延拓

设 $E_1$ 和 $E_2$ 是实赋范线性空间, $D \subset E_1$, 算子 $A: D \to E_2$.

**定义 2.2.1**　若 $A$ 将 $D$ 中任何有界集映成 $E_2$ 中的有界集, 则称 $A$ 是 $D$ 上的有界算子.

**注 2.2.1**　对于线性算子而言, 连续性与有界性是等价的. 非线性算子不具有这种等价关系, 在无穷维空间中有界闭集上的连续算子不一定是有界的, 并且有界闭集上的连续算子不一定是一致连续的 (见文献 [25], [113]).

如果 $D$ 是 $E_1$ 中的有界凸集, $A: D \to E_2$ 一致连续, 那么 $A$ 是有界的. 事实上, 由于 $A$ 一致连续, 于是存在 $\delta > 0$, 使得当 $x', x'' \in D$ 并且 $\|x' - x''\| < \delta$ 时, 有 $\|Ax' - Ax''\| < 1$. 因为 $D$ 有界, 所以存在常数 $M > 0$ 使得 $\forall x \in D$, $\|x\| \leqslant M$. 取 $x_0 \in D$, 以及正整数 $n_0$ 使得 $2M/n_0 < \delta$. $\forall x \in D$, 令

$$x_i = x_0 + \frac{i}{n_0}(x - x_0) = \frac{i}{n_0}x + \left(1 - \frac{i}{n_0}\right)x_0, \quad i = 0, 1, 2, \cdots, n_0,$$

由 $D$ 是凸集可见 $x_i \in D(i = 0, 1, 2, \cdots, n_0)$. 因为

$$\|x_{i+1} - x_i\| = \frac{1}{n_0}\|x - x_0\| \leqslant 2\frac{M}{n_0} < \delta,$$

所以有 $\|Ax_{i+1} - Ax_i\| < 1(i = 0, 1, 2, \cdots, n_0)$. 从而

$$\|Ax\| \leqslant \|Ax - Ax_0\| + \|Ax_0\| \leqslant \sum_{i=1}^{n_0-1} \|Ax_{i+1} - Ax_i\| + \|Ax_0\| \leqslant n_0 + \|Ax_0\|,$$

即 $A$ 是 $D$ 上的有界算子. 然而如果 $E_1$ 中的有界集 $D$ 不是凸的, 即使 $A : D \to E_2$ 一致连续, $A$ 也不一定是有界的. 例如, 取

$$D = \{e_n \in l^2 \mid \text{其中} e_n \text{的第} n \text{个分量为} 1, \text{其余分量为} 0, n = 1, 2, \cdots\},$$

定义 $f(e_n) = n(n = 1, 2, \cdots)$, 易见 $f$ 在有界集 $D$ 上一致连续, 但不是有界的.

**定义 2.2.2** 若 $A$ 将 $D$ 中任何有界集 $S$ 映成 $E_2$ 中的相对紧集 (即 $A(S)$ 的闭包 $\overline{A(S)}$ 是 $E_2$ 中的紧集), 则称 $A$ 是 $D$ 上的紧算子.

$A$ 在 $D$ 上是紧的充分必要条件为: 对于 $D$ 中任何有界序列 $\{x_n\}$, 必存在子列 $\{x_{n_k}\}$, 使得序列 $\{Ax_{n_k}\}$ 在 $E_2$ 中收敛. 另外紧算子是有界算子.

**定义 2.2.3** 若算子 $A : D \to E_2$ 连续, 并且是紧的, 则称 $A$ 是全连续算子.

**定理 2.2.1** 设 $k(x, y, u)$ 在 $[0,1] \times [0,1] \times (-\infty, +\infty)$ 上连续, 定义 Urysoln 算子

$$(A\varphi)(x) = \int_0^1 k(x, y, \varphi(y)) \mathrm{d}y,$$

则 $A : C[0,1] \to C[0,1]$ 全连续.

**证明** 显然 $A : C[0,1] \to C[0,1]$. 设 $S \subset C[0,1]$ 是有界集, 于是存在常数 $a > 0$, 使得 $\forall \varphi \in S$, $\|\varphi\| \leqslant a$. 记 $M = \max\{|k(x, y, u)| \mid 0 \leqslant x \leqslant 1, 0 \leqslant y \leqslant 1, |u| \leqslant a\}$, 则有

$$|(A\varphi)(x)| = \left|\int_0^1 k(x, y, \varphi(y))\mathrm{d}y\right| \leqslant M, \quad \forall \varphi \in S,$$

所以 $A(S)$ 一致有界.

由于 $k(x, y, u)$ 在 $[0,1] \times [0,1] \times [-a, a]$ 一致连续, 故 $\forall \varepsilon > 0$, 存在 $\delta > 0$, 使得当 $x_1, x_2 \in [0,1]$, $|x_1 - x_2| < \delta$ 时,

$$|k(x_1, y, u) - k(x_2, y, u)| < \varepsilon, \quad \forall y \in [0,1], |u| \leqslant a.$$

于是 $\forall \varphi \in S$, 当 $|x_1 - x_2| < \delta$ 时, 有

$$|(A\varphi)(x_1) - (A\varphi)(x_2)| \leqslant \int_0^1 |k(x_1, y, \varphi(y)) - k(x_2, y, \varphi(y))|\mathrm{d}y < \varepsilon,$$

从而 $A(S)$ 中的函数等度连续. 因此根据 Arzela-Ascoli 定理, $A: C[0,1] \to C[0,1]$ 是紧算子.

下证 $A$ 的连续性. 设 $\varphi_n, \varphi_0 \in C[0,1]$, $\varphi_n \to \varphi_0 (n \to \infty)$. 令 $b = \sup\{\|\varphi_n\| \mid n = 0, 1, 2, \cdots\}$, 由于 $k(x,y,u)$ 在 $[0,1] \times [0,1] \times [-b,b]$ 上一致连续, 故 $\forall \varepsilon > 0$, 存在 $\delta > 0$, 使得当 $|u_1 - u_2| < \delta, |u_1| \leqslant b, |u_2| < b$ 时, 有

$$|k(x,y,u_1) - k(x,y,u_2)| < \varepsilon, \quad \forall x, y \in [0,1].$$

取正整数 $N$, 使得当 $n > N$ 时, $\|\varphi_n - \varphi_0\| < \delta$. 于是当 $n > N$ 时,

$$|(A\varphi_n)(x) - (A\varphi_0)(x)| \leqslant \int_0^1 |k(x,y,\varphi_n(y)) - k(x,y,\varphi_0(y))| \, \mathrm{d}y < \varepsilon,$$

即 $\|A\varphi_n - A\varphi_0\| < \varepsilon$, 故 $A$ 连续, 从而 $A$ 是全连续的. ∎

**定理 2.2.2**　设 $A_n : D \to E_2$ 全连续 $(n = 1, 2, \cdots)$, $A : D \to E_2$. 如果 $E_2$ 是 Banach 空间, 并且对于 $D$ 中任何有界集 $S$, $\|A_n x - Ax\| \to 0(n \to \infty)$ 关于 $S$ 一致成立, 则 $A : D \to E_2$ 全连续.

**证明**　先证 $A$ 是连续的. 设 $x_n \to x_0 (x_n, x_0 \in D)$, 则 $S = \{x_0, x_1, x_2, \cdots, x_n, \cdots\}$ 是 $D$ 中有界集. 于是 $\forall \varepsilon > 0$, 存在正整数 $k$, 使得

$$\|A_k x_n - Ax_n\| < \frac{\varepsilon}{3}, \quad n = 0, 1, 2, \cdots.$$

由 $A_k$ 的连续性, 存在正整数 $N$, 当 $n > N$ 时, 有

$$\|A_k x_n - A_k x_0\| < \frac{\varepsilon}{3}.$$

于是当 $n > N$ 时, 有

$$\|Ax_n - Ax_0\| \leqslant \|Ax_n - A_k x_n\| + \|A_k x_n - A_k x_0\| + \|A_k x_0 - Ax_0\| < \frac{\varepsilon}{3} + \frac{\varepsilon}{3} + \frac{\varepsilon}{3} = \varepsilon.$$

故 $Ax_n \to Ax_0$, $A$ 的连续性获证.

再证 $A$ 是紧算子. 设 $S$ 是 $D$ 中任意有界集, 则 $\forall \varepsilon > 0$, 由假定可取正整数 $n$, 使得

$$\|A_n x - Ax\| < \varepsilon, \quad \forall x \in S.$$

故 $A_n(S)$ 是 $A(S)$ 的一个 $\varepsilon$ 网, 因 $A_n$ 全连续, 从而 $A_n(S)$ 是相对紧集. 因此 $A(S)$ 也是相对紧的 (见文献 [114]). ∎

**定理 2.2.3**　设 $A : D \to E_2$, 且 $D$ 是 $E_1$ 中的有界集. 如果 $E_2$ 是 Banach 空间, 则 $A$ 是全连续的充分必要条件为: $\forall \varepsilon > 0$, 存在 $A_\varepsilon : D \to E_\varepsilon$ 连续有界, 使得 $\forall x \in D$, 有 $\|Ax - A_\varepsilon x\| < \varepsilon$, 其中 $E_\varepsilon$ 是 $E_2$ 的有限维子空间.

**证明**   充分性. 由条件可知, $\forall \varepsilon > 0$, 存在 $A_\varepsilon : D \to E_\varepsilon$ 连续有界, 使得 $\forall x \in D$, 都有

$$\|Ax - A_\varepsilon x\| < \frac{\varepsilon}{3}.$$

设 $x_n \to x_0 (x_n, x_0 \in D)$, 又因为 $A_\varepsilon$ 连续, 故存在正整数 $N$, 使得当 $n > N$ 时, 有

$$\|A_\varepsilon x_n - A_\varepsilon x_0\| < \frac{\varepsilon}{3}.$$

于是当 $n > N$ 时,

$$\|Ax_n - Ax_0\| \leqslant \|Ax_n - A_\varepsilon x_n\| + \|A_\varepsilon x_n - A_\varepsilon x_0\| + \|A_\varepsilon x_0 - Ax_0\| < \varepsilon,$$

故 $A$ 连续. 又因为 $E_\varepsilon$ 是有限维的, $A_\varepsilon$ 有界, 故 $A_\varepsilon(D)$ 是相对紧的, 所以 $\forall \varepsilon > 0$, $A_\varepsilon(D)$ 是 $A(D)$ 的相对紧 $\varepsilon$ 网, 从而 $A(D)$ 是相对紧的. 因此 $A$ 全连续.

必要性. 由假定, $A(D)$ 是 $E_2$ 中的相对紧集, 故 $\forall \varepsilon > 0$, 存在 $y_1, y_2, \cdots, y_m \in A(D)$, 构成 $A(D)$ 的有限 $\varepsilon$ 网. 用 $E_\varepsilon$ 表示由 $y_1, y_2, \cdots, y_m$ 生成的有限维子空间, $\forall y \in E_2$, 令

$$d_i(y) = \max\{\varepsilon - \|y - y_i\|, 0\}, \quad i = 1, 2, \cdots, m.$$

显然, $d_i(y)$ 非负连续, 且只在球 $\|y - y_i\| < \varepsilon$ 内为正. 令 $d(y) = \sum_{i=1}^{m} d_i(y)$, $\forall y \in E_2$. 当 $x \in D$ 时, 必存在某一个 $y_i$, 使得 $\|Ax - y_i\| < \varepsilon$, 故 $d_i(Ax) > 0$, 从而 $d(Ax) > 0$.

定义 Schauder 投射

$$A_\varepsilon x = \frac{1}{d(Ax)} \sum_{i=1}^{m} d_i(Ax) y_i, \quad \forall x \in D.$$

显然 $A_\varepsilon : D \to E_\varepsilon$ 连续. 注意到当 $\|Ax - y_i\| \geqslant \varepsilon$ 时, 有 $d_i(Ax) = 0$, 即知当 $x \in D$ 时, 有

$$\|Ax - A_\varepsilon x\| = \left\| \frac{1}{d(Ax)} \sum_{i=1}^{m} d_i(Ax)(Ax - y_i) \right\|$$

$$\leqslant \frac{1}{d(Ax)} \sum_{i=1}^{m} d_i(Ax) \|Ax - y_i\| < \varepsilon.$$

由于 $A(D)$ 相对紧, 故 $A(D)$ 有界, 从而存在常数 $M > 0$, 使得 $\|Ax\| \leqslant M$, $\forall x \in D$. 于是由前式又知

$$\|A_\varepsilon x\| \leqslant \|Ax\| + \varepsilon \leqslant M + \varepsilon, \quad \forall x \in D.$$

故 $A_\varepsilon$ 有界.                                                                  ■

**注 2.2.2**　必要性的证明不需要空间 $E_2$ 的完备性. 值域在有限维空间中的算子叫做有限维算子. 显然, 连续有界的有限维算子全连续. 在线性泛函分析中, 如果 $E_2$ 是 Banach 空间, 连续线性有限维算子的一致极限是全连续算子, 其证明与定理 2.2.3 的充分性证明一样. 但是其逆不成立, 即全连续线性算子不一定可以用连续线性有限维算子一致逼近 (见文献 [20]). 定理 2.2.3 表明, 全连续算子可以用连续有界的有限维算子一致逼近, 因为没有要求 $A_\varepsilon$ 是线性的.

**定理 2.2.4**(全连续算子延拓定理)　设 $D$ 是 $E_1$ 中的闭集, $A: D \to E_2$ 全连续. 如果 $E_2$ 是 Banach 空间, 则 $A$ 存在全连续延拓 $\widetilde{A}: E_1 \to E_2$, 使得 $\widetilde{A}(E_1) \subset \operatorname{co}A(D)$.

**证明**　根据定理 2.1.1, $A$ 存在连续延拓 $\widetilde{A}: E_1 \to E_2$, 使得 $\widetilde{A}(E_1) \subset \operatorname{co}A(D)$. 下面证明 $\widetilde{A}$ 是紧算子.

当 $D$ 有界时, 因为 $A: D \to E_2$ 全连续, 所以 $A(D)$ 是相对紧集, 由 $E_2$ 是 Banach 空间可知, $\operatorname{co}A(D)$ 也是相对紧集 (见文献 [87]). 从而对 $E_1$ 中的有界集 $S$, $\widetilde{A}(S) \subset \operatorname{co}A(D)$, 故 $\widetilde{A}(S)$ 是相对紧集.

对任意正整数 $n$, 记闭球 $\overline{B}_n = \{x \in E_1 \mid \|x\| \leqslant n\}$. 当 $D$ 无界时, 对有界闭集 $D \bigcap \overline{B}_1$, 存在全连续算子 $A_1: E_1 \to E_2$, 使得对 $x \in D \bigcap \overline{B}_1$, 有 $A_1 x = Ax$, 并且 $A_1(E_1) \subset \operatorname{co}A(D \bigcap \overline{B}_1)$. 在 $D_1 = D \bigcup \overline{B}_1$ 上定义

$$\widetilde{A}_1 x = \begin{cases} Ax, & x \in D, \\ A_1 x, & x \in \overline{B}_1. \end{cases}$$

由于对 $x \in D \bigcap \overline{B}_1$, 有 $A_1 x = Ax$, 所以 $\widetilde{A}_1$ 有意义且全连续, 同时 $\widetilde{A}_1(D_1) \subset \operatorname{co}A(D)$. 同理, 存在全连续算子 $A_2: E_1 \to E_2$, 使得对 $x \in D_1 \bigcap \overline{B}_2$, 有 $A_2 x = \widetilde{A}_1 x$, 并且 $A_2(E_1) \subset \operatorname{co}\widetilde{A}_1(D_1 \bigcap \overline{B}_2)$.

在 $D_2 = D_1 \bigcup \overline{B}_2 = D \bigcup \overline{B}_2$ 上定义

$$\widetilde{A}_2 x = \begin{cases} \widetilde{A}_1 x, & x \in D_1, \\ A_2 x, & x \in \overline{B}_2. \end{cases}$$

显然 $\widetilde{A}_2$ 有意义且全连续, 同时 $\widetilde{A}_2(D_2) \subset \operatorname{co}A(D)$, $\widetilde{A}_2 x = \widetilde{A}_1 x = Ax(x \in D)$.

依此进行下去, 于是存在 $D_n = D \bigcup \overline{B}_n$ 上的全连续算子 $\widetilde{A}_n$, 它是 $\widetilde{A}_{n-1}$ 的延拓, 并且 $\widetilde{A}_n(D_n) \subset \operatorname{co}A(D)$.

最后定义算子 $\widetilde{A}: E_1 \to E_2$ 如下: 对 $x \in E_1$, 当 $\|x\| \leqslant n$ 时, $\widetilde{A}x = \widetilde{A}_n x$. 显然 $\widetilde{A}$ 有意义且全连续, 当 $x \in D$ 时 $\widetilde{A}x = Ax$, 同时 $\widetilde{A}(E_1) \subset \operatorname{co}A(D)$. ■

**推论 2.2.1**　设 $E$ 是实 Banach 空间, $D$ 是 $E$ 中闭集, $X$ 是 $E$ 的收缩核, $A: D \to X$ 全连续, 则 $A$ 存在全连续延拓 $\widetilde{A}: E \to X$.

**证明**　根据定理 2.2.4, $A$ 存在全连续延拓 $A_1: E \to E$. 因为 $X$ 是 $E$ 的收缩核, 所以存在保核收缩 $P: E \to X$. 令 $\widetilde{A} = PA_1$ 即可. ■

## 2.3 全连续算子的不动点指数

下面设 $E$ 是实 Banach 空间, $X \subset E$, $U$ 是 $X$ 中的非空有界开集, $\partial U$ 和 $\overline{U}$ 分别是 $U$ 在 $X$ 中的相对边界和相对闭包.

**注 2.3.1** 设 $\Omega$ 是 $E$ 中的非空有界开集, $\partial \Omega$ 表示 $\Omega$ 在 $E$ 中的边界. 当 $U = X \bigcap \Omega \neq \varnothing$ 时, $U$ 是 $X$ 中的非空有界开集, 于是 $\partial U \subset X \bigcap \partial \Omega$. 事实上, 若 $x_0 \in \partial U \subset X$, 对于 $x_0$ 在 $E$ 中的任意邻域 $O$, 由于 $(O \bigcap X) \bigcap U \subset O \bigcap \Omega$, $(O \bigcap X) \bigcap (X \backslash U) \subset O \bigcap (E \backslash \Omega)$, 从而 $O \bigcap \Omega \neq \varnothing$, $O \bigcap (E \backslash \Omega) \neq \varnothing$, 即 $x_0$ 是 $\Omega$ 在 $E$ 中的边界点.

**定理 2.3.1** 设 $X$ 是 $E$ 中的一个收缩核, $A : \overline{U} \to X$ 全连续. 如果 $A$ 在 $\partial U$ 上没有不动点, 则存在整数 $i(A, U, X)$(称为 $A$ 在 $U$ 上关于 $X$ 的不动点指数), 满足

(i) (标准性) 若 $A : \overline{U} \to U$ 是常算子, 即 $Ax \equiv x_0 \in U (\forall x \in \overline{U})$, 那么 $i(A, U, X) = 1$;

(ii) (可加性) 若 $U_1$ 和 $U_2$ 是 $U$ 的互不相交开子集, $A$ 在 $\overline{U} \backslash (U_1 \bigcup U_2)$ 中没有不动点, 那么

$$i(A, U, X) = i(A, U_1, X) + i(A, U_2, X);$$

(iii) (同伦不变性) 若 $H : [0,1] \times \overline{U} \to X$ 全连续, $H(t, x) \neq x, \forall x \in \partial U (t \in [0,1])$, 那么 $\forall t \in [0,1]$,

$$i(H(t, \cdot), U, X) \equiv 常数;$$

(iv) (保持性) 若 $Y$ 是 $X$ 的一个收缩核, $A(\overline{U}) \subset Y$, 那么 $i(A, U, X) = i(A, U \bigcap Y, Y)$;

(v) (切除性) 若 $V$ 是 $X$ 中的开集, $V \subset U$, $A$ 在 $\overline{U} \backslash V$ 中没有不动点, 那么

$$i(A, U, X) = i(A, V, X);$$

(vi) (可解性) 若 $i(A, U, X) \neq 0$, 那么 $A$ 在 $U$ 中存在不动点.

**注 2.3.2** (i) 如果 $E$ 是 Banach 空间, $X$ 是 $E$ 中的凸闭集, $H : [0,1] \times \overline{U} \to X$ 连续, 并且对 $t \in [0,1]$, $H(t, \cdot) : \overline{U} \to X$ 是紧算子, 同时 $H(t, x)$ 对于 $t$ 在任意的 $t_0 \in [0,1]$ 处连续性关于 $x \in \overline{U}$ 是一致的, 那么 $H : [0,1] \times \overline{U} \to X$ 全连续 (见文献 [25] 或 [43, p.113]). 特别地, 如果 $A$, $B : \overline{U} \to X$ 全连续, 则对于同伦 $H(t, x) = (1-t)Ax + tBx, \forall (t, x) \in [0,1] \times \overline{U}$, 可知 $H : [0,1] \times \overline{U} \to X$ 全连续.

(ii) 如果收缩核 $X = E$, 则记 $\deg(I - A, U, \theta) = i(A, U, E)$, 称为 $A$ 在 $U$ 上关于 $\theta$ 的拓扑度, 其中 $I$ 为恒等算子.

**定理 2.3.2** 设 $X$ 是 $E$ 中的凸闭集, $A$, $B : \overline{U} \to X$ 全连续.

(i) (小扰动不变性) 如果 $A$ 在 $\partial U$ 上没有不动点, 则存在 $\varepsilon_0 > 0$, 使得当 $\forall x \in \partial U$, $\|Ax - Bx\| < \varepsilon_0$ 时, $i(A, U, X) = i(B, U, X)$;

(ii) (缺方向性质) 如果 $\lambda x \in X$, $\forall x \in X$, $\lambda \geqslant 0$, 并且存在 $u_0 \in X\backslash\{\theta\}$, 使得 $x - Ax \neq \tau u_0 (\forall \tau \geqslant 0, x \in \partial U)$, 则 $i(A, U, X) = 0$.

**证明** (i) 令 $f = I - A$, 首先证明 $f(\partial U)$ 是闭集. 设 $z_n \in f(\partial U)$, $z_n \to z_0$, 于是存在 $x_n \in \partial U$, 使得 $z_n = f(x_n) = x_n - Ax_n$. 由 $\partial U$ 有界以及 $A$ 全连续, 存在 $\{x_n\}$ 的子列 $\{x_{n_k}\}$, 使得 $Ax_{n_k} \to y_0 \in X$. 注意到 $\partial U$ 是 $X$ 中的闭集, 从而

$$x_{n_k} = z_{n_k} + Ax_{n_k} \to z_0 + y_0 \triangleq x_0 \in \partial U.$$

再根据 $A$ 连续, 得 $z_0 = x_0 - Ax_0 = f(x_0)$, 故 $z_0 \in f(\partial U)$, 即 $f(\partial U)$ 是闭集.

因为 $A$ 在 $\partial U$ 上没有不动点, 即 $\theta \notin f(\partial U)$, 所以距离 $d(\theta, f(\partial U)) > 0$, 取 $\varepsilon_0 = d(\theta, f(\partial U))$, 令

$$H(t, x) = (1 - t)Ax + tBx, \quad \forall (t, x) \in [0, 1] \times \overline{U}.$$

根据注 2.3.2, $H : [0, 1] \times \overline{U} \to X$ 全连续.

下证 $H(t, x) \neq x, \forall x \in \partial U, t \in [0, 1]$. 事实上, 如果存在 $x_0 \in \partial U$, $t_0 \in [0, 1]$, 使得 $H(t_0, x_0) = x_0$, 即 $(1 - t_0)Ax_0 + t_0 Bx_0 = x_0$. 由条件知 $t_0 \neq 0$, 所以

$$\|Ax_0 - Bx_0\| = \frac{1}{t_0}\|Ax_0 - x_0\| \geqslant \|f(x_0)\| \geqslant d(\theta, f(\partial U)) = \varepsilon_0,$$

矛盾. 于是由同伦不变性, 得 $i(A, U, X) = i(B, U, X)$.

(ii) 因为 $\lambda x \in X$, $\forall x \in X$, $\lambda \geqslant 0$, 并且 $U$ 是 $X$ 中的非空有界开集, 所以 $\partial U \neq \varnothing$.

假若 $i(A, U, X) \neq 0$, 取

$$\tau_0 > (\sup_{x \in \overline{U}} \|x - Ax\|)\|u_0\|^{-1}.$$

令

$$H(t, x) = Ax + t\tau_0 u_0, \quad \forall (t, x) \in [0, 1] \times \overline{U},$$

根据注 2.3.2 可知 $H : [0, 1] \times \overline{U} \to X$ 全连续. 由假定 $H(t, x) \neq x, \forall x \in \partial U, t \in [0, 1]$, 从而根据同伦不变性知

$$i(A, U, X) = i(A + \tau_0 u_0, U, X) \neq 0.$$

再由可解性, 存在 $x_0 \in U$, 使得 $Ax_0 + \tau_0 u_0 = x_0$, 于是 $\tau_0 \leqslant \|x_0 - Ax_0\|\|u_0\|^{-1}$, 矛盾. ∎

**推论 2.3.1** (边界值性质) 设 $X$ 是 $E$ 中的凸闭集, $A$, $B : \overline{U} \to X$ 全连续, $A$ 在 $\partial U$ 上没有不动点. 如果 $Ax = Bx, \forall x \in \partial U$, 则 $i(A, U, X) = i(B, U, X)$, 即 $i(A, U, X)$ 只与 $A$ 在 $\partial U$ 上的值有关.

**定理 2.3.3**  设 $X$ 是 $E$ 中的凸闭集, $A:\overline{U}\to X$ 全连续.

(i) 如果满足 Leray-Schauder 条件, 即存在 $x_0\in U$, 使得

$$(1-\mu)x_0+\mu Ax\neq x,\quad \forall\mu\in[0,1],\ x\in\partial U,\qquad(2.3.1)$$

则 $i(A,U,X)=1$; 如果 $x_0\in X\backslash\overline{U}$ 满足 (2.3.1), 则 $i(A,U,X)=0$.

(ii) 如果 $\theta\in U$, 泛函 $\rho:X\to[0,+\infty)$ 满足条件

$$\rho(\lambda x)<\rho(x),\quad \forall x\in X\backslash\{\theta\},\lambda\in[0,1),\qquad(2.3.2)$$

并且 $\rho(Ax)\leqslant\rho(x)$, $Ax\neq x$, $\forall x\in\partial U$, 则 $i(A,U,X)=1$.

**证明**  (i) 令

$$H(t,x)=(1-t)x_0+tAx,\quad (t,x)\in[0,1]\times\overline{U},$$

则由 $x_0\in X$ 可知, $H:[0,1]\times\overline{U}\to X$. 根据 Leray-Schauder 条件 (2.3.1) 可知, $H(t,x)\neq x$, $\forall x\in\partial U$, $t\in[0,1]$, 于是根据同伦不变性及标准性有

$$i(A,U,X)=i(x_0,U,X)=1.$$

如果 $x_0\in X\backslash\overline{U}$ 满足 (2.3.1), 那么根据同伦不变性及可解性有

$$i(A,U,X)=i(x_0,U,X)=0.$$

(ii) 如果存在 $x_1\in\partial U$ 和 $\mu_0\in[0,1]$, 使得 $\mu_0Ax_1=x_1$, 则 $0<\mu_0<1$, 并且 $Ax_1\neq\theta$. 因此由 (2.3.2) 可得

$$\rho(x_1)=\rho(\mu_0Ax_1)<\rho(Ax_1)\leqslant\rho(x_1),$$

矛盾. 于是根据 (i), 结论成立. ∎

**注 2.3.3**  对于满足条件 (2.3.2) 的泛函显然有 $\rho(\theta)<\rho(x)$, $\forall x\in X\backslash\{\theta\}$. 设 $G$ 是 $\mathbf{R}^n$ 中的非空紧集, $G_0$ 是 $G$ 的非空闭子集, $\varepsilon\in(0,1)$. 考虑空间 $C(G)$ 中锥

$$P=\Big\{x\in C(G)\ \Big|\ x(t)\geqslant0(t\in G),\min_{t\in G_0}x(t)\geqslant\varepsilon\|x\|\Big\}$$

上的泛函 $\alpha(x)=\max_{t\in G_0}x(t)(\forall x\in P)$ 和 $\beta(x)=\min_{t\in G_0}x(t)(\forall x\in P)$, 类似于例 2.1.3, 由例 1.3.2 的证明中可知, $\alpha,\beta:P\to[0,+\infty)$ 都是连续的, 并且显然满足 (2.3.2). 对满足条件 (2.3.2) 泛函的讨论见后面的定理 2.6.1— 定理 2.6.3.

**推论 2.3.2**  设 $\Omega$ 是 $E$ 中的非空有界开集, $\theta\in\Omega$.

(i) 如果 $P$ 是 $E$ 中的锥, $A:P\bigcap\overline{\Omega}\to P$ 全连续, $\|Ax\|\leqslant\|x\|$, $Ax\neq x$, $\forall x\in P\bigcap\partial\Omega$, 则 $i(A,P\bigcap\Omega,P)=1$;

(ii) 如果 $A:\overline{\Omega}\to E$ 全连续, 泛函 $\rho:E\to[0,+\infty)$ 满足 (2.3.2), 并且 $\rho(Ax)\leqslant\rho(x)$(特别地, $\|Ax\|\leqslant\|x\|$), $Ax\neq x$, $\forall x\in\partial\Omega$, 则 $\deg(I-A,\Omega,\theta)=1$.

**推论 2.3.3** (Schauder 不动点定理)　设 $D$ 是 $E$ 中的非空有界凸闭集, $A : D \to D$ 全连续, 则 $A$ 在 $D$ 中存在不动点.

**证明**　取球 $B_R = \{x \in E \mid \|x\| < R\}(R > 0)$, 使得 $D \subset B_R$. 由全连续算子延拓定理 (定理 2.2.4), 存在 $A$ 的全连续延拓 $\widetilde{A} : \overline{B}_R \to \mathrm{co}A(D) \subset D$. 因为 $\forall x \in \partial B_R$, $\|\widetilde{A}x\| < R = \|x\|$, 根据推论 2.3.2(ii) 可知 $\deg(I - \widetilde{A}, B_R, \theta) = 1$, 所以 $\widetilde{A}$ 在 $B_R$ 中存在不动点. 而 $\widetilde{A}(B_R) \subset D$, 于是不动点在 $D$ 中, 也就是 $A$ 的不动点. ∎

**注 2.3.4**　不使用拓扑度, 直接应用 Brouwer 不动点定理也可以证明 Schauder 不动点定理, 并且不需要空间完备性的条件 (见文献 [36], [62]).

**定理 2.3.4**　设 $P$ 是 $E$ 中的锥, $P$ 导出 $E$ 中的半序, $U$ 是 $P$ 中的非空有界开集, $A : \overline{U} \to P$ 全连续.

(i) 如果 $\theta \in U$, $Ax \ngeqslant x (\forall\, x \in \partial U)$, 则 $i(A, U, P) = 1$;

(ii) 如果 $Ax \nleqslant x (\forall x \in \partial U)$, 则 $i(A, U, P) = 0$.

**证明**　(i) 如果存在 $x_0 \in \partial U$ 和 $\mu_0 \geqslant 1$, 使得 $Ax_0 = \mu_0 x_0$, 则 $Ax_0 \geqslant x_0$, 这与 (i) 中的条件矛盾. 于是根据定理 2.3.3(i), 结论成立.

(ii) 取 $u_0 > \theta$. 如果存在 $x_0 \in \partial U$, 以及 $\tau_0 \geqslant 0$, 使得 $x_0 - Ax_0 = \tau_0 u_0$. 由于 $\tau_0 u_0 \geqslant \theta$, 所以 $Ax_0 \leqslant x_0$, 矛盾. 于是由定理 2.3.2 中不动点指数的缺方向性, 结论成立. ∎

**引理 2.3.1**　设 $X$ 是 $E$ 中的凸闭集, $A : \overline{U} \to X$ 全连续, $A$ 在 $\partial U$ 上没有不动点. 如果 $W \subset X$, 并且 $W$ 是 $E$ 的收缩核, $A(\partial U) \subset W$, 则

(i) 当 $\theta \in X$, $W \subset \overline{U}$ 时, $i(A, U, X) = 1$;

(ii) 当 $W \bigcap U = \varnothing$ 时, $i(A, U, X) = 0$.

**证明**　(i) 取 $R > 0$ 充分大, 使得 $\overline{U} \subset X_R = \{x \in X \mid \|x\| < R\}$. 根据推论 2.2.1, 存在全连续算子 $\widetilde{A} : \overline{X}_R \to W$, 使得 $\widetilde{A}x = Ax$, $\forall x \in \partial U$. 设

$$H(t, x) = t\widetilde{A}x, \quad \forall (t, x) \in [0, 1] \times \overline{X}_R,$$

由 $\theta \in X$ 以及 $X$ 的凸性, 可见 $H : [0, 1] \times \overline{X}_R \to X$ 全连续.

因为 $W \subset \overline{U} \subset X_R$, 如果存在 $(t_0, x_0) \in [0, 1] \times \partial X_R$, 使得 $t_0 \widetilde{A}x_0 = x_0$, 那么 (见注 2.3.1)

$$R = \|x_0\| = \|t_0 \widetilde{A}x_0\| \leqslant \|\widetilde{A}x_0\| < R,$$

矛盾, 所以 $H(t, x) \neq x$, $\forall (t, x) \in [0, 1] \times \partial X_R$. 根据不动点指数的同伦不变性和标准性, 有

$$i(\widetilde{A}, X_R, X) = i(\theta, X_R, X) = 1. \tag{2.3.3}$$

由定理条件知, $\widetilde{A}x = Ax \neq x (\forall x \in \partial U)$, 并注意到 $\widetilde{A} : \overline{X}_R \to W \subset \overline{U}$, 所以 $\widetilde{A}$ 在

$\overline{X}_R \backslash U$ 中没有不动点, 从而由切除性和边界值性质可得

$$i(\widetilde{A}, X_R, X) = i(\widetilde{A}, U, X) = i(A, U, X). \tag{2.3.4}$$

于是由 (2.3.3) 和 (2.3.4) 得 $i(A, U, X) = 1$.

(ii) 因为 $W$ 是 $E$ 的收缩核, 所以存在保核收缩 $r : E \to W$. 令 $\widehat{A} = rA$, 则 $\widehat{A} : \overline{U} \to W$ 是全连续算子, 由于 $A(\partial U) \subset W$, 故 $\widehat{A}x = Ax$, $\forall x \in \partial U$. 如果 $i(A, U, X) \neq 0$, 由边界值性质可知 $i(\widehat{A}, U, X) \neq 0$. 于是根据可解性, $\widehat{A}$ 在 $U$ 中存在不动点, 这与 $W \bigcap U = \varnothing$ 矛盾. ∎

**引理 2.3.2** 设 $X$ 是 $E$ 中的凸闭集, 并且 $\lambda x \in X$, $\forall x \in X$, $\lambda \geqslant 0$. 令 $W \subset X$, $W$ 是 $E$ 的收缩核, $\theta \notin W$, $U$ 是 $X$ 中的非空有界开集, $A : \overline{U} \to X$ 全连续. 如果 $A(\partial U) \subset W$, 并且 $Ax \neq \lambda x$, $\forall x \in \partial U$, $\lambda \in (0,1]$, 则 $i(A, U, X) = 0$.

**证明** 因为 $\lambda x \in X$, $\forall x \in X$, $\lambda \geqslant 0$, 并且 $U$ 是 $X$ 中的非空有界开集, 所以 $\partial U \neq \varnothing$.

因为 $W$ 是 $E$ 的收缩核, 所以 $W$ 是闭集. 又由于 $\theta \notin W$, 从而距离 $d = d(\theta, W) > 0$. 取 $M > 1$ 充分大, 使得 $Md > \sup_{x \in \overline{U}} \|x\|$. 于是

$$MW \bigcap \overline{U} = \varnothing, \tag{2.3.5}$$

其中 $MW = \{Mx \mid x \in W\}$. 事实上, 若存在 $x \in W$, 使得 $Mx \in \overline{U}$, 那么 $\|Mx\| < Md$, 于是 $\|x\| < d$, 矛盾.

如果 $r : E \to W$ 是保核收缩, 定义 $r_1 : E \to MW$ 为 $r_1(x) = Mr(x/M)$, $\forall x \in E$. 可见 $r_1$ 为保核收缩, 即 $MW$ 是 $E$ 的收缩核. 因为 $MA(\partial U) \subset MW$, 并且 $MW \subset X$, 所以由 (2.3.5), 根据引理 2.3.1(ii) 可得

$$i(MA, U, X) = 0. \tag{2.3.6}$$

令

$$H(t, x) = (1-t)Ax + tMAx, \quad (t, x) \in [0,1] \times \overline{U},$$

则 $H : [0,1] \times \overline{U} \to X$ 全连续. 假若存在 $x_0 \in \partial U$, $t_0 \in [0,1]$, 使得

$$(1 - t_0)Ax_0 + t_0 MAx_0 = x_0,$$

于是

$$Ax_0 = (1 - t_0 + t_0 M)^{-1} x_0,$$

但是 $(1 - t_0 + t_0 M)^{-1} \in (0,1]$, 这与定理的条件矛盾, 从而由不动点指数的同伦不变性以及 (2.3.6) 可知, $i(A, U, X) = i(MA, U, X) = 0$. ∎

**定理 2.3.5** (i) 如果 $P$ 是 $E$ 中的锥, $U$ 是 $P$ 中的非空有界开集, $A : \overline{U} \to P$ 全连续, 满足

$$\inf_{x \in \partial U} \|Ax\| > 0, \quad Ax \neq \lambda x, \ \forall x \in \partial U, \ \lambda \in (0, 1],$$

则 $i(A, U, P) = 0$;

(ii) 如果 $E$ 是无穷维空间, $\Omega$ 是 $E$ 中的非空有界开集, $A : \overline{\Omega} \to E$ 全连续, 满足

$$\inf_{x \in \partial \Omega} \|Ax\| > 0, \quad Ax \neq \lambda x, \ \forall x \in \partial \Omega, \ \lambda \in (0, 1],$$

则 $\deg(I - A, \Omega, \theta) = 0$.

**证明** (i) 令

$$m = \inf_{x \in \partial U} \|Ax\|, \quad M = \sup_{x \in \overline{U}} \|x\| + m.$$

设

$$H(t, x) = \left[ t + (1 - t) \frac{M}{m} \right] Ax, \quad (t, x) \in [0, 1] \times \overline{U},$$

则 $H : [0, 1] \times \overline{U} \to P$ 全连续.

如果存在 $t_0 \in [0, 1]$, $x_0 \in \partial U$, 使得 $x_0 = H(t_0, x_0)$, 则

$$\left[ t_0 + (1 - t_0) \frac{M}{m} \right] Ax_0 = x_0.$$

但是 $M/m \geqslant 1$, 故 $t_0 + (1 - t_0) M/m \geqslant 1$, 矛盾. 因此, $H(t, x) \neq x, \ \forall x \in \partial U, \ t \in [0, 1]$. 根据不动点指数的同伦不变性, 有

$$i(A, U, P) = i \left( \frac{M}{m} A, U, P \right). \tag{2.3.7}$$

取 $D_M = \{x \in P \mid \|x\| \geqslant M\}$. 由推论 2.1.4, $D_M$ 是 $E$ 的收缩核. 而 $\|(M/m)Ax\| \geqslant M(\forall x \in \partial U)$, 故 $(M/m)A(\partial U) \subset D_M$. 易见 $(M/m)Ax \neq \lambda x, \ \forall x \in \partial U, \ \lambda \in (0, 1]$, 所以由引理 2.3.2 可知, $i((M/m)A, U, P) = 0$, 从而由 (2.3.7), 结论得证.

(ii) 在上面的证明中, 取 $P = E$. 因为 $E$ 是无穷维空间, 所以根据推论 2.1.2, $D_M$ 是 $E$ 的收缩核. 证明的其余部分与前面类似. ∎

**注 2.3.5** 设 $\Omega$ 是无穷维空间 $E$ 中的有界开集, $\theta \in \Omega$. 如果 $A : E \to E$ 是线性全连续算子, 那么 $\inf_{x \in \partial \Omega} \|Ax\| = 0$. 事实上, 对于满足 $\|z\| = 1$ 的 $z \in E$, 令 $f : [0, +\infty) \to E$ 为 $f(t) = tz$, 显然 $f$ 连续, 则 $f([0, +\infty))$ 是 $E$ 中的连通集. 因为 $f(0) = \theta \in \Omega$, 所以 $f([0, +\infty)) \bigcap \Omega \neq \varnothing$. 由于 $\Omega$ 有界, 故

$$f([0, +\infty)) \bigcap (E \backslash \Omega) \neq \varnothing,$$

从而

$$f([0,+\infty))\bigcap\partial\Omega \neq \varnothing,$$

即存在 $\lambda > 0$, 使得 $\lambda z \in \partial\Omega$. 假若 $\alpha = \inf_{x\in\partial\Omega}\|Ax\| > 0$, 于是

$$\|Az\| = \left\|\frac{1}{\lambda}A(\lambda z)\right\| = \frac{\|A(\lambda z)\|}{\|\lambda z\|} \geqslant \frac{\alpha}{M},$$

其中 $M = \sup_{x\in\partial\Omega}\|x\|$, 因此 $\inf_{\|z\|=1}\|Az\| \geqslant \alpha/M > 0$. 因为 $E$ 是无穷维空间, 所以单位球面不是紧集, 从而存在 $\varepsilon_0 > 0$ 和点列 $\{z_n\} \subset E$, 使得 $\|z_n\| = 1 (n = 1, 2, \cdots)$, 并且 $\|z_n - z_m\| \geqslant \varepsilon_0 (n \neq m)$. 因此

$$\|Az_n - Az_m\| = \|A(z_n - z_m)\| = \left\|A\left(\frac{z_n - z_m}{\|z_n - z_m\|}\right)\right\|\|z_n - z_m\| \geqslant \frac{\alpha\varepsilon_0}{M}, \quad n \neq m,$$

即 $\{Az_n\}$ 没有收敛子列, 这与 $A$ 全连续矛盾.

**定理 2.3.6** (i) 如果 $P$ 是 $E$ 中的锥, $U$ 是 $P$ 中的非空有界开集, $A : \overline{U} \to P$ 全连续, 连续泛函 $\rho : P \to [0, +\infty)$ 满足 (2.3.2)(其中 $X = P$), 并且

$$\inf_{x\in\partial U}\rho(x) > \rho(\theta), \quad \rho(Ax) \geqslant \rho(x), \quad Ax \neq x, \forall x \in \partial U,$$

则 $i(A, U, P) = 0$;

(ii) 如果 $E$ 是无穷维空间, $\Omega$ 是 $E$ 中的非空有界开集, $A : \overline{\Omega} \to E$ 全连续, 连续泛函 $\rho : E \to [0, +\infty)$ 满足 (2.3.2)(其中 $X = E$), 并且

$$\inf_{x\in\partial\Omega}\rho(x) > \rho(\theta), \quad \rho(Ax) \geqslant \rho(x), \quad Ax \neq x, \forall x \in \partial\Omega,$$

则 $\deg(I - A, \Omega, \theta) = 0$.

**证明** (i) 因为 $\inf_{x\in\partial U}\rho(x) > \rho(\theta)$, 所以存在 $r > \rho(\theta)$, 使得 $\inf_{x\in\partial U}\rho(x) > r$.

下证 $\inf_{x\in\partial U}\|Ax\| > 0$. 如若不然, 存在 $\{x_n\} \subset \partial U$, 使得 $\lim_{n\to\infty}\|Ax_n\| = 0$. 由 $\rho$ 的连续性可知

$$\rho(\theta) = \lim_{n\to\infty}\rho(Ax_n) \geqslant \liminf_{n\to\infty}\rho(x_n) \geqslant r > \rho(\theta),$$

矛盾.

再证 $Ax \neq \lambda x, \forall x \in \partial U, \lambda \in (0, 1]$. 如果存在 $x_0 \in \partial U, \lambda_0 \in (0, 1]$, 使得 $Ax_0 = \lambda_0 x_0$, 则 $\lambda_0 < 1$, 并且根据 $\inf_{x\in\partial U}\|Ax\| > 0$ 知, $Ax_0 \neq \theta$, 故 $x_0 \neq \theta$. 由 (2.3.2) 可得

$$\rho(Ax_0) = \rho(\lambda_0 x_0) < \rho(x_0),$$

矛盾.

从而根据定理 2.3.5, 结论得证.

(ii) 在上面的证明中, 取 $P = E$. 证明的其余部分与前面类似. ∎

**推论 2.3.4**　设 $\Omega$ 是 $E$ 中的非空有界开集, $\partial\Omega$ 表示 $\Omega$ 在 $E$ 中的边界.

(i) 如果 $P$ 是 $E$ 中的锥, $P\bigcap\Omega \neq \varnothing$, $A: P\bigcap\overline{\Omega} \to P$ 全连续, $\theta \notin P\bigcap\partial\Omega$, 并且 $\|Ax\| \geqslant \|x\|$, $Ax \neq x$, $\forall x \in P\bigcap\partial\Omega$, 则 $i(A, P\bigcap\Omega, P) = 0$;

(ii) 如果 $E$ 是无穷维空间, $A: \overline{\Omega} \to E$ 全连续, $\theta \notin \partial\Omega$, 并且 $\|Ax\| \geqslant \|x\|$, $Ax \neq x$, $\forall x \in \partial\Omega$, 则 $\deg(I - A, \Omega, \theta) = 0$.

**证明**　(i) 令 $\rho(x) = \|x\|$, $x \in P$, 显然 $\rho$ 满足 (2.3.2). 记 $U = P\bigcap\Omega, \partial U$ 表示 $U$ 在 $P$ 中的边界, 于是 $\partial U \subset P\bigcap\partial\Omega$(见注 2.3.1). 如果 $\inf_{x \in P\bigcap\partial\Omega}\|x\| = 0$, 则存在 $\{x_n\} \subset P\bigcap\partial\Omega$, 使得 $x_n \to \theta$, 由于 $P\bigcap\partial\Omega$ 是闭集, 故 $\theta \in P\bigcap\partial\Omega$, 矛盾. 根据定理 2.3.6 结论得证.

(ii) 在上面的证明中, 取 $P = E$. 证明的其余部分与前面类似. ■

**注 2.3.6**　将推论 2.3.4 与后面的引理 2.4.2 比较, 并参见注 2.4.1.

**定理 2.3.7**　设 $P$ 和 $P_1$ 都是 $E$ 中的锥, $P_1 \subset P$, $E$ 中的半序由 $P$ 导出, $U$ 是 $P_1$ 中的有界开集, $\theta \in U$, $A: \overline{U} \to P_1$ 全连续, 并且 $Ax \neq x$, $\forall x \in \partial U$. 如果 $T: E \to E$ 是有界线性算子, 满足

(i) $T(P) \subset P$(称 $T$ 是正算子);

(ii) 谱半径 $r(T) \leqslant 1$;

(iii) $Ax \leqslant Tx$, $\forall x \in \partial U$,

则 $i(A, U, P_1) = 1$.

**证明**　(方法一)　假若存在 $x_0 \in \partial U$, $\lambda_0 \geqslant 1$, 使得 $Ax_0 = \lambda_0 x_0$. 由 $A$ 在 $\partial U$ 上没有不动点, 可知 $\lambda_0 > 1$. 由条件 (iii) 可得

$$\lambda_0 x_0 = Ax_0 \leqslant Tx_0. \tag{2.3.8}$$

因为谱半径 $r(\lambda_0^{-1}T) = \lambda_0^{-1}r(T) < 1$, 所以 $I - \lambda_0^{-1}T$ 存在逆算子 (参见文献 [87])

$$(I - \lambda_0^{-1}T)^{-1} = I + \lambda_0^{-1}T + (\lambda_0^{-1}T)^2 + \cdots + (\lambda_0^{-1}T)^n + \cdots,$$

并且由 $T(P) \subset P$ 可知

$$(I - \lambda_0^{-1}T)^{-1}(P) \subset P.$$

而由 (2.3.8) 可得

$$(I - \lambda_0^{-1}T)x_0 \leqslant \theta,$$

于是 $x_0 \leqslant \theta$, 即 $x_0 = \theta$, 矛盾. 由定理 2.3.3(i) 可得结论.

(方法二)　假若存在 $x_0 \in \partial U$, $\lambda_0 \geqslant 1$, 使得 $Ax_0 = \lambda_0 x_0$. 由 $A$ 在 $\partial U$ 上没有不动点知 $\lambda_0 > 1$. 由条件 (iii) 可得 (2.3.8). 由条件 (i), 用 $T$ 作用 (2.3.8)$n - 1$ 次,

得 $\lambda_0^n x_0 \leqslant T^n x_0$, 于是 $\lambda_0^{-n} T^n x_0 \geqslant x_0$, 即

$$\{\lambda_0^{-n} T^n x_0 \mid n = 1, 2, \cdots\} \subset \{y \mid y \geqslant x_0\}.$$

因为 $\{y \mid y \geqslant x_0\}$ 是闭集, 所以距离 $d = d(\theta, \{y \mid y \geqslant x_0\}) > 0$, 故 $\|\lambda_0^{-n} T^n x_0\| \geqslant d \ (n = 1, 2, \cdots)$, 于是

$$\|T^n\| \geqslant \|\frac{T^n x_0}{\|x_0\|}\| \geqslant \frac{d \lambda_0^n}{\|x_0\|}, \quad n = 1, 2, \cdots.$$

根据 Gelfand 公式, 有

$$r(T) = \lim_{n \to \infty} \sqrt[n]{\|T^n\|} \geqslant \lim_{n \to \infty} \sqrt[n]{\frac{d \lambda_0^n}{\|x_0\|}} = \lambda_0 > 1,$$

此与条件 (ii) 矛盾. 于是由定理 2.3.3(i), $i(A, U, P_1) = 1$. ∎

**定理 2.3.8** 设 $P$ 和 $P_1$ 都是 $E$ 中的锥, $P_1 \subset P$, $E$ 中的半序由 $P$ 导出, $U$ 是 $P_1$ 中的非空有界开集, $A : \overline{U} \to P_1$ 全连续, 并且 $Ax \neq x$, $\forall x \in \partial U$. 如果 $T : E \to E$ 是线性算子, 满足

(i) $T(P) \subset P$;

(ii) 存在 $u_0 \in P_1 \backslash \{\theta\}$, 使得 $Tu_0 \geqslant u_0$;

(iii) $Ax \geqslant Tx$, $\forall x \in \partial U$,

则 $i(A, U, P_1) = 0$.

**证明** 下面证明 $x - Ax \neq \lambda u_0$, $\forall x \in \partial U$, $\lambda \geqslant 0$. 假若存在 $x_0 \in \partial U$, $\lambda_0 \geqslant 0$, 使得

$$x_0 - Ax_0 = \lambda_0 u_0, \tag{2.3.9}$$

故 $\lambda_0 > 0$. 由 (2.3.9), 有

$$x_0 = Ax_0 + \lambda_0 u_0 \geqslant \lambda_0 u_0.$$

令 $\lambda^* = \sup\{\lambda \mid x_0 \geqslant \lambda u_0\}$, 则有

$$0 < \lambda_0 \leqslant \lambda^* < \infty, \quad x_0 \geqslant \lambda^* u_0. \tag{2.3.10}$$

根据 (2.3.9) 和 (2.3.10) 可得

$$x_0 = Ax_0 + \lambda_0 u_0 \geqslant Tx_0 + \lambda_0 u_0 \geqslant T(\lambda^* u_0) + \lambda_0 u_0 = \lambda^* Tu_0 + \lambda_0 u_0 \geqslant (\lambda^* + \lambda_0) u_0,$$

这与 $\lambda^*$ 的定义矛盾. 于是由定理 2.3.2(ii) 可知 $i(A, U, P_1) = 0$. ∎

**定理 2.3.9**　设 $P$ 是 $E$ 中的正规锥, $E$ 中的半序由 $P$ 导出, $A : P \to P$ 全连续. 如果 $T : E \to E$ 是有界线性算子, 满足

(i) $T(P) \subset P$;

(ii) 存在 $u_0 \in E$, 使得 $Ax \leqslant Tx + u_0, \ \forall x \in P$;

(iii) $T$ 的谱半径 $r(T) < 1$,

则存在 $R_0 > 0$, 使得当 $R > R_0$ 时, $i(A, P \bigcap B_R, P) = 1$, 其中 $B_R = \{x \in E \mid \|x\| < R\}$ 为开球.

**证明**　(方法一)　令 $W = \{x \in P \mid Ax = \mu x, \ \mu \geqslant 1\}$. 若 $W \neq \varnothing$, 于是 $\forall x \in W$, 有

$$x \leqslant \mu x = Ax \leqslant Tx + u_0,$$

即 $(I - T)x \leqslant u_0$. 因为 $r(T) < 1$, 于是 $I - T$ 存在逆算子

$$(I - T)^{-1} = I + T + T^2 + \cdots + T^n + \cdots,$$

并且由 $T(P) \subset P$ 有 $(I - T)^{-1}(P) \subset P$. 于是

$$\theta \leqslant x \leqslant (I - T)^{-1} u_0.$$

由 $P$ 正规性可知 $W$ 有界, 记 $R_0 = \sup_{x \in W} \|x\| + 1$. 当 $R > R_0$ 时, 显然 $tAx \neq x (\forall x \in P \bigcap \partial B_R, \ t \in [0, 1])$, 由不动点指数的同伦不变性和标准性得

$$i(A, P \bigcap B_R, P) = i(\theta, P \bigcap B_R, P) = 1.$$

(方法二)　因为 $P$ 是正规锥, 所以根据定理 1.2.3(vi), 存在 $E$ 中的等价范数 $\|\cdot\|_1$, 使得对任意的 $\theta \leqslant x \leqslant y$, 都有 $\|x\|_1 \leqslant \|y\|_1$. 令 $\varepsilon = (1 - r(T))/2$, 于是根据 Gelfand 公式, 存在正整数 $N$, 使得当 $n \geqslant N$ 时, 有

$$\|T^n\|_1 \leqslant (r(T) + \varepsilon)^n, \tag{2.3.11}$$

其中 $\|T^n\|_1$ 是 $T^n$ 关于 $\|\cdot\|_1$ 的算子范数. 对任意的 $x \in E$, 定义

$$\|x\|^* = \sum_{i=1}^{N} (r(T) + \varepsilon)^{N-i} \|T^{i-1} x\|_1, \tag{2.3.12}$$

其中 $T^0 = I$ 是恒等算子. 容易验证 $\|\cdot\|^*$ 是 $E$ 中的范数, 并且根据

$$(r(T) + \varepsilon)^{N-1} \|x\|_1 \leqslant \|x\|^* \leqslant \left( \sum_{i=1}^{N} (r(T) + \varepsilon)^{N-i} \|T^{i-1}\|_1 \right) \|x\|_1$$

可知 $\|\cdot\|^*$ 与 $\|\cdot\|_1$ 等价, 从而与原来的范数 $\|\cdot\|$ 等价.

对于 $\theta \leqslant x \leqslant y$, 因为 $T(P) \subset P$, 所以 $\theta \leqslant T^i x \leqslant T^i y (i = 1, 2, \cdots, N-1)$, 故 $\|T^i x\|_1 \leqslant \|T^i y\|_1$. 于是, 由 (2.3.12) 可知

$$\|x\|^* \leqslant \|y\|^*. \tag{2.3.13}$$

取 $R_1 > 2\varepsilon^{-1}\|u_0\|^*$, 由于 $\|\cdot\|^*$ 与 $\|\cdot\|$ 等价, 故存在 $R_0 > 0$ 使得当 $R > R_0$ 时, 如果 $\|x\| \geqslant R$, 就有 $\|x\|^* > R_1$. 如果存在 $x_0 \in P \cap \partial B_R$ 和 $\mu_0 \geqslant 1$, 使得 $Ax_0 = \mu_0 x_0$, 由条件 (ii) 可知

$$\theta \leqslant \mu_0 x_0 = Ax_0 \leqslant Tx_0 + u_0.$$

因为 $\|x_0\| = R$, 所以 $\|x_0\|^* > R_1$, 于是根据 (2.3.13), (2.3.11) 和 (2.3.12),

$$\mu_0\|x_0\|^* = \|Ax_0\|^* \leqslant \|Tx_0\|^* + \|u_0\|^* = \sum_{i=1}^{N}(r(T)+\varepsilon)^{N-i}\|T^i x_0\|_1 + \|u_0\|^*$$

$$\leqslant (r(T)+\varepsilon)\sum_{i=1}^{N-1}(r(T)+\varepsilon)^{N-i-1}\|T^i x_0\|_1 + (r(T)+\varepsilon)^N\|x_0\|_1 + \|u_0\|^*$$

$$= (r(T)+\varepsilon)\sum_{i=1}^{N}(r(T)+\varepsilon)^{N-i}\|T^{i-1}x_0\|_1 + \|u_0\|^* = (r(T)+\varepsilon)\|x_0\|^* + \|u_0\|^*$$

$$\leqslant (r(T)+\varepsilon)\|x_0\|^* + \frac{\varepsilon}{2}R_1 < (r(T)+\varepsilon)\|x_0\|^* + \frac{\varepsilon}{2}\|x_0\|^* = \left(r(T)+\frac{3\varepsilon}{2}\right)\|x_0\|^*.$$

由于 $\mu_0 \geqslant 1$, 故 $1 \leqslant r(T) + 3\varepsilon/2$, 这与 $\varepsilon = (1-r(T))/2$ 矛盾. 从而 $Ax \neq \mu x(\forall x \in P \cap \partial B_R, \ \mu \geqslant 1)$, 根据定理 2.3.3(i) 可知 $i(A, P \cap B_R, P) = 1$. ∎

**定理 2.3.10** 设 $P$ 是 $E$ 中的正规锥, $E$ 中的半序由 $P$ 导出, 存在 $u_0 \in E$ 使得 $A : E \to P - u_0$ 全连续, 并且在 $E$ 的任意有界集上一致连续. 如果 $T : E \to E$ 是有界线性算子, 满足

(i) $T(P) \subset P$;

(ii) 存在 $u_1 \in E$, 使得 $Ax \leqslant Tx + u_1, \ \forall x \in P - u_0$;

(iii) $T$ 的谱半径 $r(T) < 1$,

则存在 $R_0 > 0$, 使得当 $R > R_0$ 时, $\deg(I - A, B_R, \theta) = 1$.

**证明** 设 $\widetilde{A}x = A(x - u_0) + u_0, \ \forall x \in E$, 则 $\widetilde{A} : E \to P$ 全连续. 令 $W = \{x \in P \mid \widetilde{A}x = \mu x, \ \mu \geqslant 1\}$. 若 $W \neq \varnothing$, 于是 $\forall x \in W$, 有

$$x \leqslant \mu x = \widetilde{A}x = A(x - u_0) + u_0 \leqslant T(x - u_0) + u_1 + u_0 = Tx - Tu_0 + u_1 - u_0,$$

即 $(I-T)x \leqslant u_1 - u_0 - Tu_0$. 因为 $r(T) < 1$, 所以存在逆算子

$$(I-T)^{-1} = I + T + T^2 + \cdots + T^n + \cdots,$$

从而

$$\theta \leqslant x \leqslant (I-T)^{-1}(u_1 - u_0 - Tu_0) \quad \text{(参见定理 2.3.9 证明方法一)}.$$

由 $P$ 正规可知 $W$ 有界. 记 $R_0 = \sup\{\|x\| \mid x \in W\} + \|u_0\| + 1$. 对 $R > R_0$, 由 $\widetilde{A}(E) \subset P$ 及拓扑度的同伦不变性得

$$\deg(I - \widetilde{A}, B_R, \theta) = \deg(\theta, B_R, \theta) = 1. \tag{2.3.14}$$

令 $H(t,x) = A(x - tu_0) + tu_0$, $(t,x) \in [0,1] \times \overline{B}_R$, 由 $A$ 在 $E$ 的任意有界集上一致连续和注 2.3.2(i), 可知 $H(t,x)$ 是全连续同伦. 假若存在 $(t_1, x_1) \in [0,1] \times \partial B_R$, 使得 $H(t_1, x_1) = x_1$, 那么 $A(x_1 - t_1 u_0) = x_1 - t_1 u_0$. 于是

$$\widetilde{A}(x_1 - t_1 u_0 + u_0) = A(x_1 - t_1 u_0) + u_0 = x_1 - t_1 u_0 + u_0,$$

则根据 $\widetilde{A} : E \to P$ 可知, $x_1 - t_1 u_0 + u_0 \in W$. 但是

$$\|x_1 - t_1 u_0 + u_0\| \geqslant \|x_1\| - (1 - t_1)\|u_0\| \geqslant R - \|u_0\| > \sup\{\|x\| \mid x \in W\} + 1,$$

矛盾. 因此由拓扑度的同伦不变性及 (2.3.14) 得

$$\deg(I - A, B_R, \theta) = \deg(I - \widetilde{A}, B_R, \theta) = 1. \qquad \blacksquare$$

## 2.4 全连续算子的不动点定理

设 $\Omega$ 是 $E$ 中的非空有界开集. 假设 (H): $\sup_{x \in \overline{\Omega}} \|x\| < M$, $A : \overline{\Omega} \to E$ 全连续, $Ax \neq x (\forall x \in \partial\Omega)$, 并且 $\alpha = \inf_{x \in \partial\Omega} \|x - Ax\| < M$.

**引理 2.4.1** 设条件 (H) 满足. 如果 $\theta \in \Omega$, 并且

$$\|Ax\| \leqslant \tau\|x\|, \quad \forall x \in \partial\Omega, \tag{2.4.1}$$

其中 $\tau \leqslant 1 + \alpha/M$, 则 $\deg(I - A, \Omega, \theta) = i(A, \Omega, E) = 1$(见注 2.3.2(ii)).

**证明** 如果存在 $\mu_0 \in [0,1]$, $x_0 \in \partial\Omega$, 使得 $\mu_0 A x_0 = x_0$, 显然 $\mu_0 \in (0,1)$. 由 (2.4.1) 可知

$$\|\mu_0^{-1}x_0\| = \|Ax_0\| \leqslant \tau\|x_0\|,$$

所以 $\mu_0^{-1} \leqslant \tau$. 而

$$\alpha \leqslant \|x_0 - Ax_0\| = \|x_0 - \mu_0^{-1}x_0\| = (\mu_0^{-1} - 1)\|x_0\| < (\mu_0^{-1} - 1)M \leqslant (\tau - 1)M,$$

这与 $\tau \leqslant 1 + \alpha/M$ 矛盾. 于是根据定理 2.3.3(i) 可知 $\deg(I - A, \Omega, \theta) = 1$. ∎

**引理 2.4.2** 设条件 (H) 满足, 且 $\theta \notin \partial\Omega$,

$$\|Ax\| \geqslant \sigma\|x\|, \quad \forall x \in \partial\Omega, \tag{2.4.2}$$

其中 $\sigma \geqslant 1 - \alpha/M$. 如果 $E$ 是无穷维空间, 或者 $A(\overline{\Omega}) \subset P(P$ 是 $E$ 中的锥), 则

$$\deg(I - A, \Omega, \theta) = i(A, \Omega, E) = 0.$$

**证明** 只需考虑 $\sigma < 1$ 的情形, 此时 $M - \sigma\|x\| > 0, \forall x \in \partial\Omega$. 另外从引理条件可知 $\alpha \geqslant (1 - \sigma)M$.

由 $\theta \notin \partial\Omega$ 可知 $\inf_{x \in \partial\Omega} \|x\| > 0$, 故由 (2.4.2) 得

$$\|Ax\| \geqslant \sigma\|x\| \geqslant \sigma \inf_{x \in \partial\Omega} \|x\| > 0, \quad \forall x \in \partial\Omega$$

令 $Bx = MAx/\|Ax\|, \forall x \in \partial\Omega$, 于是 $B : \partial\Omega \to E$ 全连续. 根据定理 2.2.4, $B$ 可以延拓为全连续算子 $\widetilde{B} : \overline{\Omega} \to E$. 定义全连续同伦 $H : [0,1] \times \overline{\Omega} \to E$ 为

$$H(t, x) = t\widetilde{B}x + (1 - t)Ax,$$

假设存在 $t_0 \in [0, 1]$ 和 $x_0 \in \partial\Omega$, 使得 $H(t_0, x_0) = x_0$.

如果 $t_0 = 1$, 那么 $x_0 = \widetilde{B}x_0 = MAx_0/\|Ax_0\|$, 于是 $\|x_0\| = M > \sup_{x \in \overline{\Omega}} \|x\|$, 矛盾.

当 $t_0 \in [0, 1)$ 时, $\|Ax_0\| < M$. 事实上, 因为

$$x_0 = \left[\frac{t_0 M}{\|Ax_0\|} + (1 - t_0)\right] Ax_0,$$

所以

$$t_0 M + (1 - t_0)\|Ax_0\| = \|x_0\| < M.$$

如果 $t_0 < \alpha/(M - \sigma\|x_0\|)$, 则

$$\begin{aligned}
0 = \|x_0 - H(t_0, x_0)\| &= \left\|x_0 - \left[\frac{t_0 M}{\|Ax_0\|} + (1 - t_0)\right] Ax_0\right\| \\
&\geqslant \|x_0 - Ax_0\| - \left\|\left(\frac{M}{\|Ax_0\|} - 1\right) t_0 Ax_0\right\| = \|x_0 - Ax_0\| - t_0 M + t_0\|Ax_0\| \\
&\geqslant \alpha - t_0(M - \sigma\|x_0\|) > 0,
\end{aligned}$$

矛盾.

如果 $t_0 \geqslant ((1-\sigma)M)/(M - \sigma\|x_0\|)$, 则

$$0 = \|x_0 - H(t_0, x_0)\| = \left\| x_0 - \left[ \frac{t_0 M}{\|Ax_0\|} + (1 - t_0) \right] Ax_0 \right\|$$

$$\geqslant \left\| \left[ \frac{t_0 M}{\|Ax_0\|} + (1 - t_0) \right] Ax_0 \right\| - \|Ax_0\| = t_0 M + (1 - t_0)\|Ax_0\| - \|x_0\|$$

$$\geqslant t_0 M + (1 - t_0)\sigma\|x_0\| - \|x_0\| = t_0(M - \sigma\|x_0\|) - (1 - \sigma)\|x_0\|$$

$$> t_0(M - \sigma\|x_0\|) - (1 - \sigma)M \geqslant 0,$$

矛盾.

由于 $\alpha \geqslant (1-\sigma)M$, 故由前面的推导可知 $H(t, x) \neq x$, $\forall (t, x) \in [0, 1] \times \partial\Omega$. 根据同伦不变性 (定理 2.3.1(iii)), 有

$$\deg(I - A, \Omega, \theta) = i(A, \Omega, E) = i(\widetilde{B}, \Omega, E) = \deg(I - \widetilde{B}, \Omega, \theta). \tag{2.4.3}$$

记 $S = \{y \in E \mid \|y\| = M\}$, 则 $B : \partial\Omega \to S$. 如果 $E$ 是无穷维空间, 由于 $\overline{B(\partial\Omega)}$ 是紧集, 所以存在 $p \in S$, 使得 $-p \notin \overline{B(\partial\Omega)}$, 否则 $S \subset \overline{B(\partial\Omega)}$, 与 $E$ 是无穷维空间矛盾; 如果 $A(\overline{\Omega}) \subset P(P$ 是 $E$ 中的锥), 由于 $\overline{B(\partial\Omega)} \subset P$, 所以存在 $p \in S$, 使得 $-p \notin \overline{B(\partial\Omega)}$, 否则 $S = \{\theta\}$, 矛盾.

考虑全连续映射 $H_1 : [0, 1] \times \overline{\Omega} \to E$ 为

$$H_1(t, x) = (1 - t)\widetilde{B}x + tp,$$

则 $\theta \notin \overline{H_1([0, 1] \times \partial\Omega)}$. 事实上, 如果存在 $x_n \in \partial\Omega$ 和 $t_n \in [0, 1]$, 使得

$$(1 - t_n)\widetilde{B}x_n + t_n p \to \theta,$$

由于 $\overline{\widetilde{B}(\partial\Omega)}$ 和 $[0, 1]$ 是紧集, 不妨设

$$\widetilde{B}x_n \to y_0 \in \overline{\widetilde{B}(\partial\Omega)} = \overline{B(\partial\Omega)}, \quad t_n \to t_0 \in [0, 1],$$

于是 $(1 - t_0)y_0 + t_0 p = \theta$. 由 $\widetilde{B}x_n = Bx_n \in S$ 可知, $y_0 \in S$, 故 $\|y_0\| = M$. 因此

$$(1 - t_0)\|y_0\| = t_0\|p\|, \quad t_0 = 1/2,$$

从而 $y_0 + p = \theta$, 这与 $-p \notin \overline{B(\partial\Omega)}$ 矛盾. 所以 $\inf_{t \in [0,1], x \in \partial\Omega} \|H_1(t, x)\| > 0$.

定义 $H_2 : [0, 1] \times \partial\Omega \to E$ 为

$$H_2(t, x) = M \frac{H_1(t, x)}{\|H_1(t, x)\|} = M \frac{(1 - t)\widetilde{B}x + tp}{\|(1 - t)\widetilde{B}x + tp\|},$$

它是全连续的, 根据定理 2.2.4, $H_2$ 可以延拓为全连续同伦 $\widetilde{H}_2 : [0,1] \times \overline{\Omega} \to E$. 当 $(t,x) \in [0,1] \times \partial\Omega$ 时, $\|x\| < M$, 而 $\|\widetilde{H}_2(t,x)\| = \|H_2(t,x)\| = M$, 故

$$\widetilde{H}_2(t,x) \neq x, \quad \forall (t,x) \in [0,1] \times \partial\Omega.$$

根据同伦不变性, $i(\widetilde{H}_2(1,\cdot),\Omega,E) = i(\widetilde{H}_2(0,\cdot),\Omega,E)$. 当 $x \in \partial\Omega$ 时, 有

$$\widetilde{H}_2(1,x) = Mp/\|p\| = p, \quad \widetilde{H}_2(0,x) = M\widetilde{B}x/\|\widetilde{B}x\| = M\widetilde{B}x/\|\widetilde{B}x\| = \widetilde{B}x,$$

于是由边界值性质 (推论 2.3.1) 可得

$$i(p,\Omega,E) = i(\widetilde{B},\Omega,E). \tag{2.4.4}$$

由于 $\|p\| = M$, 可见 $p \notin \overline{\Omega}$, 根据可解性 (定理 2.3.1(vi)) 有 $i(p,\Omega,E) = 0$. 由 (2.4.3) 和 (2.4.4) 就可得出结论. ∎

**注 2.4.1**  引理 2.4.2 中的条件 (2.4.2), 从而推论 2.3.4(ii) 中的条件 $\|Ax\| \geqslant \|x\|(\forall x \in \partial\Omega)$ 在 $C[0,1]$ 空间一般不满足.

事实上, 设 $G(x,y)$ 在 $[0,1] \times [0,1]$ 上连续, $G(x,y) \not\equiv 0$, $f(x,u)$ 在 $[0,1] \times (-\infty,+\infty)$ 上连续, 并且在 $u$ 的任意区间内 $f(x,u) \not\equiv 0$, $f(x,0) = 0(x \in [0,1])$. 令

$$(A\varphi)(x) = \int_0^1 G(x,y)f(y,\varphi(y))\mathrm{d}y,$$

则由定理 2.2.1 知, $A : C[0,1] \to C[0,1]$ 全连续. 对任意的 $R > 0$, 取 $x_0 \in (0,1)$ 和 $\varepsilon_0 > 0$, 使得区间 $[x_0 - \varepsilon_0, x_0 + \varepsilon_0] \subset [0,1]$, 并且 $\varepsilon_0 < (2M_1M_2)^{-1}\sigma R$, 其中

$$M_1 = \max_{0 \leqslant x \leqslant 1, 0 \leqslant y \leqslant 1} |G(x,y)|, \quad M_2 = \max_{0 \leqslant x \leqslant 1, 0 \leqslant u \leqslant R} |f(x,u)|.$$

定义

$$\varphi(x) = \begin{cases} R\varepsilon_0^{-1}(x - x_0 + \varepsilon_0), & x \in [x_0 - \varepsilon_0, x_0], \\ -R\varepsilon_0^{-1}(x - x_0 - \varepsilon_0), & x \in [x_0, x_0 + \varepsilon_0], \\ 0, & x \in [0,1] \backslash [x_0 - \varepsilon_0, x_0 + \varepsilon_0]. \end{cases}$$

于是 $0 \leqslant \varphi(x) \leqslant R(\forall x \in [0,1])$, 并且 $\varphi \in C[0,1]$, $\|\varphi\| = R$. 因此

$$\begin{aligned} \|A\varphi\| &= \max_{0 \leqslant x \leqslant 1} \left| \int_0^1 G(x,y)f(y,\varphi(y))\mathrm{d}y \right| \\ &= \max_{0 \leqslant x \leqslant 1} \left| \int_{x_0 - \varepsilon_0}^{x_0 + \varepsilon_0} G(x,y)f(y,\varphi(y))\mathrm{d}y \right| \\ &\leqslant M_1 M_2 2\varepsilon_0 < \sigma R = \sigma\|\varphi\|. \end{aligned}$$

**例 2.4.1** 设 $E = \mathbf{R}^2$, $\Omega = \{x = (\xi_1, \xi_2) \in \mathbf{R}^2 \mid \|x\| < 1\}$. 定义 $A : \overline{\Omega} \to E$ 为 $Ax = (-(1+\eta)\xi_1, 0)$, 其中常数 $\eta \in (0, 1)$. 容易计算 $\alpha = \inf_{x \in \partial\Omega} \|x - Ax\| = 1$. 取 $M = 1 + \varepsilon$, 则当 $\varepsilon \to 0^+$ 时, $1 + \alpha/M \to 2$, 所以可以取到 $\tau \in (1+\eta, 1+\alpha/M)$. 于是当 $x \in \partial\Omega$ 时, 有

$$\|Ax\| = (1+\eta)|\xi_1| \leqslant (1+\eta)\|x\| = 1 + \eta < \tau = \tau\|x\|,$$

即引理 2.4.1 中的 (2.4.1) 满足.

但是对于 $x_0 = (1, 0) \in \partial\Omega$, 有 $\|Ax_0\| = 1 + \eta > 1 = \|x_0\|$, 所以推论 2.3.2(ii) 的条件不满足.

**例 2.4.2** 设 $E = l^2$, $\Omega = \{x = (\xi_1, \xi_2, \cdots, \xi_n, \cdots) \in l^2 \mid \|x\| < 1\}$. 定义 $A : \overline{\Omega} \to E$ 为

$$Ax = \begin{cases} \left(-\dfrac{1}{2} - \xi_1, 2\xi_2, \cdots, 2\xi_n, 0, \cdots\right), & \xi_1 \geqslant 0, \\[2mm] \left(-\dfrac{1}{2} + 3\xi_1, 2\xi_2, \cdots, 2\xi_n, 0, \cdots\right), & \xi_1 < 0, \end{cases}$$

则 $A : \overline{\Omega} \to E$ 全连续. 当 $x \in \partial\Omega$ 时, 有

$$\|x - Ax\| = \left(\left(\frac{1}{2} + 2|\xi_1|\right)^2 + \sum_{i=2}^{\infty} |\xi_i|^2\right)^{\frac{1}{2}} = \left(\frac{1}{4} + 2|\xi_1| + 3|\xi_1|^2 + \|x\|^2\right)^{\frac{1}{2}} \geqslant \frac{\sqrt{5}}{2},$$

$$\|Ax\| = \left\{\begin{array}{l} \left[\left(-\dfrac{1}{2} - |\xi_1|\right)^2 + 4\displaystyle\sum_{i=2}^{n} |\xi_i|^2\right]^{\frac{1}{2}} \\[4mm] \left[\left(-\dfrac{1}{2} - 3|\xi_1|\right)^2 + 4\displaystyle\sum_{i=2}^{n} |\xi_i|^2\right]^{\frac{1}{2}} \end{array}\right\} \geqslant \frac{1}{2}.$$

取 $\alpha = \sqrt{5}/2$, $M = 1 + \sqrt{5}/2$, $\sigma = 1/2$, 则

$$1 - \frac{\alpha}{M} = \frac{1}{(1 + \sqrt{5}/2)} < \frac{1}{2} = \sigma,$$

并且 $\|Ax\| \geqslant 1/2 \geqslant \sigma = \sigma\|x\| (\forall x \in \partial\Omega)$, 即引理 2.4.2 中的 (2.4.2) 满足.

但是对于 $x_0 = (0, \cdots, 0, \xi_{n+1}, \xi_{n+2}, \cdots) \in \partial\Omega$, 有 $\|Ax_0\| = 1/2 < 1 = \|x_0\|$, 所以推论 2.3.4(ii) 的条件不满足.

**定理 2.4.1** 设 $\Omega_1$ 和 $\Omega_2$ 是 $E$ 的中有界开集, $\theta \in \Omega_1 \subset \overline{\Omega}_1 \subset \Omega_2$, $A : \overline{\Omega}_2 \backslash \Omega_1 \to E$ 是全连续算子, $E$ 是无穷维空间或者 $A(\overline{\Omega}_2 \backslash \Omega_1) \subset P(P$ 是 $E$ 中的锥$)$. 如果

(i) $\|Ax\| \leqslant \tau_1\|x\| (\forall x \in \partial\Omega_1)$, $\|Ax\| \geqslant \sigma_2\|x\| (\forall x \in \partial\Omega_2)$; 或

(ii) $\|Ax\| \geqslant \sigma_1\|x\|(\forall x \in \partial\Omega_1)$, $\|Ax\| \leqslant \tau_2\|x\|(\forall x \in \partial\Omega_2)$,

其中

$$\sup_{x\in\overline{\Omega}_1}\|x\| < M_1, \quad \sup_{x\in\overline{\Omega}_2}\|x\| < M_2,$$

$$\alpha_1 = \inf_{x\in\partial\Omega_1}\|x - Ax\| < M_1, \quad \alpha_2 = \inf_{x\in\partial\Omega_2}\|x - Ax\| < M_2,$$

$$\tau_1 \leqslant 1 + \frac{\alpha_1}{M_1}, \quad \tau_2 \leqslant 1 + \frac{\alpha_2}{M_2},$$

$$\sigma_1 \geqslant 1 - \alpha_1/M_1, \quad \sigma_2 \geqslant 1 - \frac{\alpha_2}{M_2},$$

则 $A$ 在 $\overline{\Omega}_2\backslash\Omega_1$ 中存在不动点.

**证明** 根据定理 2.2.4, $A$ 可以延拓为全连续算子 $\widetilde{A}: \overline{\Omega}_2 \to E$, 并且当 $A(\overline{\Omega}_2\backslash\Omega_1) \subset P$ 时, $\widetilde{A}(\overline{\Omega}_2) \subset P$. 显然只需证明 $\widetilde{A}$ 在 $\overline{\Omega}_2\backslash\Omega_1$ 中存在不动点, 下面仅在条件 (i) 的情形来证明.

不妨设 $\widetilde{A}x \neq x$, $\forall x \in \partial\Omega_1\bigcup\partial\Omega_2$. 由引理 2.4.1 和引理 2.4.2 可知

$$i(\widetilde{A}, \Omega_1, E) = 1, \quad i(\widetilde{A}, \Omega_2, E) = 0,$$

根据可加性 (定理 2.3.1(ii)), 有

$$i(\widetilde{A}, \Omega_2\backslash\overline{\Omega}_1, E) = i(\widetilde{A}, \Omega_2, E) - i(\widetilde{A}, \Omega_1, E) = -1,$$

于是 $A$ 在 $\Omega_2\backslash\overline{\Omega}_1$ 中存在不动点. ∎

**推论 2.4.1**(区域压缩与拉伸不动点定理) 设 $\Omega_1$ 和 $\Omega_2$ 是 $E$ 的中有界开集, $\theta \in \Omega_1 \subset \overline{\Omega}_1 \subset \Omega_2$, $A: \overline{\Omega}_2\backslash\Omega_1 \to E$ 是全连续算子, $E$ 是无穷维空间或者 $A(\overline{\Omega}_2\backslash\Omega_1) \subset P(P$ 是 $E$ 中的锥). 如果

(i) (区域拉伸) $\|Ax\| \leqslant \|x\|(\forall x \in \partial\Omega_1)$, $\|Ax\| \geqslant \|x\|(\forall x \in \partial\Omega_2)$; 或

(ii) (区域压缩) $\|Ax\| \geqslant \|x\|(\forall x \in \partial\Omega_1)$, $\|Ax\| \leqslant \|x\|(\forall x \in \partial\Omega_2)$,

则 $A$ 在 $\overline{\Omega}_2\backslash\Omega_1$ 中存在不动点 (参见推论 2.3.2(ii) 和推论 2.3.4(ii)).

**推论 2.4.2** 设 $\Omega$ 是 $E$ 的中有界开集, $\theta \in \Omega$, $A: \overline{\Omega} \to E$ 是全连续算子, $E$ 是无穷维空间或者 $A(\overline{\Omega}) \subset P(P$ 是 $E$ 中的锥). 如果 $\|Ax\| = \|x\|$, $\forall x \in \partial\Omega$, 则 $A$ 在 $\partial\Omega$ 上存在不动点.

**注 2.4.2** 如果 $A$ 在 $\partial\Omega$ 上没有不动点, 由引理 2.4.1 和引理 2.4.2 可知, $i(A, \Omega, E) = 1$ 和 $i(A, \Omega, E) = 0$, 矛盾. 但是若没有 $E$ 是无穷维空间或者 $A(\overline{\Omega}) \subset P$ 条件时, 定理 2.4.1, 推论 2.4.1 和推论 2.4.2 的结论不成立, 平面上的旋转映射即可作为反例.

**定理 2.4.2**(泛函型锥压缩与拉伸不动点定理)　设 $P$ 是 $E$ 中的锥, $\rho_1$, $\rho_2$ : $P \to [0, +\infty)$ 满足 (2.3.2), $\Omega_1$ 和 $\Omega_2$ 是 $E$ 的中有界开集, $\theta \in \Omega_1 \subset \overline{\Omega}_1 \subset \Omega_2$, $A : P \bigcap (\overline{\Omega}_2 \backslash \Omega_1) \to P$ 是全连续算子.

(i) (泛函锥拉伸) 如果 $\rho_1(Ax) \leqslant \rho_1(x)(\forall \, x \in P \bigcap \partial\Omega_1)$, $\rho_2(Ax) \geqslant \rho_2(x)(\forall x \in P \bigcap \partial\Omega_2)$, 并且 $\rho_2$ 连续, $\inf_{x \in P \bigcap \partial\Omega_2} \rho_2(x) > \rho(\theta)$; 或

(ii) (泛函锥压缩) 如果 $\rho_1(Ax) \geqslant \rho_1(x)(\forall \, x \in P \bigcap \partial\Omega_1)$, $\rho_2(Ax) \leqslant \rho_2(x)(\forall x \in P \bigcap \partial\Omega_2)$, 并且 $\rho_1$ 连续, $\inf_{x \in P \bigcap \partial\Omega_1} \rho_1(x) > \rho(\theta)$,

则 $A$ 在 $P \bigcap (\overline{\Omega}_2 \backslash \Omega_1)$ 中存在不动点.

**证明**　应用定理 2.3.3(ii), 定理 2.3.6(i) 和不动点指数的可加性直接可证.　■

**推论 2.4.3**(范数型锥压缩与拉伸不动点定理)　设 $P$ 是 $E$ 中的锥, $\Omega_1$ 和 $\Omega_2$ 是 $E$ 的中有界开集, $\theta \in \Omega_1 \subset \overline{\Omega}_1 \subset \Omega_2$, $A : P \bigcap (\overline{\Omega}_2 \backslash \Omega_1) \to P$ 是全连续算子.

(i) (范数锥拉伸) 如果 $\|Ax\| \leqslant \|x\|(\forall \, x \in P \bigcap \partial\Omega_1)$, $\|Ax\| \geqslant \|x\|(\forall x \in P \bigcap \partial\Omega_2)$; 或

(ii) (范数锥压缩) 如果 $\|Ax\| \geqslant \|x\|(\forall \, x \in P \bigcap \partial\Omega_1)$, $\|Ax\| \leqslant \|x\|(\forall x \in P \bigcap \partial\Omega_2)$,

则 $A$ 在 $P \bigcap (\overline{\Omega}_2 \backslash \Omega_1)$ 中存在不动点.

**定理 2.4.3**(序型锥压缩与拉伸不动点定理)　设 $P$ 是 $E$ 中的锥, $P$ 导出 $E$ 中的半序, $\Omega_1$ 和 $\Omega_2$ 是 $E$ 的中有界开集, $\theta \in \Omega_1 \subset \overline{\Omega}_1 \subset \Omega_2$, $A : P \bigcap (\overline{\Omega}_2 \backslash \Omega_1) \to P$ 是全连续算子.

(i) (序型锥拉伸) 如果 $Ax \ngeqslant x(\forall \, x \in P \bigcap \partial\Omega_1)$, $Ax \nleqslant x(\forall x \in P \bigcap \partial\Omega_2)$; 或

(ii) (序型锥压缩) 如果 $Ax \nleqslant x(\forall x \in P \bigcap \partial\Omega_1)$, $Ax \ngeqslant (\forall \, x \in P \bigcap \partial\Omega_2)$,

则 $A$ 在 $P \bigcap (\Omega_2 \backslash \overline{\Omega}_1)$ 中存在不动点.

**证明**　应用定理 2.3.4 和不动点指数的可加性直接可证.　　　　　　　　　　■

**注 2.4.3**　从前面定理和推论的证明可见, 对于非平凡不动点问题的讨论, 不动点指数的计算是本质的, 可以对 2.3 节中得到的不动点指数计算结果进行组合得到一些不动点定理. 例如, 可以将上面定理和推论条件中的范数用泛函形式来替换, 值得特别注意的是, 每一组条件中的范数或泛函可以取成是不同的.

**定理 2.4.4**　设 $E$ 是由正规锥 $P$ 导出的半序 Banach 空间, $u_0, v_0 \in E$, $u_0 \leqslant v_0$. 如果 $A : [u_0, v_0] \to E$ 是全连续增算子, 并且 $u_0$ 和 $v_0$ 分别为 $A$ 的下解和上解, 则 $A$ 在 $[u_0, v_0]$ 中存在最大不动点 $x^*$ 和最小不动点 $x_*$, 并且

$$\lim_{n \to \infty} v_n = x^*, \quad \lim_{n \to \infty} u_n = x_*,$$

其中 $v_n = Av_{n-1}$, $u_n = Au_{n-1}(n = 1, 2, \cdots)$, 满足 (1.4.1).

**证明**　因为 $A : [u_0, v_0] \to [u_0, v_0]$ 是增算子, 所以 (1.4.1) 成立. 令 $S = \{u_0, u_1, \cdots, u_n, \cdots\}$, 由于 $P$ 是正规锥, 根据定理 1.2.3(iii) 和 (1.4.1) 可知 $S$ 是有界

集, 而 $S = A(S) \bigcup \{u_0\}$ 且 $A$ 是全连续的, 故 $S$ 是相对紧集. 于是存在子列 $\{u_{n_k}\}$, 使得 $u_{n_k} \to x_*$. 显然 $u_n \leqslant x_* \leqslant v_n (n = 1, 2, \cdots)$. 当 $m > n_k$ 时,

$$\theta \leqslant x_* - u_m \leqslant x_* - u_{n_k},$$

从而

$$\|x_* - u_m\| \leqslant N\|x_* - u_{n_k}\|,$$

其中 $N$ 为正规常数 (见定义 1.2.2), 因此 $\lim_{n \to \infty} u_m = x_*$. 在 $u_n = Au_{n-1}$ 中令 $n \to \infty$, 由 $A$ 连续可得 $x_* = Ax_*$.

同理可证 $\lim_{n \to \infty} v_n = x^*$ 存在, $x^* = Ax^*$. 与定理 1.4.3 的证明相同可知 $x^*$ 和 $x_*$ 分别是最大不动点和最小不动点. ■

**注 2.4.4** 与定理 1.4.3 比较, 这里将正则锥的条件减弱到正规锥, 但是将 $A$ 是连续增算子的条件加强到全连续增算子.

**定理 2.4.5**(Amann 三解定理) 设 $E$ 是由正规体锥 $P$ 导出的半序 Banach 空间, $y_1, z_1, y_2, z_2 \in E$ 满足 $y_1 < z_1 < y_2 < z_2$, $A : [y_1, z_2] \to E$ 是强增的全连续算子. 如果

$$y_1 \leqslant Ay_1, \quad Az_1 < z_1, \quad y_2 < Ay_2, \quad Az_2 \leqslant z_2, \tag{2.4.5}$$

则 $A$ 至少存在三个不动点 $x_1, x_2, x_3 \in [y_1, z_2]$, 满足 $y_1 \leqslant x_1 \ll z_1$, $y_2 \ll x_2 \leqslant z_2$, $y_2 \nleqslant x_3 \nleqslant z_1$(见图 2.4.1).

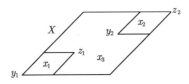

图 2.4.1 Amann 三解定理

下面用两种各具特点的方法来证明定理 2.4.5, 分别需要两个引理.

**引理 2.4.3** 设 $X$ 是 $E$ 中的收缩核, $X_1$ 是 $X$ 的有界凸收缩核, $U$ 是 $X$ 中的非空开集且 $U \subset X_1$. 如果 $A : X_1 \to X$ 全连续, $A(X_1) \subset X_1$, 并且 $A$ 在 $X_1 \backslash U$ 中没有不动点, 则 $i(A, U, X) = 1$.

**证明** 因为 $X_1$ 是 $X$ 的收缩核, 所以 $X_1$ 是 $X$ 中的闭集 (见注 2.1.1), 从而 $\overline{U} \subset X_1$(这里 $\overline{U}$ 是 $U$ 关于 $X$ 的闭包, 实际上 $\overline{U}$ 也是 $U$ 关于 $E$ 的闭包, 因为 $X$ 是 $E$ 中的闭集). 由于 $U \subset X_1 \subset X$, 故 $U$ 是 $X_1$ 中的开集, 于是根据定理 2.3.1(iv) 知

$$i(A, U, X) = i(A, U, X_1). \tag{2.4.6}$$

又因为 $A$ 在 $X_1\backslash U$ 中没有不动点, 所以根据定理 2.3.1(v), 可得

$$i(A, X_1, X_1) = i(A, U, X_1). \tag{2.4.7}$$

取 $x_0 \in U \subset X_1$, 令 $H(t,x) = tx_0 + (1-t)Ax$, 由 $X_1$ 的凸性可知 $H : [0,1] \times X_1 \to X_1$ 全连续. 而 $X_1$ 本身作为 $X_1$ 的开集, 其边界是空集, 所以根据不动点指数的同伦不变性和标准性 (见定理 2.3.1), 有

$$i(A, X_1, X_1) = i(x_0, X_1, X_1) = 1. \tag{2.4.8}$$

由 (2.4.6), (2.4.7) 和 (2.4.8) 即得 $i(A, U, X) = 1$. ■

**推论 2.4.4**　设 $X$ 是 $E$ 中的非空有界凸闭集. 如果 $A : X \to X$ 全连续, 则 $i(A, X, X) = 1$.

**注 2.4.5**　在引理 2.4.3 中取 $U = X_1 = X$ 即得推论 2.4.4, 实际上由此也可得到 Schauder 不动点定理 (推论 2.3.3).

**定理 2.4.5 的证明**(方法一)　记 $X = [y_1, z_2]$, $X_1 = [y_1, z_1]$, $X_2 = [y_2, z_2]$, 因为 $P$ 是正规锥, 则 $X$, $X_1$ 和 $X_2$ 都是 $E$ 中的非空有界闭凸集, 从而都是 $E$ 的收缩核, 由于 $X_1 \subset X \subset E$, $X_2 \subset X \subset E$, 故 $X_1$ 和 $X_2$ 都是 $X$ 的收缩核.

令 $V_1 = \{x \in X_1 \mid x \ll z_1\}$, $U_1$ 是 $X_1$ 在 $X$ 中的内点集. $\forall x' \in V_1$, 有 $z_1 - x' \in \mathring{P}$, 于是存在 $r' > 0$, 使得 $B(z_1 - x', r') \subset \mathring{P}$. 又因为 $\forall y' \in B(x', r') \bigcap X$, 则有

$$\|(z_1 - y') - (z_1 - x')\| = \|x' - y'\| < r',$$

所以

$$z_1 - y' \in B(z_1 - x', r') \subset \mathring{P},$$

于是 $y' \in V_1$, 即 $B(x', r') \bigcap X \subset V_1$, 可见 $V_1$ 中的点是 $X_1$ 在 $X$ 中的内点, 从而 $V_1 \subset U_1$.

根据定理 2.4.4, $A$ 在 $X_1 = [y_1, z_1]$ 中有最大不动点 $x_1$, 并且由 (2.4.5) 知, $x_1 = Ax_1 \leqslant Az_1 < z_1$. 根据 $A$ 的强增性, 有

$$y_1 \leqslant x_1 = Ax_1 \ll Az_1 < z_1,$$

则 $x_1 \in V_1 \subset U_1 \neq \varnothing$(见注 1.2.1), 并且 $A$ 在 $X_1 \backslash U_1$ 中没有不动点. 注意到 $A(X_1) \subset X_1$, 应用引理 2.4.3 可得 $i(A, U_1, X) = 1$.

令 $V_2 = \{x \in X_2 \mid y_2 \ll x\}$, $U_2$ 是 $X_2$ 在 $X$ 中的内点集. 根据定理 2.4.4, $A$ 在 $X_2 = [y_2, z_2]$ 中有最小不动点 $x_2$, 同理可得 $x_2 \in V_2 \subset U_2 \neq \varnothing$, 并且 $A$ 在 $X_2 \backslash U_2$ 中没有不动点. 注意到 $A(X_2) \subset X_2$, 应用引理 2.4.3 可得 $i(A, U_2, X) = 1$.

由推论 2.4.4 知 $i(A, X, X) = 1$. 根据不动点指数的可加性, 有

$$i(A, X\backslash(\overline{U_1 \bigcup U_2}), X) = i(A, X, X) - i(A, U_1, X) - i(A, U_2, X) = -1,$$

从而 $A$ 在 $X\backslash(\overline{U_1 \bigcup U_2})$ 中存在不动点 $x_3$. 注意到 $\overline{U_1 \bigcup U_2} = X_1 \bigcup X_2$, 即知 $y_2 \not\leqslant x_3 \not\leqslant z_1$. ∎

**引理 2.4.4** 设 $X$ 是 $E$ 中的非空有界闭凸集, $A : X \to X$ 全连续, $\alpha$ 和 $\beta$ 分别是 $X$ 上的连续凹和凸泛函, 记

$$U_1 = \{x \in X \mid \beta(x) < b\}, \quad U_2 = \{x \in X \mid \alpha(x) > a\},$$

其中 $a$ 和 $b$ 是给定的实数. 如果 $U_1, U_2 \neq \varnothing$, $\overline{U}_1 \bigcap \overline{U}_2 = \varnothing$, 并且

(i) 当 $\beta(x) = b$ 时, $\beta(Ax) < b$;

(ii) 当 $\alpha(x) = a$ 时, $\alpha(Ax) > a$, 则 $A$ 在 $X$ 中至少有三个不动点 $x_1 \in U_1$, $x_2 \in U_2$, $x_3 \in X\backslash(\overline{U_1 \bigcup U_2})$.

**证明** 显然 $U_1$ 和 $U_2$ 是 $X$ 中的开集. 因为 $X$ 是凸集, 所以它是连通的, 故 $X\backslash(\overline{U_1 \bigcup U_2}) \neq \varnothing$, 否则 $\overline{U}_1 \bigcup \overline{U}_2 = X$, 而 $\overline{U}_1 \bigcap \overline{U}_2 = \varnothing$, 这与 $X$ 连通矛盾.

取 $z_1 \in U_1$, 于是 $\beta(z_1) < b$. 如果存在 $x_1 \in \partial U_1$ 和 $\mu_1 \in [0, 1]$, 使得

$$(1 - \mu_1)z_1 + \mu_1 Ax_1 = x_1,$$

那么 $\beta(x_1) = b$, 并且根据 $\beta$ 的凸性及定理条件 (i), 有

$$b = \beta(x_1) \leqslant (1 - \mu_1)\beta(z_1) + \mu_1 \beta(Ax_1) < b,$$

矛盾. 从而由定理 2.3.3(i) 可知 $i(A, U_1, X) = 1$.

取 $z_2 \in U_2$, 于是 $\alpha(z_2) > a$. 如果存在 $x_2 \in \partial U_2$ 和 $\mu_2 \in [0, 1]$, 使得

$$(1 - \mu_2)z_2 + \mu_2 Ax_2 = x_2,$$

那么 $\alpha(x_2) = a$, 并且根据 $\alpha$ 的凹性及定理条件 (ii), 有

$$a = \alpha(x_2) \geqslant (1 - \mu_2)\alpha(z_2) + \mu_2 \alpha(Ax_2) > a,$$

矛盾. 从而由定理 2.3.3(i) 可知 $i(A, U_2, X) = 1$.

由推论 2.4.4 知 $i(A, X, X) = 1$. 而

$$\overline{U}_1 \subset \{x \in X \mid \beta(x) \leqslant b\}, \quad \overline{U}_2 \subset \{x \in X \mid \alpha(x) \geqslant a\},$$

所以

$$X\backslash(U_1 \bigcup U_2 \bigcup(X\backslash(\overline{U_1 \bigcup U_2}))) \subset \{x \in X \mid \beta(x) = b\} \bigcup \{x \in X \mid \alpha(x) = a\},$$

根据定理条件 (i) 和 (ii) 可知 $A$ 在 $X\backslash(U_1\bigcup U_2\bigcup(X\backslash(\overline{U_1\bigcup U_2})))$ 中没有不动点. 最后由不动点指数的可加性, 有

$$i(A, X\backslash(\overline{U_1\bigcup U_2}), X) = i(A, X, X) - i(A, U_1, X) - i(A, U_2, X) = -1,$$

从不动点指数的可解性可得结论. ∎

　　**定理 2.4.5 的证明**(方法二)　记 $X = [y_1, z_2]$, 因为 $P$ 是正规锥, 则 $X$ 是 $E$ 中的非空有界闭凸集. 令 $z_1' = Az_1$, $y_2' = Ay_2$, 由于 $A$ 是强增的, 故 $y_1 \ll z_1' \ll y_2' \ll z_2$(见注 1.2.1), 此外由 (2.4.5) 知

$$y_1 \leqslant Ay_1, \quad Az_1' \ll z_1', \quad y_2' \ll Ay_2', \quad Az_2 \leqslant z_2. \tag{2.4.9}$$

　　定义 $X$ 上的两个泛函 $\alpha$ 和 $\beta$ 如下:

$$\alpha(x) = \sup\{\lambda \geqslant 0 \mid x - y_1 \geqslant \lambda(y_2' - y_1)\}, \quad \beta(x) = \inf\{\lambda \geqslant 0 \mid x - y_1 \leqslant \lambda(z_1' - y_1)\},$$

$\alpha$ 定义中的集合非空, 事实上, 如果 $x \geqslant y_2'$, 可取 $\lambda = 1$; 如果 $x \not\geqslant y_2'$, 可取 $\lambda = 0$. $\beta$ 定义中的集合非空, 事实上, 如果 $x = y_1$, 可取 $\lambda = 0$; 如果 $x \neq y_1$, 因为 $z_1' - y_1 \in \mathring{P}$, 所以存在 $\delta > 0$, 使得当 $\lambda > (1/\delta)\|x - y_1\|$ 时,

$$(z_1' - y_1) - \frac{1}{\lambda}(x - y_1) \geqslant \theta.$$

另外易见 $\alpha(x) < +\infty$, $\forall x \in X$.

　　下面证明 $\alpha$ 和 $\beta$ 分别是 $X$ 上的凹和凸泛函. 因为 $\forall x, y \in X$, $t \in [0,1]$, 有

$$\{\lambda \geqslant 0 \mid tx + (1-t)y - y_1 \geqslant \lambda(y_2' - y_1)\}$$
$$\supset t\{\lambda_1 \geqslant 0 \mid x - y_1 \geqslant \lambda_1(y_2' - y_1)\} + (1-t)\{\lambda_2 \geqslant 0 \mid y - y_1 \geqslant \lambda_2(y_2' - y_1)\},$$

故

$$\alpha(tx + (1-t)y) \geqslant t\alpha(x) + (1-t)\alpha(y),$$

即 $\alpha$ 为凹泛函. 又因为

$$\{\mu \leqslant 0 \mid y_1 - x \geqslant \mu(z_1' - y_1)\} = -\{\lambda \geqslant 0 \mid x - y_1 \leqslant \lambda(z_1' - y_1)\},$$

所以

$$\psi(x) = \sup\{\mu \leqslant 0 \mid y_1 - x \geqslant \mu(z_1' - y_1)\} = -\inf\{\lambda \geqslant 0 \mid x - y_1 \leqslant \lambda(z_1' - y_1)\} = -\beta(x),$$

类似前面可证 $\psi$ 是凹泛函, 故 $\beta$ 是凸的.

再证明 $\alpha$ 和 $\beta$ 是连续的. 设 $x_n, x_0 \in X$ 以及 $x_n \to x_0$. 令 $e_1 = y'_2 - y_1$, 于是 $x_0 - y_1 \geqslant \alpha(x_0)e_1$. $\forall \varepsilon > 0$, 由于 $\varepsilon e_1 \gg \theta$(见注 1.2.1), 所以存在 $\delta > 0$, 使得

$$B(\varepsilon e_1, \delta) = \{x \in E \mid \|x - \varepsilon e_1\| < \delta\} \subset P.$$

故存在正整数 $N$, 使得当 $n > N$ 时, $\varepsilon e_1 + x_n - x_0 \in B(\varepsilon e_1, \delta) \subset P$, 从而

$$x_n - y_1 = \varepsilon e_1 + (x_n - x_0) + x_0 - y_1 - \varepsilon e_1 \geqslant (\alpha(x_0) - \varepsilon)e_1.$$

由 $\alpha$ 的定义, 可知 $\alpha(x_n) \geqslant \alpha(x_0) - \varepsilon$, 因此

$$\liminf_{n \to \infty} \alpha(x_n) \geqslant \alpha(x_0) - \varepsilon, \quad \text{即} \liminf_{n \to \infty} \alpha(x_n) \geqslant \alpha(x_0).$$

另一方面, 设 $\limsup_{n \to \infty} \alpha(x_n) = \lambda \leqslant +\infty$, 于是存在子列 $\{x_{n_k}\}$ 使得 $\alpha(x_{n_k}) \to \lambda$. 因为 $\{\|x_{n_k}\|\}$ 有界, 并且 $x_{n_k} - y_1 \geqslant \alpha(x_{n_k})e_1$, 所以 $\lambda < +\infty$. 在 $x_{n_k} - y_1 \geqslant \alpha(x_{n_k})e_1$ 中令 $k \to \infty$, 可得 $x_0 - y_1 \geqslant \lambda e_1$, 由 $\alpha$ 的定义, 可知

$$\alpha(x_0) \geqslant \lambda = \limsup_{n \to \infty} \alpha(x_n).$$

这说明 $\alpha$ 是连续的. 令 $e_2 = z'_1 - y_1$, 于是 $x_0 - y_1 \leqslant \beta(x_0)e_2$. $\forall \varepsilon > 0$, 由于 $\varepsilon e_2 \gg \theta$, 所以存在正整数 $N$, 使得当 $n > N$ 时, $\varepsilon e_2 - (x_n - x_0) \geqslant \theta$, 从而

$$x_n - y_1 = -\varepsilon e_2 + (x_n - x_0) + x_0 - y_1 + \varepsilon e_2 \leqslant (\beta(x_0) + \varepsilon)e_2.$$

由 $\beta$ 的定义, 可知 $\beta(x_n) \leqslant \beta(x_0) + \varepsilon$, 因此

$$\limsup_{n \to \infty} \beta(x_n) \leqslant \beta(x_0) + \varepsilon, \quad \text{即} \limsup_{n \to \infty} \beta(x_n) \leqslant \beta(x_0).$$

另一方面, 设 $\liminf_{n \to \infty} \beta(x_n) = \mu$, 于是存在子列 $\{x_{n_k}\}$ 使得 $\beta(x_{n_k}) \to \mu$. 因为 $x_{n_k} - y_1 \leqslant \beta(x_{n_k})e_2$, 令 $k \to \infty$, 可得 $x_0 - y_1 \leqslant \mu e_2$, 由 $\beta$ 的定义可知

$$\beta(x_0) \leqslant \mu = \liminf_{n \to \infty} \beta(x_n).$$

这说明 $\beta$ 是连续的.

令 $U_1 = \{x \in X \mid \beta(x) < 1\}$ 和 $U_2 = \{x \in X \mid \alpha(x) > 1\}$, 于是 $U_1$ 和 $U_2$ 是 $X$ 中的开集, 易见 $y_1 \in U_1$. 因为 $y'_2 \ll z_2$, 所以

$$(z_2 - y_1) - (y'_2 - y_1) \gg \theta,$$

故存在 $\delta > 0$ 使得

$$(z_2 - y_1) - (y'_2 - y_1) - \delta(y'_2 - y_1) \geqslant \theta,$$

即

$$z_2 - y_1 \geqslant (1 + \delta)(y_2' - y_1),$$

从而 $\alpha(z_2) \geqslant 1 + \delta > 1$, 即 $z_2 \in U_2$. 因此 $U_1, U_2 \neq \varnothing$.

现在证明 $\overline{U}_1 \bigcap \overline{U}_2 = \varnothing$. 事实上, 当 $x \in \overline{U}_1$ 时, $\beta(x) \leqslant 1$, 于是

$$x - y_1 \leqslant \beta(x)(z_1' - y_1) \leqslant z_1' - y_1,$$

从而 $x \leqslant z_1'$, 故 $\overline{U}_1 \subset [y_1, z_1']$. 反之, 当 $x \in [y_1, z_1']$ 时, $x - y_1 \leqslant z_1' - y_1$, 于是 $\beta(x) \leqslant 1$, 由于序列 $\{(1/n)y_1 + (1 - 1/n)x\}$ 满足

$$\beta\left(\frac{1}{n}y_1 + \left(1 - \frac{1}{n}\right)x\right) \leqslant \frac{1}{n}\beta(y_1) + \left(1 - \frac{1}{n}\right)\beta(x) < 1,$$

并且 $(1/n)y_1 + (1 - 1/n)x \to x$, 从而 $\{(1/n)y_1 + (1 - 1/n)x\} \subset U_1$ 以及 $x \in \overline{U}_1$, 因此 $\overline{U}_1 = [y_1, z_1']$. 同理可得 $\overline{U}_2 = [y_2', z_2]$, 显然 $\overline{U}_1 \bigcap \overline{U}_2 = \varnothing$.

最后我们验证引理 2.4.4 的条件 (i) 和 (ii). 对于 $x \in X$, 当 $\beta(x) = 1$ 时, 有

$$x - y_1 \leqslant \beta(x)(z_1' - y_1) = z_1' - y_1,$$

从而 $x \leqslant z_1'$. 由 $A$ 是增算子和 (2.4.9) 可知, $Ax \leqslant Az_1' \ll z_1'$, 即 $Ax - y_1 \ll z_1' - y_1$, 于是存在 $\delta' \in (0, 1)$, 使得

$$(z_1' - y_1) - (Ax - y_1) - \delta'(z_1' - y_1) \geqslant \theta,$$

即

$$Ax - y_1 \leqslant (1 - \delta')(z_1' - y_1),$$

从而 $\beta(Ax) \leqslant 1 - \delta' < 1$. 对于 $x \in X$, 当 $\alpha(x) = 1$ 时, 有

$$x - y_1 \geqslant \alpha(x)(y_2' - y_1) = y_2' - y_1,$$

从而 $x \geqslant y_2'$. 由 $A$ 是增算子和 (2.4.9), 可知

$$Ax \geqslant Ay_2' \gg y_2', \quad 即 Ax - y_1 \gg y_2' - y_1,$$

于是存在 $\delta'' > 0$, 使得

$$(Ax - y_1) - (y_2' - y_1) - \delta'(y_2' - y_1) \geqslant \theta,$$

即

$$Ax - y_1 \geqslant (1 + \delta'')(y_2' - y_1),$$

从而 $\alpha(Ax) \geqslant 1 + \delta' > 1$.

根据引理 2.4.4 可知, $A$ 至少存在三个不动点 $x_1, x_2, x_3 \in X = [y_1, z_2]$.

由 $x_1 \in U_1$, 则 $\beta(x_1) < 1$, 于是

$$x_1 - y_1 \leqslant \beta(x_1)(z_1' - y_1) < z_1' - y_1,$$

即 $x_1 < z_1'$, 根据 $A$ 是增算子以及 (2.4.9) 和 (2.4.5), 可知

$$x_1 = Ax_1 \leqslant Az_1' \ll z_1' = Az_1 < z_1.$$

由 $x_2 \in U_2$, 则 $\alpha(x_2) > 1$, 于是

$$x_2 - y_1 \geqslant \alpha(x_2)(y_2' - y_1) > y_2' - y_1,$$

即 $x_2 > y_2'$, 根据 $A$ 是增算子以及 (2.4.9) 和 (2.4.5), 可知

$$x_2 = Ax_2 \geqslant Ay_2' \gg y_2' = Ay_2 > y_2.$$

由 $x_3 \in X \backslash (\overline{U_1 \bigcup U_2})$, 而前面已知 $\overline{U}_1 = [y_1, z_1']$ 和 $\overline{U}_2 = [y_2', z_2]$, 故 $y_2 \nleqslant x_3 \nleqslant z_1$, 事实上, 若 $x_3 \leqslant z_1$, 那么 $x_3 = Ax_3 \leqslant Az_1 = z_1'$, 故 $x_3 \in \overline{U}_1$, 矛盾; 同理, 若 $y_2 \leqslant x_3$, 矛盾. ■

为了后面的定理, 我们给出如下的记号. 设 $P$ 是 $E$ 中的锥, $\alpha$, $\psi$ 是 $P$ 上的连续凹泛函, $\gamma$, $\beta$, $\rho$ 是 $P$ 上的连续凸泛函, $l$, $a$, $b$, $d$ 和 $c$ 为实数, 定义凸集

$$P(\gamma, c) = \{x \in P : \gamma(x) \leqslant c\},$$

$$P(\gamma, \alpha, a, c) = \{x \in P : a \leqslant \alpha(x), \gamma(x) \leqslant c\},$$

$$Q(\gamma, \beta, d, c) = \{x \in P : \beta(x) \leqslant d, \gamma(x) \leqslant c\},$$

$$P(\gamma, \rho, \alpha, a, b, c) = \{x \in P : a \leqslant \alpha(x), \rho(x) \leqslant b, \gamma(x) \leqslant c\},$$

$$Q(\gamma, \beta, \psi, l, d, c) = \{x \in P : l \leqslant \psi(x), \beta(x) \leqslant d, \gamma(x) \leqslant c\}.$$

**定理 2.4.6**(五泛函不动点定理)  设常数 $c > 0$ 和 $m > 0$ 使得 $\alpha(x) \leqslant \beta(x)$, 并且 $\|x\| \leqslant m\gamma(x)$, $\forall x \in P(\gamma, c)$, $A : P(\gamma, c) \to P(\gamma, c)$ 是全连续算子. 如果存在常数 $a, b, d$ 和 $l$, 满足 $d < a$ 和

(i) $\{x \in P(\gamma, \rho, \alpha, a, b, c) \mid \alpha(x) > a\} \neq \varnothing$, 并且 $\alpha(Ax) > a$, $\forall x \in P(\gamma, \rho, \alpha, a, b, c)$;

(ii) $\{x \in Q(\gamma, \beta, \psi, l, d, c) \mid \beta(x) < d\} \neq \varnothing$, 并且 $\beta(Ax) < d$, $\forall x \in Q(\gamma, \beta, \psi, l, d, c)$;

(iii) 当 $x \in P(\gamma, \alpha, a, c)$ 并且 $\rho(Ax) > b$ 时, $\alpha(Ax) > a$;

(iv) 当 $x \in Q(\gamma, \beta, d, c)$ 并且 $\psi(Ax) < l$ 时, $\beta(Ax) < d$,

则 $A$ 至少存在三个不动点 $x_1, x_2, x_3 \in P(\gamma, c)$, 满足 $\beta(x_1) < d$, $a < \alpha(x_2)$, $d < \beta(x_3)$ 和 $\alpha(x_3) < a$.

**证明**   设 $X = P(\gamma, c)$, 则由 $\gamma$ 的凸性以及条件 (i) 和 $\|x\| \leqslant m\gamma(x)(\forall x \in P(\gamma, c))$ 可知, $X$ 是 $E$ 中的非空有界闭凸集. 记

$$X(\alpha, a) = P(\gamma, \alpha, a, c), \quad X(\beta, d) = Q(\gamma, \beta, d, c),$$

$$X(\rho, \alpha, a, b) = P(\gamma, \rho, \alpha, a, b, c), \quad X(\beta, \psi, l, d) = Q(\gamma, \beta, \psi, l, d, c),$$

于是条件 (i)—(iv) 可写成

(C$_1$) $\{x \in X(\rho, \alpha, a, b) \mid \alpha(x) > a\} \neq \varnothing$, 并且 $\alpha(Ax) > a$, $\forall x \in X(\rho, \alpha, a, b)$;

(C$_2$) $\{x \in X(\beta, \psi, l, d) \mid \beta(x) < d\} \neq \varnothing$, 并且 $\beta(Ax) < d$, $\forall x \in X(\beta, \psi, l, d)$;

(C$_3$) 当 $x \in X(\alpha, a)$ 并且 $\rho(Ax) > b$ 时, $\alpha(Ax) > a$;

(C$_4$) 当 $x \in X(\beta, d)$ 并且 $\psi(Ax) < l$ 时, $\beta(Ax) < d$.

设 $U_1 = \{x \in X \mid \beta(x) < d\}$, 由 (C$_2$) 可知 $U_1$ 是 $X$ 中的非空有界开集. 取

$$z \in \{x \in X(\beta, \psi, l, d) \mid \beta(x) < d\},$$

则 $\psi(z) \geqslant l$, $\beta(z) < d$, 于是 $z \in U_1$. 如果存在 $x_0 \in \partial U_1$ 和 $\lambda_0 \in [0, 1]$, 使得

$$(1 - \lambda_0)z + \lambda_0 Ax_0 = x_0,$$

那么 $\beta(x_0) = d$, 并且当 $\psi(Ax_0) \geqslant l$ 时,

$$\psi(x_0) \geqslant (1 - \lambda_0)\psi(z) + \lambda_0\psi(Ax_0) \geqslant l,$$

由 (C$_2$) 知 $\beta(Ax_0) < d$, 从而

$$d = \beta(x_0) \leqslant (1 - \lambda_0)\beta(z) + \lambda_0\beta(Ax_0) < d,$$

矛盾; 当 $\psi(Ax_0) < l$ 时, 由 (C$_4$) 知 $\beta(Ax_0) < d$, 从而

$$d = \beta(x_0) \leqslant (1 - \lambda_0)\beta(z) + \lambda_0\beta(Ax_0) < d,$$

矛盾. 根据定理 2.3.3(i) 可知 $i(A, U_1, X) = 1$.

设 $U_2 = \{x \in X \mid \alpha(x) > a\} = \{x \in X \mid -\alpha(x) < -a\}$, 而 (C$_1$) 和 (C$_3$) 可分别写成

(C$_1'$) $\{x \in X(-\alpha, -\rho, -b, -a) \mid -\alpha(x) < -a\} \neq \varnothing$, 并且 $-\alpha(Ax) < -a$, $\forall x \in X(-\alpha, -\rho, -b, -a)$;

(C$_3'$) 当 $x \in X(-\alpha, -a)$ 并且 $-\rho(Ax) < -b$ 时, $-\alpha(Ax) < -a$.

于是类似前面的证明, 根据定理 2.3.3(i) 可知 $i(A, U_2, X) = 1$.

由推论 2.4.4 可知, $i(A, X, X) = 1$. 因为 $\alpha(x) \leqslant \beta(x)(\forall x \in X)$ 和 $d < a$, 而

$$\overline{U}_1 \subset \{x \in X \mid \beta(x) \leqslant d\}, \quad \overline{U}_2 \subset \{x \in X \mid \alpha(x) \geqslant a\},$$

所以 $\overline{U}_1 \bigcap \overline{U}_2 = \varnothing$, 并且

$$X \backslash (U_1 \bigcup U_2 \bigcup (X \backslash (\overline{U_1 \bigcup U_2}))) \subset \{x \in X \mid \alpha(x) = a\} \bigcup \{x \in X \mid \beta(x) = d\}.$$

如果 $A$ 存在不动点 $\overline{x} \in X \backslash (U_1 \bigcup U_2 \bigcup (X \backslash (\overline{U_1 \bigcup U_2})))$, 那么或者 $\alpha(\overline{x}) = a$, 或者 $\beta(\overline{x}) = d$.

如果 $\alpha(\overline{x}) = a$, 当 $\rho(\overline{x}) \leqslant b$ 时, $\overline{x} \in X(\rho, \alpha, a, b)$, 于是根据 (C$_1$) 知 $\alpha(\overline{x}) = \alpha(A\overline{x}) > a$, 矛盾; 当 $\rho(\overline{x}) = \rho(A\overline{x}) > b$ 时, 根据 (C$_3$) 知 $\alpha(\overline{x}) = \alpha(A\overline{x}) > a$, 矛盾. 如果 $\beta(\overline{x}) = d$, 当 $\psi(\overline{x}) \geqslant l$ 时, $\overline{x} \in X(\beta, \psi, l, d)$, 于是根据 (C$_2$) 知 $\beta(\overline{x}) = \beta(A\overline{x}) < d$, 矛盾; 当 $\psi(\overline{x}) = \psi(A\overline{x}) < l$ 时, 根据 (C$_4$) 知 $\beta(\overline{x}) = \beta(A\overline{x}) < d$, 矛盾. 因此 $A$ 在 $X \backslash (U_1 \bigcup U_2 \bigcup (X \backslash (\overline{U_1 \bigcup U_2})))$ 中没有不动点.

由不动点指数的可加性知

$$i(A, X \backslash (\overline{U_1 \bigcup U_2}), X) = i(A, X, X) - i(A, U_1, X) - i(A, U_2, X) = -1,$$

从不动点指数的可解性可得结论. ∎

**注 2.4.6** Amann 三解定理中条件是关于点拉伸与压缩型的. 五泛函不动点定理不要求增算子的条件, 它是下面 Leggett-Williams 三解定理的推广.

设 $P$ 是 $E$ 中的锥, $\alpha$ 是 $P$ 上的非负连续凹泛函, 常数 $r > 0, 0 < d < a < b \leqslant c$. 记

$$P_r = \{x \in P \mid \|x\| < r\}, \quad P(\alpha, a, b) = \{x \in P \mid \alpha(x) \geqslant a, \|x\| \leqslant b\}.$$

**推论 2.4.5** (Leggett-Williams 三解定理) 设 $A : \overline{P}_c \to \overline{P}_c$ 是全连续算子, $\alpha(x) \leqslant \|x\|, \forall x \in \overline{P}_c$. 如果满足如下条件:

(i) $\{x \in P(\alpha, a, b) \mid \alpha(x) > a\} \neq \varnothing$; 并且 $\alpha(Ax) > a, \forall x \in P(\alpha, a, b)$;

(ii) $\|Ax\| < d, \forall x \in \overline{P}_d$;

(iii) 当 $x \in P(\alpha, a, c)$ 并且 $\|Ax\| > b$ 时, $\alpha(Ax) > a$,

则 $A$ 在 $\overline{P}_c$ 中至少存在三个不动点 (见图 2.4.2).

**证明** 在定理 2.4.6 中取 $\gamma(x) = \beta(x) = \rho(x) = \|x\|$, $\psi$ 为零泛函以及 $l = 0$, $m = 1$ 即可. ∎

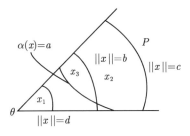

图 2.4.2 Leggett-Williams 三解定理

**例 2.4.3**    设 $P$ 是 $E$ 中的体锥, $P$ 导出 $E$ 中的半序, $u_0 \in \mathring{P}$. $\forall x \in P$, 定义

$$\alpha(x) = \sup\{t \geqslant 0 \mid tu_0 \leqslant x\}, \quad \beta(x) = \inf\{t \geqslant 0 \mid tu_0 \geqslant x\}.$$

类似于定理 2.4.5 证明的方法二, 可知 $\alpha$ 和 $\beta$ 分别是 $P$ 上的连续凹泛函和连续凸泛函. 易见 $\beta(x) = 0$ 当且仅当 $x = \theta$, 以及当 $\lambda \geqslant 0$ 时,

$$\alpha(\lambda x) = \lambda\alpha(x), \quad \beta(\lambda x) = \lambda\beta(x), \quad \forall x \in P.$$

另外 $\alpha(x) > 0$ 当且仅当 $x \in \mathring{P}$. 事实上, 如果 $\alpha(x) > 0$, 那么 $x \geqslant \alpha(x)u_0 \gg \theta$(见注 1.2.1), 即 $x \in \mathring{P}$; 反之, 如果 $x \in \mathring{P}$, 那么存在 $\delta > 0$, 使得 $B(x, \delta) \subset P$, 于是当 $t \in (0, \delta/\|u_0\|)$ 时,

$$\|x - tu_0 - x\| = t\|u_0\| < \delta,$$

故 $x - tu_0 \in P$, 即 $\alpha(x) \geqslant t > 0$. 其他一些连续凹泛函和连续凸泛函可见例 2.1.3 和例 2.1.4.

## 2.5  正有界线性算子的本征值

设 $P$ 是 $E$ 中的锥, $T : E \to E$ 是有界线性算子, 如果 $T(P) \subset P$, 则称 $T$ 是正有界线性算子.

**定义 2.5.1**    设 $P$ 是 $E$ 中的锥, $E$ 中的半序由 $P$ 导出, $T : E \to E$ 是有界线性算子. 如果存在 $u_0 \in P\backslash\{\theta\}$, 使得 $\forall x \in P\backslash\{\theta\}$, 都有正常数 $k_1(x)$ 和 $k_2(x)$ 使得

$$k_1(x)u_0 \leqslant Tx \leqslant k_2(x)u_0,$$

称 $T$ 在 $P$ 上是 $u_0$ 正的.

显然 $P$ 上 $u_0$ 正的有界线性算子是正有界线性算子.

**引理 2.5.1**    设 $P$ 是 $E$ 中的锥, $E$ 中的半序由 $P$ 导出, $T_1, T_2 : E \to E$ 都是有界线性算子, 其中至少有一个在 $P$ 上是 $u_0$ 正的. 如果 $\forall x \in P$ 有 $T_1x \leqslant T_2x$, 并且存在 $x_1, x_2 \in P\backslash\{\theta\}, \mu_1, \mu_2 > 0$, 使得

$$\mu_1 x_1 \leqslant T_1 x_1, \quad T_2 x_2 \leqslant \mu_2 x_2, \tag{2.5.1}$$

则 $\mu_1 \leqslant \mu_2$.

**证明**    首先, 假设 $T_1$ 在 $P$ 上是 $u_0$ 正的, 即 $\forall x \in P\backslash\{\theta\}$, 存在正常数 $k_1(x)$ 和 $k_2(x)$ 使得

$$k_1(x)u_0 \leqslant T_1 x \leqslant k_2(x)u_0.$$

记 $t_1 = \sup\{t \geqslant 0 \mid T_1(x_2 - tx_1) \in P\}$, 则 $0 < t_1 < +\infty$. 事实上, 由 $T_1$ 在 $P$ 上是 $u_0$ 正的知

$$(k_1(x_2) - tk_2(x_1))u_0 \leqslant T_1 x_2 - t T_1 x_1 \leqslant (k_2(x_2) - tk_1(x_1))u_0,$$

可见若 $t \leqslant k_1(x_2)/k_2(x_1)$, 有 $T_1(x_2 - tx_1) \in P$, 故 $t_1 > 0$; 若 $T_1(x_2 - tx_1) \in P$, 那么 $t \leqslant k_2(x_2)/k_1(x_1)$, 故 $t_1 < +\infty$.

由 $T_1$ 的连续性可知 $T_1(x_2 - t_1 x_1) \in P$, 从而由 (2.5.1) 有

$$\theta \leqslant T_1(x_2 - t_1 x_1) \leqslant T_2 x_2 - t_1 T_1 x_1 \leqslant \mu_2 x_2 - t_1 \mu_1 x_1 = \mu_2[x_2 - t_1(\mu_1/\mu_2)x_1],$$

这说明 $x_2 - t_1(\mu_1/\mu_2)x_1 \in P$. 因此 $T_1(x_2 - t_1(\mu_1/\mu_2)x_1) \in P$, 由 $t_1$ 的定义可知 $\mu_1/\mu_2 \leqslant 1$, 即 $\mu_1 \leqslant \mu_2$.

其次, 假设 $T_2$ 在 $P$ 上是 $u_0$ 正的, 记 $t_2 = \sup\{t \geqslant 0 \mid T_2(x_2 - tx_1) \in P\}$. 同理 $0 < t_2 < +\infty$, 并且

$$\theta \leqslant T_2(x_2 - t_2 x_1) \leqslant T_2 x_2 - t_2 T_1 x_1 \leqslant \mu_2 x_2 - t_2 \mu_1 x_1 = \mu_2[x_2 - t_2(\mu_1/\mu_2)x_1],$$

于是同样可得 $\mu_1 \leqslant \mu_2$. ■

**定理 2.5.1** 设 $P$ 是 $E$ 中的锥, $T : E \to E$ 是在 $P$ 上 $u_0$ 正的有界线性算子, 则 $T$ 至多有一个对应于正本征元的正本征值, 即 $\lambda > 0$, $x \in P \backslash \{\theta\}$ 满足 $x = \lambda T x$.

**证明** 设 $x_1, x_2 \in P \backslash \{\theta\}, \lambda_1, \lambda_2 > 0$, 使得 $x_1 = \lambda_1 T x_1$, $x_2 = \lambda_2 T x_2$, 由引理 2.5.1 可知 $\lambda_1 = \lambda_2$. ■

**定理 2.5.2**(Krein-Rutman 定理) 设 $P$ 是 $E$ 中的再生锥, $T : E \to E$ 是全连续的正线性算子. 如果 $T$ 的谱半径 $r(T) > 0$, 则 $\lambda_1 = (r(T))^{-1}$ 是 $T$ 对应于正本征元的最小正本征值.

**推论 2.5.1** 设 $P$ 和 $P_1$ 都是 $E$ 中的锥, $P$ 是再生锥, $P_1 \subset P$, $E$ 中的半序由 $P$ 导出, $U$ 是 $P_1$ 中的非空有界开集, $A : \overline{U} \to P_1$ 全连续, 并且 $Ax \neq x$, $\forall x \in \partial U$. 如果 $T : E \to E$ 是全连续的正线性算子, 满足条件: (i) 谱半径 $r(T) \geqslant 1$; (ii) $Ax \geqslant Tx(\forall x \in \partial U)$, 则 $i(A, U, P_1) = 0$.

**证明** 根据定理 2.5.2, 存在 $u_0 \in P \backslash \{\theta\}$, 使得 $T u_0 = r(T) u_0 \geqslant u_0$. 于是由定理 2.3.8, 结论得证. ■

# 2.6 本章内容的注释

引理 2.1.1 参见文献 [24], 定理 2.1.1 可参考文献 [13], [24], [64], [94], 这里给出了直接的证明. 引理 2.1.2 可参考文献 [19], [88]. 定理 2.1.2 取自文献 [108]. 推论

2.1.2 可参考文献 [18], 这里从更一般的结果直接推出. 引理 2.1.3 是一个经典的结论, 其证明可见很多文献, 如 [13], [24], [25], [54], [94], [113], [115] 等. 引理 2.1.4, 定理 2.1.3 和定理 2.1.4 取自文献 [66]. 定理 2.1.5 和定理 2.1.6 分别取自文献 [100], [67]. 定理 2.1.7 和定理 2.1.8 取自文献 [37], [98]. 定理 2.1.9 见文献 [99].

定理 2.2.1— 定理 2.2.3 见文献 [25]. 定理 2.2.4 见文献 [25]. 推论 2.2.1 见文献 [65].

定理 2.3.1 见文献 [25], 也可参考文献 [1], [13], [26], [27], [43], [65], [115]. 定理 2.3.2, 推论 2.3.1 和定理 2.3.3(i) 参见文献 [25], [26], 这里对更一般的凸闭集情形来统一处理. 定理 2.3.3(ii), 定理 2.3.6(i) 参见文献 [21], 也参考文献 [2], [66], [67], [100], [108]. 定理 2.3.4 可见文献 [25]—[27] 和 [41]. 引理 2.3.1 和引理 2.3.2 见文献 [65], 这里给出更一般的凸闭集情形来统一处理. 定理 2.3.5, 注 2.3.5, 定理 2.3.6 和推论 2.3.4 参见文献 [21], [25], [26], [65]. 定理 2.3.7, 定理 2.3.8 和定理 2.3.9 的思想来自文献 [29], [65], [79]. 定理 2.3.10 来源于文献 [68].

引理 2.4.1, 引理 2.4.2, 定理 2.4.1 和推论 2.4.2 取自文献 [7], [8]. 推论 2.4.1 和推论 2.4.3 见文献 [25], 定理 2.4.2 和定理 2.4.3 见文献 [2], [21], [25], [26], [27], [41], [100]. 定理 2.4.4, 定理 2.4.5, 定理 2.4.6 和推论 2.4.5 以及相关的一些引理取自文献 [1], [25], [26], [27], [45], [49].

引理 2.5.1 和定理 2.5.1 见文献 [39], [79], 也可参见文献 [41]. 定理 2.5.2 是一个著名的结论, 可见文献 [13], [35], [65] 等. 推论 2.5.1 可参考文献 [79], [84]. 与之相关的内容也可参见文献 [58], [111].

其他关于非线性泛函分析一些领域的著作有 [4], [6], [57], [89], [92], [95].

设 $X$ 是 $E$ 中的凸闭集, $\theta \in X$, $\rho : X \to [0, +\infty)$, 下面给出 $\rho$ 满足 (2.3.2) 的一些条件 (见文献 [21]).

**定理 2.6.1**　如果

(i) $\rho(x) = \|x\|$; 或

(ii) $\rho$ 是凸泛函, 以及 $\rho(x) = 0$ 当且仅当 $x = \theta$; 或

(iii) $\rho(\lambda x) \leqslant \lambda \rho(x)$, $\forall x \in X$, $\lambda \in [0, 1]$, 以及 $\rho(x) = 0$ 当且仅当 $x = \theta$, 则 $\rho$ 满足 (2.3.2).

**定理 2.6.2**　设 $X = P$ 是 $E$ 中的锥. 如果

(i) $\rho(x + y) \geqslant \rho(x) + \rho(y)(\forall x, y \in P)$, 以及 $\rho(x) = 0$ 当且仅当 $x = \theta$; 或

(ii) $\rho$ 关于 $P$ 导出的半序是严格增的 (即当 $x, y \in P$, $x < y$ 时, $\rho(x) < \rho(y)$), 则 $\rho$ 满足 (2.3.2).

**证明**　如果 (i) 成立, 那么 (ii) 成立. 事实上, 当 $x, y \in P$, $x < y$ 时, 有

$y - x > \theta$, 则 $\rho(x - y) > 0$, 于是

$$\rho(y) = \rho(x + y - x) \geqslant \rho(x) + \rho(y - x) > \rho(x).$$

如果 (ii) 成立, 那么 $\forall x \in P\backslash\{\theta\}$, $\lambda \in [0,1)$, 有 $\lambda x < x$, 于是 $\rho(\lambda x) < \rho(x)$. ∎

**定理 2.6.3** 设 $\rho$ 是连续泛函, $\lim_{\|x\| \to +\infty} \rho(x) = +\infty$. 如果

(i) $X = P$ 是 $E$ 中的锥, $\rho$ 是凹的; 或

(ii) $X = E$, $\rho$ 是半凹的 (见定义 2.1.3),

则 $\rho$ 满足 (2.3.2).

**证明** 首先讨论 (i) 的情形.

(1) 假设存在 $z \in P\backslash\{\theta\}$ 和 $\lambda_1 \in [0,1)$, 使得

$$\rho(\lambda_1 z) > \rho(z). \tag{2.6.1}$$

由 $\rho$ 的凹性知 $\forall \delta > 1$, $t \in (0,1)$,

$$\rho(t\delta z + (1-t)\lambda_1 z) \geqslant t\rho(\delta z) + (1-t)\rho(\lambda_1 z). \tag{2.6.2}$$

取 $t_1 = (1-\lambda_1)/(\delta - \lambda_1) \in (0,1)$, 所以由 (2.6.2) 和 (2.6.1) 可得

$$\rho(z) = \rho(t_1\delta z + (1-t_1)\lambda_1 z) \geqslant t_1\rho(\delta z) + (1-t_1)\rho(\lambda_1 z) > t_1\rho(\delta z) + (1-t_1)\rho(z),$$

则有

$$\rho(z) > \rho(\delta z), \quad \forall \, \delta > 1. \tag{2.6.3}$$

对任意的 $s \in (1,\delta)$, 取 $t = (s-1)/(\delta - 1)$, 于是 $t \in (0,1)$, $s = 1 - t + t\delta$. 因此根据 $\rho$ 的凹性和 (2.6.3), 有

$$\rho(sz) = \rho(t\delta z + (1-t)z) \geqslant t\rho(\delta z) + (1-t)\rho(z) > \rho(\delta z),$$

可知 $\rho(\delta z)$ 关于 $\delta$ 在 $\delta > 1$ 时是严格单调减少的. 同理有

$$\rho(t\delta z + (1-t)z) \geqslant t\rho(\delta z) + (1-t)\rho(z), \quad \forall \, t \in (0,1), \, \delta > 1. \tag{2.6.4}$$

由 $\rho(\delta z)$ 关于 $\delta$ 在 $\delta > 1$ 时严格单调, 易见

$$\lim_{\delta \to +\infty} \rho(\delta z) = e < \rho(z).$$

取 $t = 1/2$ 并在 (2.6.4) 中令 $\delta \to +\infty$, 可得 $e \geqslant \rho(z)$, 矛盾. 因此

$$\rho(\lambda x) \leqslant \rho(x), \quad \forall x \in P\backslash\{\theta\}, \, \lambda \in [0,1). \tag{2.6.5}$$

(2) 假设存在 $y \in P\backslash\{\theta\}$ 和 $\lambda_2 \in [0,1)$, 使得

$$\rho(\lambda_2 y) = \rho(y). \tag{2.6.6}$$

由 (2.6.5) 可知

$$\rho(y) = \rho\left(\left(\frac{1}{\delta}\right)\delta y\right) \leqslant \rho(\delta y), \quad \forall \delta > 1.$$

如果存在 $\delta_0 > 1$ 使得

$$\rho(y) < \rho(\delta_0 y), \tag{2.6.7}$$

根据 $\rho$ 的凹性有

$$\rho(t\delta_0 y + (1-t)\lambda_2 y) \geqslant t\rho(\delta_0 y) + (1-t)\rho(\lambda_2 y), \quad \forall\, t \in (0,1),$$

并且对于 $t = t_2 = (1-\lambda_2)/(\delta_0 - \lambda_2) \in (0,1)$, 由 (2.6.6) 和 (2.6.7) 知

$$\rho(y) \geqslant t_2\rho(\delta_0 y) + (1-t_2)\rho(\lambda_2 y) > t_2\rho(y) + (1-t_2)\rho(y) = \rho(y),$$

矛盾. 因此 $\rho(\delta y) \equiv \rho(y)(\forall \delta > 1)$, 这又与 $\lim_{\|x\|\to+\infty}\rho(x) = +\infty$ 矛盾.

综上所述, $\rho$ 满足 (2.3.2).

其次讨论 (ii) 的情形.

(3) 假设存在 $z \in E\backslash\{\theta\}$ 和 $\lambda_1 \in [0,1)$, 使得 (2.6.1) 成立. 由 $\rho$ 的半凹性知 $\forall\, \delta > 1, t \in (0,1)$,

$$\rho(t\delta z + (1-t)\lambda_1 z) = \rho(t(\delta z) + (1-t)\lambda_1(1/\delta)(\delta z)) \geqslant t\rho(\delta z) + (1-t)\rho(\lambda_1 z).$$

其余的证明与前面相同. ∎

# 第 3 章　边值问题的非平凡解

## 3.1　最大值原理

**定理 3.1.1**(最大值原理)　设 $\varphi \in C[0,1] \bigcap C^2(0,1)$, 满足微分不等式

$$(L\varphi)(x) \geqslant 0, \quad x \in (0,1), \tag{3.1.1}$$

其中 $(L\varphi)(x) = (p(x)\varphi'(x))' + q(x)\varphi(x)$, 称 $L$ 为 Sturm-Liouville 算子, 满足

$$p \in C^1[0,1], \quad p(x) > 0, \quad x \in [0,1], \ q \in C[0,1], \tag{3.1.2}$$

并且 $q(x) \leqslant 0$, $x \in [0,1]$.

(i) 如果 $\varphi$ 在 $c \in (0,1)$ 处取到非负最大值 $M$, 则 $\varphi(x) \equiv M$, $x \in [0,1]$;

(ii) 如果 $\varphi$ 不恒为常数, 并且在 $x = 0$ 和 $x = 1$ 处存在单侧导数, 当非负最大值 $M$ 在 $x = 0$ 处取到时, $\varphi'(0) < 0$; 当非负最大值 $M$ 在 $x = 1$ 处取到时, $\varphi'(1) > 0$.

**证明**　(i) 设 $\varphi \not\equiv M$, 则存在 $d \in (0,1)$, 使得 $\varphi(d) < M$.

当 $d > c$ 时, 作辅助函数 $v_1(x) = e^{\alpha(x-c)} - 1$, 其中 $\alpha$ 为正常数, 使得

$$\alpha^2 p(x) + \alpha p'(x) + q(x)\left(1 - e^{-\alpha(x-c)}\right) > 0.$$

由于 $p(x)$, $p'(x)$ 和 $q(x)$ 均有界, 以及 $p(x) > 0$, $q(x) \leqslant 0$, $x \in [0,1]$, 故 $\alpha$ 可以取到, 所以

$$(Lv_1)(x) = e^{\alpha(x-c)}\left[\alpha^2 p(x) + \alpha p'(x) + q(x)\left(1 - e^{-\alpha(x-c)}\right)\right] > 0. \tag{3.1.3}$$

定义 $w_1(x) = \varphi(x) + \varepsilon_1 v_1(x)$, 其中 $0 < \varepsilon_1 < (M - \varphi(d))/v_1(d)$(显然 $v_1(d) > 0$). 由于 $0 \leqslant x < c$ 时, $v_1(x) < 0$, 所以 $w_1(x) < \varphi(x) \leqslant M$. 而

$$w_1(d) = \varphi(d) + \varepsilon_1 v_1(d) < \varphi(d) + M - \varphi(d) = M,$$

以及 $w_1(c) = \varphi(c) = M$, 于是存在 $x_1 \in (0,d)$, 使得 $w_1(x)$ 在 $x_1$ 处取到 $[0,d]$ 上的最大值 $w_1(x_1) \geqslant M$. 故

$$w_1'(x_1) = 0, \quad w_1''(x_1) \leqslant 0. \tag{3.1.4}$$

由 (3.1.1) 和 (3.1.3) 可知

$$(Lw_1)(x) = (L\varphi)(x) + \varepsilon_1(Lv_1)(x) > 0, \quad x \in (0,1). \tag{3.1.5}$$

但是由 (3.1.4) 以及 $p(x) > 0$, $q(x) \leqslant 0$, $x \in [0,1]$, 可得

$$(Lw_1)(x_1) = p(x_1)w_1''(x_1) + p'(x_1)w_1'(x_1) + q(x_1)w_1(x_1) \leqslant 0,$$

这与 (3.1.5) 矛盾.

当 $d < c$ 时, 作辅助函数 $v_2(x) = \mathrm{e}^{-\beta(x-c)} - 1$, 其中 $\beta$ 为正常数, 使得

$$\beta^2 p(x) - \beta p'(x) + q(x)\big(1 - \mathrm{e}^{\beta(x-c)}\big) > 0.$$

于是可得 $(Lv_2)(x) > 0$.

定义 $w_2(x) = \varphi(x) + \varepsilon_2 v_2(x)$, 其中 $0 < \varepsilon_2 < (M - \varphi(d))/v_2(d)$(显然 $v_2(d) > 0$). 由于 $c < x \leqslant 1$ 时, $v_2(x) < 0$, 所以 $w_2(x) < \varphi(x) \leqslant M$. 而

$$w_2(d) = \varphi(d) + \varepsilon_2 v_2(d) < \varphi(d) + M - \varphi(d) = M,$$

以及 $w_2(c) = \varphi(c) = M$, 于是存在 $x_2 \in (d,1)$, 使得 $w_2(x)$ 在 $x_2$ 处取到 $[d,1]$ 上的最大值 $w_2(x_2) \geqslant M$. 类似于前面的讨论, 可得到矛盾.

(ii) 当 $\varphi(0) = M$ 时, 存在 $d \in (0,1)$, 使得 $\varphi(d) < M$. 作辅助函数 $v(x) = \mathrm{e}^{\alpha x} - 1$, 其中 $\alpha$ 为正常数, 使得

$$\alpha^2 p(x) + \alpha p'(x) + q(x)\big(1 - \mathrm{e}^{-\alpha x}\big) > 0.$$

于是可得 $(Lv)(x) > 0$.

定义 $w(x) = \varphi(x) + \varepsilon v(x)$, 其中 $0 < \varepsilon < (M - \varphi(d))/v(d)$(显然 $v(d) > 0$). 可得

$$(Lw)(x) = (L\varphi)(x) + \varepsilon(Lv)(x) > 0, \quad x \in [0,1], \tag{3.1.6}$$

并且

$$w(0) = \varphi(0) = M, \quad w(d) < \varphi(d) + M - \varphi(d) = M.$$

如果 $w(x)$ 在 $(0,d)$ 内部取到 $[0,d]$ 上的最大值, 类似前面的推导可知与 (3.1.6) 矛盾. 故 $w(x)$ 在 $x = 0$ 处取到 $[0,d]$ 上的最大值, 从而 $w'(0) \leqslant 0$, 即 $\varphi'(0) + \varepsilon\alpha \leqslant 0$, 所以 $\varphi'(0) \leqslant -\varepsilon\alpha < 0$. 当 $\varphi(1) = M$ 时, 类似可证. ∎

在定理 3.1.1 中将 $\varphi$ 换为 $-\varphi$, 即可得下面的最小值原理.

**推论 3.1.1**(最小值原理)    设 $\varphi \in C[0,1] \bigcap C^2(0,1)$, 满足微分不等式 $(L\varphi)(x) \geqslant 0(x \in (0,1))$ 和 (3.1.2), 并且 $q(x) \leqslant 0$, $x \in [0,1]$.

(i) 如果 $\varphi$ 在 $c \in (0,1)$ 处取到非正最小值 $M$, 则 $\varphi(x) \equiv M$, $x \in [0,1]$;

(ii) 如果 $\varphi$ 不恒为常数, 并且在 $x = 0$ 和 $x = 1$ 存在单侧导数, 当非正最小值 $M$ 在 $x = 0$ 处取到时, $\varphi'(0) > 0$; 当非正最小值 $M$ 在 $x = 1$ 处取到时, $\varphi'(1) < 0$.

**定理 3.1.2** 设 $0 < k < n$, 其中 $k$ 和 $n$ 均为整数. 如果 $\varphi \in C^n[0,1]$, 使得

$$\varphi^{(n)}(x) \geqslant 0, \quad x \in (0,1), \tag{3.1.7}$$

$$(-1)^{n-k}\varphi^{(i)}(0) \geqslant 0, \quad i = 1, 2, \cdots, k-1(\text{如果这样的}i\text{存在}), \tag{3.1.8}$$

$$(-1)^{n-k+j}\varphi^{(j)}(1) \geqslant 0, \quad j = 1, 2, \cdots, n-k-1(\text{如果这样的}j\text{存在}), \tag{3.1.9}$$

则当 $n - k$ 为偶数时, $\varphi$ 在端点处取最小值; 当 $n - k$ 为奇数时, $\varphi$ 在端点处取最大值.

为了证明定理 3.1.2, 我们需要下面关于 Hermite 插值多项式的引理 [5].

**引理 3.1.1** 设 $0 < k < n$, 其中 $k$ 和 $n \geqslant 2$ 均为整数. 如果 $\varphi \in C^n[0,1]$, 则存在 $\xi \in (0,1)$, 使得

$$\varphi(x) = H_{n-1}(x) + (-1)^{n-k}\frac{1}{n!}x^k(1-x)^{n-k}\varphi^{(n)}(\xi), \quad x \in [0,1], \tag{3.1.10}$$

其中 $H_{n-1}(x)$ 是 $n-1$ 阶两点 Hermite 插值多项式, 即

$$H_{n-1}(x) = \sum_{i=0}^{k-1} c_i(x)\varphi^{(i)}(0) + \sum_{j=0}^{n-k-1} d_j(x)\varphi^{(j)}(1), \tag{3.1.11}$$

$$c_i(x) = \frac{1}{i!}(1-x)^{n-k}x^i \sum_{r=0}^{k-i-1} \binom{n-k+r-1}{r}x^r, \quad i = 0, 1, \cdots, k-1, \tag{3.1.12}$$

$$d_j(x) = \frac{(-1)^j}{j!}x^k(1-x)^j \sum_{\tau=0}^{n-k-j-1} \binom{k+\tau-1}{\tau}(1-x)^\tau, \quad j = 0, 1, \cdots, n-k-1. \tag{3.1.13}$$

**定理 3.1.2 的证明** 如果 $n - k$ 为偶数, 由 (3.1.7) 和 (3.1.10) 可知

$$\varphi(x) \geqslant H_{n-1}(x), \quad x \in [0,1]. \tag{3.1.14}$$

再由 (3.1.12) 和 (3.1.13) 易见对 $x \in [0,1]$,

$$c_i(x) \geqslant 0, \quad 0 \leqslant i \leqslant k-1, \quad (-1)^j d_j(x) \geqslant 0, \quad 0 \leqslant j \leqslant n-k-1.$$

于是根据 (3.1.8), (3.1.9) 和 (3.1.11), 有

$$H_{n-1}(x) \geqslant c_0(x)\varphi(0) + d_0(x)\varphi(1), \quad x \in [0,1]. \tag{3.1.15}$$

由 (3.1.14) 和 (3.1.15) 得

$$\varphi(x) \geqslant c_0(x)\varphi(0) + d_0(x)\varphi(1), \quad x \in [0,1]. \tag{3.1.16}$$

对常数 1, 由 (3.1.10) 和 (3.1.11) 得

$$1 = c_0(x) + d_0(x), \quad x \in [0, 1],$$

从而由 (3.1.16) 可知

$$\varphi(x) \geqslant (c_0(x) + d_0(x)) \min\{\varphi(0), \varphi(1)\} = \min\{\varphi(0), \varphi(1)\}, \quad x \in [0, 1].$$

如果 $n - k$ 为奇数, 可以类似地证明.　　　　　　　　　　　　　　　　■

## 3.2　二阶两点边值问题的 Green 函数

考察齐次二阶两点边值问题

$$\begin{cases} -(L\varphi)(x) = 0, \ x \in [0, 1], \\ R_1(\varphi) = \alpha_1\varphi(0) + \beta_1\varphi'(0) = 0, \ R_2(\varphi) = \alpha_2\varphi(1) + \beta_2\varphi'(1) = 0, \end{cases} \tag{3.2.1}$$

其中 $L$ 为 Sturm-Liouville 算子.

**引理 3.2.1**　设 (3.1.2) 和

$$\alpha_1^2 + \beta_1^2 \neq 0, \quad \alpha_2^2 + \beta_2^2 \neq 0 \tag{3.2.2}$$

满足, 并且齐次边值问题 (3.2.1) 只有零解, 则唯一地存在两个函数 $u(x)$ 和 $v(x)$, 满足

(i) $u, v \in C^2[0, 1]$;

(ii) $(Lu)(x) \equiv 0$, $u(0) = -\beta_1$, $u'(0) = \alpha_1$;

(iii) $(Lv)(x) \equiv 0$, $v(1) = \beta_2$, $v'(1) = -\alpha_2$;

(iv) $u(x)$ 和 $v(x)$ 线性无关;

(v) $\forall x \in [0, 1]$, $p(x)(u'(x)v(x) - u(x)v'(x)) \equiv w$ 是非零常数.

**证明**　由常微分方程初值问题解的存在唯一性, 可知唯一地存在非零函数 $u(x)$ 和 $v(x)$ 满足条件 (i),(ii) 和 (iii). 若 (iv) 不成立, 则存在常数 $c \neq 0$, 使得 $u = cv$, 于是 $R_1(u) = R_2(u) = 0$, 即 $u$ 是齐次边值问题 (3.2.1) 的非零解, 矛盾.

下面证明 (v). 直接计算可得, 对任意 $u, v \in C^2[0, 1]$, 成立 Lagrange 恒等式

$$(p(x)(u'(x)v(x) - u(x)v'(x)))' = v(x)(Lu)(x) - u(x)(Lv)(x), \quad x \in [0, 1].$$

由于 $u$ 和 $v$ 满足 (ii) 和 (iii), 则有

$$(p(x)(u'(x)v(x) - u(x)v'(x)))' = 0, \quad x \in [0, 1].$$

从而存在常数 $w$, 使得

$$p(x)(u'(x)v(x) - u(x)v'(x)) \equiv w, \quad x \in [0,1].$$

因为 $p(x) > 0$, 而 $u'v - uv'$ 是方程 $(Lu)(x) = 0(x \in [0,1])$ 的基本解组 $u, v$ 的 Wronsky 行列式, 必有 $u'v - uv' \neq 0$, 故 $w \neq 0$. ∎

令

$$Q = [0,1] \times [0,1], \quad Q_1 = \{(x,y) \in Q \mid 0 \leqslant x \leqslant y \leqslant 1\}, \quad Q_2 = \{(x,y) \in Q \mid 0 \leqslant y \leqslant x \leqslant 1\}.$$

**引理 3.2.2** 设 (3.1.2) 和 (3.2.2) 满足, 并且齐次边值问题 (3.2.1) 只有零解, 则存在唯一的函数 $G(x,y)((x,y) \in Q)$, 满足

(i) $G(x,y)$ 在 $Q$ 上连续;

(ii) $G(x,y)$ 在 $Q_1$ 和 $Q_2$ 上有连续的偏导数 $G'_x$ 和 $G''_{xx}$;

(iii) 对固定的 $y \in [0,1]$, 当 $x \in [0,1]$, $x \neq y$ 时, $(LG)(x,y) = 0$;

(iv) 对固定的 $y \in (0,1)$, $R_1(G) = R_2(G) = 0$;

(v) 当 $x = y$ 时, $G'_x$ 有第一类间断点, 并且 $G'_x(y+0,y) - G'_x(y-0,y) = -1/p(y)$, $y \in (0,1)$.

**证明** 设 $u(x)$ 和 $v(x)$ 是由引理 3.2.1 给出的两个函数, 所以 $u$ 和 $v$ 是方程 $(L\varphi)(x) = 0(x \in [0,1])$ 的基本解组.

为使 $G(x,y)$ 满足 (iii), 那么它一定具有形式

$$G(x,y) = \begin{cases} A_1(y)u(x) + B_1(y)v(x), & 0 \leqslant x < y \leqslant 1, \\ A_2(y)u(x) + B_2(y)v(x), & 0 \leqslant y < x \leqslant 1, \end{cases}$$

其中, $A_i(y)$, $B_i(y)(i = 1, 2)$ 是待定系数.

为使 $G(x,y)$ 满足 (iv), 那么

$$R_1(G) \equiv A_1(y)R_1(u) + B_1(y)R_1(v) = 0,$$

$$R_2(G) \equiv A_2(y)R_2(u) + B_2(y)R_2(v) = 0.$$

由引理 3.2.1 的 (ii) 和 (iii) 可知, $R_1(u) = R_2(v) = 0$, 又由于齐次边值问题 (3.2.1) 只有零解, 于是 $R_2(u) \neq 0$, $R_1(v) \neq 0$, 否则 $u(x)$ 或 $v(x)$ 是 (3.2.1) 的零解. 从而 $B_1(y) = A_2(y) = 0$, 即

$$G(x,y) = \begin{cases} A_1(y)u(x), & 0 \leqslant x < y \leqslant 1, \\ B_2(y)v(x), & 0 \leqslant y < x \leqslant 1. \end{cases}$$

为使 $G(x,y)$ 满足 (i) 和 (v), 那么

$$
\begin{cases}
A_1(y)u(y) - B_2(y)v(y) = 0, \\
A_1(y)u'(y) - B_2(y)v'(y) = \dfrac{1}{p(y)}.
\end{cases}
$$

又由引理 3.2.1 知

$$p(y)(u'(y)v(y) - u(y)v'(y)) \equiv w \neq 0,$$

于是得

$$A_1(y) = \frac{v(y)}{w}, \quad B_2(y) = \frac{u(y)}{w},$$

所以

$$
G(x,y) = \begin{cases}
\dfrac{1}{w}u(x)v(y), & (x,y) \in Q_1, \\
\dfrac{1}{w}u(y)v(x), & (x,y) \in Q_2.
\end{cases}
\tag{3.2.3}
$$

显然 $G(x,y)$ 满足 (i)—(v). ■

由 (3.2.3) 定义的 $G(x,y)$ 称为齐次边值问题 (3.2.1) 的 Green 函数. 显然 $G(x,y)$ 是对称的, 即

$$G(x,y) = G(y,x), \quad \forall (x,y) \in Q.$$

另外, 引理 3.2.2(v) 中的式子实际上即是

$$p(x)(u'(x)v(x) - u(x)v'(x)) = w, \quad \forall x \in [0,1].$$

**引理 3.2.3**   设 (3.1.2) 和 (3.2.2) 满足, 并且

$$\alpha_1 \geqslant 0, \quad \beta_1 \leqslant 0, \quad \alpha_2 \geqslant 0, \quad \beta_2 \geqslant 0, \quad q(x) \leqslant 0, \ x \in [0,1]. \tag{3.2.4}$$

如果 $q(x) \not\equiv 0$ 或

$$\alpha_1^2 + \alpha_2^2 \neq 0, \tag{3.2.5}$$

则齐次边值问题 (3.2.1) 只有零解. 特别地, 当 $q(x) \equiv 0$ 时, (3.2.5) 也是 (3.2.1) 只有零解的必要条件.

**证明**   如果 (3.2.1) 存在非零常数解, 则可得 $q(x) \equiv 0$, 并且由边值条件可知 $\alpha_1 = \alpha_2 = 0$, 矛盾.

如果 $\varphi$ 是 (3.2.1) 的非常数解, 根据定理 3.1.1(i), $\varphi$ 不可能在 $(0,1)$ 中取到非负最大值. 假若

$$\varphi(0) = \max_{x \in [0,1]} \varphi(x) > 0,$$

由定理 3.1.1(ii) 可知 $\varphi'(0) < 0$, 由 (3.2.2) 可见这与 $R_1(\varphi) = 0$ 矛盾. 假若

$$\varphi(1) = \max_{x \in [0,1]} \varphi(x) > 0,$$

由定理 3.1.1(ii) 可知 $\varphi'(1) > 0$, 与 $R_2(\varphi) = 0$ 矛盾. 从而 $\varphi(x) \leqslant 0$, $x \in [0,1]$.

对 $-\varphi$ 进行同样的讨论, 又可以得到 $\varphi(x) \geqslant 0$, $x \in [0,1]$. 所以

$$\varphi(x) \equiv 0, \quad x \in [0,1].$$

设 (3.2.1) 只有零解, 并且 $q(x) \equiv 0$. 假若 $\alpha_1^2 + \alpha_2^2 = 0$, 那么任意常数都是 (3.2.1) 的解, 矛盾. ∎

**定理 3.2.1** 设 (3.1.2),(3.2.2) 和 (3.2.4) 满足, 齐次边值问题 (3.2.1) 只有零解, 并且 $u(x), v(x)$ 和 $w$ 由引理 3.2.1 给出, 则

(i) $u(x)$ 是单调增加连续函数, $u(x) > 0 (x \in (0,1])$;

(ii) $v(x)$ 是单调减少连续函数, $v(x) > 0 (x \in [0,1))$;

(iii) $w > 0$, 于是 Green 函数 $G(x,y)$ 是非负连续函数.

**证明** 我们给出 (i) 的证明, 至于 (ii) 的证明, 可以完全类似地得到.

由引理 3.2.1(ii), $u(0) = -\beta_1 \geqslant 0$, $u'(0) = \alpha_1 \geqslant 0$. 因为 $\alpha_1^2 + \beta_1^2 \neq 0$, 所以存在 $\varepsilon > 0$, 使得当 $x \in (0,\varepsilon)$ 时, 有 $u(x) > 0$.

如果 $u$ 在 $[0,1]$ 上不是单调增加的, 设

$$x_0 = \sup\{x \in [0,1] \mid u(t) \geqslant 0, \ t \in [0,x]\},$$

则 $x_0 \geqslant \varepsilon$, 于是存在 $x^* \in (0,x_0)$, 使得 $u(x) \geqslant 0 (\forall x \in [0,x^*])$, 并且 $u'(x^*) < 0$. 否则 $\forall x \in (0,x_0)$, $u'(x) \geqslant 0$, 于是由 $u(x) > 0 (x \in (0,\varepsilon))$, 可得 $u(x_0) > 0$, 这与 $x_0$ 为上确界矛盾.

注意到 $u(x)$ 满足 $(p(x)u'(x))' + q(x)u(x) = 0$, 在 $[0,x^*]$ 上积分, 由于 $q(x) \leqslant 0$, $u(x) \geqslant 0$, 得

$$p(x^*)u'(x^*) - p(0)u'(0) = -\int_0^{x^*} q(x)u(x)\mathrm{d}x \geqslant 0,$$

这与 $p(x^*)u'(x^*) - p(0)u'(0) < 0$, 矛盾.

至于 (iii), 由 (i) 和 (ii) 以及引理 3.2.1(v) 直接可得. ∎

**定理 3.2.2** 如果定理 3.2.1 的条件满足, 则

(i) $G(x,y) \leqslant G(y,y)$, $G(x,y) \leqslant G(x,x)$, $\forall x,y \in [0,1]$;

(ii) $G(x,y) \geqslant u^*(x)G(z,y)$, $\forall x,y,z \in [0,1]$, 其中

$$u^*(x) = \frac{1}{M} \min\{u(x), \ v(x)\}, \quad x \in [0,1], \quad M = \max\left\{ \max_{x \in [0,1]} u(x), \ \max_{x \in [0,1]} v(x) \right\}.$$

**证明** (i) 由定理 3.2.1 直接可得.

(ii) 我们将分四种情况来讨论.

(1) $0 \leqslant x \leqslant y \leqslant 1$, $0 \leqslant z \leqslant y \leqslant 1$ 时, 则

$$G(x,y) = \frac{1}{w}u(x)v(y) \geqslant \frac{u(z)}{Mw}u(x)v(y) \geqslant \frac{1}{w}u^*(x)u(z)v(y) = u^*(x)G(z,y).$$

(2) $0 \leqslant x \leqslant y \leqslant 1$, $0 \leqslant y \leqslant z \leqslant 1$ 时, 由定理 3.2.1(ii) 知, $v(y) \geqslant v(z)$, 因此

$$G(x,y) = \frac{1}{w}u(x)v(y) \geqslant \frac{1}{w}u(x)v(z) \geqslant \frac{u(y)}{Mw}u(x)v(z)$$

$$\geqslant \frac{1}{w}u^*(x)u(y)v(z) = u^*(x)G(z,y).$$

(3) $0 \leqslant y \leqslant x \leqslant 1$, $0 \leqslant z \leqslant y \leqslant 1$ 时, 由定理 3.2.1(i) 知, $u(z) \leqslant u(y)$, 因此

$$G(x,y) = \frac{1}{w}u(y)v(x) \geqslant \frac{1}{w}u(z)v(x)$$

$$\geqslant \frac{v(y)}{Mw}u(z)v(x) \geqslant \frac{1}{w}u^*(x)u(z)v(y) = u^*(x)G(z,y).$$

(4) $0 \leqslant y \leqslant x \leqslant 1$, $0 \leqslant y \leqslant z \leqslant 1$ 时, 则

$$G(x,y) = \frac{1}{w}u(y)v(x) \geqslant \frac{v(z)}{Mw}u(y)v(x) \geqslant \frac{1}{w}u^*(x)u(y)v(z) = u^*(x)G(z,y).$$

综上所述, 结论成立. ■

**例 3.2.1** 考虑边值问题

$$\begin{cases} -\varphi''(x) = 0, & x \in [0,1], \\ \alpha_1\varphi(0) + \beta_1\varphi'(0) = 0, & \alpha_2\varphi(1) + \beta_2\varphi'(1) = 0. \end{cases} \tag{3.2.6}$$

设

$$\Delta = \begin{vmatrix} \alpha_1 & \beta_1 \\ \alpha_2 & \alpha_2 + \beta_2 \end{vmatrix} \neq 0,$$

则边值问题 (3.2.6) 的 Green 函数为

$$G(x,y) = \begin{cases} \dfrac{1}{\Delta}(\alpha_1 x - \beta_1)(\alpha_2 + \beta_2 - \alpha_2 y), & 0 \leqslant x \leqslant y \leqslant 1, \\ \dfrac{1}{\Delta}(\alpha_1 y - \beta_1)(\alpha_2 + \beta_2 - \alpha_2 x), & 0 \leqslant y \leqslant x \leqslant 1. \end{cases}$$

**证明** 显然 (3.1.2) 和 (3.2.2) 满足, 并且容易验证 (3.2.6) 只有零解. 由 $u''(x) = 0$, $u(0) = -\beta_1$, $u'(0) = \alpha_1$ 可得 $u(x) = \alpha_1 x - \beta_1$. 由 $v''(x) = 0$, $v(1) = \beta_2$, $v'(1) = -\alpha_2$ 可得 $v(x) = \alpha_2 + \beta_2 - \alpha_2 x$. 又因为

$$w = u'(0)v(0) - u(0)v'(0) = \alpha_1(\alpha_2 + \beta_2) - (-\beta_1)(-\alpha_2) = \triangle,$$

所以根据 (3.2.3), 结论得证. ■

特别地, 边值问题

$$\begin{cases} -\varphi''(x) = 0, \ x \in [0,1], \\ \varphi(0) = \varphi(1) = 0 \end{cases}$$

的 Green 函数为

$$G(x,y) = \begin{cases} x(1-y), & 0 \leqslant x \leqslant y \leqslant 1, \\ y(1-x), & 0 \leqslant y \leqslant x \leqslant 1. \end{cases}$$

## 3.3 二阶两点边值问题的非平凡解

本节研究边值问题

$$\begin{cases} -(L\varphi)(x) = h(x)f(\varphi(x)), \quad x \in (0,1), \\ R_1(\varphi) = \alpha_1\varphi(0) + \beta_1\varphi'(0) = 0, \quad R_2(\varphi) = \alpha_2\varphi(1) + \beta_2\varphi'(1) = 0, \end{cases} \tag{3.3.1}$$

其中 $L$ 为 Sturm-Liouville 算子, 并且允许 $h(x)$ 在 $x=0$ 和 $x=1$ 奇异 (即 $h(x)$ 在 $x=0$ 和 $x=1$ 处无界或极限不存在).

在本章中均考虑 Banach 空间 $C[0,1]$, 范数由 $\|\varphi\| = \max_{0\leqslant x\leqslant 1}|\varphi(x)|$ 定义, 取 $C[0,1]$ 中的锥

$$P = \{\varphi \in C[0,1] \mid \varphi(x) \geqslant 0, x \in [0,1]\},$$

$B_r$ 表示球心为 $\theta$, 半径为 $r(r>0)$ 的开球, $\overline{B}_r$ 表示其闭包. 我们做如下假定:

(**H$_1$**) (3.1.2),(3.2.2) 和 (3.2.4) 满足, 并且齐次边值问题 (3.2.1) 只有零解.

(**H$_2$**) $h : (0,1) \to [0,+\infty)$ 连续, $h(x) \not\equiv 0$, 并且

$$\int_0^1 G(x,x)h(x)\mathrm{d}x < +\infty, \tag{3.3.2}$$

其中 $G(x,y)$ 是 (3.2.1) 的 Green 函数 (3.2.3).

(**H$_3$**) $f : [0,+\infty) \to [0,+\infty)$ 连续.

**引理 3.3.1** 假设 (**H$_1$**) 满足, 那么下述结论成立:

(i) 如果 $\beta_1\beta_2 \neq 0$, 则 (3.3.2) 等价于

$$\int_0^1 h(x)\mathrm{d}x < +\infty;$$

(ii) 如果 $\beta_1 = 0$, $\beta_2 \neq 0$, 则 (3.3.2) 等价于

$$\int_0^1 xh(x)\mathrm{d}x < +\infty;$$

(iii) 如果 $\beta_1 \neq 0$, $\beta_2 = 0$, 则 (3.3.2) 等价于

$$\int_0^1 (1-x)h(x)\mathrm{d}x < +\infty;$$

(iv) 如果 $\beta_1 = \beta_2 = 0$, 则 (3.3.2) 等价于

$$\int_0^1 x(1-x)h(x)\mathrm{d}x < +\infty.$$

**证明**　由引理 3.2.1 和定理 3.2.1 可知, 如果 $\beta_1\beta_2 \neq 0$, 则 $G(x,x) > 0$, $\forall x \in [0,1]$. 因此存在常数 $k_1$, $k_2 > 0$, 使得 $k_1 \leqslant G(x,x) \leqslant k_2(\forall x \in [0,1])$, 从而 (i) 成立.

现在证明 (iv). 由引理 3.2.1 和定理 3.2.1 容易看出, 如果 $\beta_1 = 0$, $\beta_2 = 0$, 则 $G(x,x) > 0(\forall x \in (0,1))$, 并且 $u'(0) = \alpha_1 > 0$, $v'(1) = -\alpha_2 < 0$. 因为

$$\lim_{x \to 0^+} \frac{G(x,x)}{x(1-x)} = \frac{1}{w} \lim_{x \to 0^+} \frac{u(x)v(x)}{x(1-x)} = \frac{1}{w}u'(0)v(0) > 0,$$

$$\lim_{x \to 1^-} \frac{G(x,x)}{x(1-x)} = \frac{1}{w} \lim_{x \to 1^-} \frac{u(x)v(x)}{x(1-x)} = -\frac{1}{w}u(1)v'(1) > 0,$$

所以存在常数 $k_3$, $k_4 > 0$, 使得

$$k_3 x(1-x) \leqslant G(x,x) \leqslant k_4 x(1-x), \quad \forall x \in [0,1].$$

这样 (iv) 得证.

其余部分的证明是类似的.　　　　　　　　　　　　　　　　　　　　　　　　　　■

**注 3.3.1**　由引理 3.3.1 可知, 验证 ($\mathbf{H_2}$) 时, 不必要知道 Green 函数的具体表达式.

定义

$$(A\varphi)(x) = \int_0^1 G(x,y)h(y)f(\varphi(y))\mathrm{d}y, \quad x \in [0,1]. \tag{3.3.3}$$

**引理 3.3.2**　假设 ($\mathbf{H_1}$)—($\mathbf{H_3}$) 满足, 则 $A : P \to P$ 是全连续算子.

**证明**　从 ($\mathbf{H_1}$)—($\mathbf{H_3}$) 可知, 对任意的 $\varphi \in P$,

$$(A\varphi)(x) = \int_0^1 G(x,y)h(y)f(\varphi(y))\mathrm{d}y \leqslant \left(\max_{0 \leqslant u \leqslant \|\varphi\|} f(u)\right)\int_0^1 G(y,y)h(y)\mathrm{d}y < +\infty, \quad x \in [0,1].$$

因此 $A : P \to P$. 下面我们证明 $A$ 是全连续算子.

对正整数 $n(n \geqslant 2)$, 定义

$$h_n(x) = \begin{cases} \inf\limits_{x < s \leqslant \frac{1}{n}} h(s), & 0 \leqslant x < \dfrac{1}{n}, \\ h(x), & \dfrac{1}{n} \leqslant x \leqslant 1-\dfrac{1}{n}, \\ \inf\limits_{1-\frac{1}{n} \leqslant s < x} h(s), & 1-\dfrac{1}{n} < x \leqslant 1, \end{cases} \tag{3.3.4}$$

则 $h_n : [0,1] \to [0,+\infty)$ 连续 (见下面的注 3.3.2), 并且 $h_n(x) \leqslant h(x)$, $x \in (0,1)$. 令

$$(A_n\varphi)(x) = \int_0^1 G(x,y)h_n(y)f(\varphi(y))\mathrm{d}y. \tag{3.3.5}$$

显然 $A_n : P \to P$ 全连续. 对任意 $r > 0$ 及 $\varphi \in B_r \bigcap P$, 由 (3.3.4) 以及积分的绝对连续性, 有

$$\lim_{n\to\infty} \|A_n\varphi - A\varphi\|$$

$$= \lim_{n\to\infty} \max_{0\leqslant x\leqslant 1} \int_0^1 G(x,y)(h(y) - h_n(y))f(\varphi(y))\mathrm{d}y$$

$$\leqslant \left(\max_{0\leqslant u\leqslant r} f(u)\right) \lim_{n\to\infty} \int_0^1 G(y,y)(h(y) - h_n(y))\mathrm{d}y$$

$$= \left(\max_{0\leqslant u\leqslant r} f(u)\right) \lim_{n\to\infty} \int_{E(n)} G(y,y)(h(y) - h_n(y))\mathrm{d}y$$

$$\leqslant \left(\max_{0\leqslant u\leqslant r} f(u)\right) \lim_{n\to\infty} \int_{E(n)} G(y,y)h(y)\mathrm{d}y = 0,$$

其中 $E(n) = \left[0, \dfrac{1}{n}\right] \bigcup \left[\dfrac{n-1}{n}, 1\right]$, 则根据定理 2.2.2 可知, $A : P \to P$ 是全连续算子. ∎

**注 3.3.2** 首先证明当 $0 < x_0 \leqslant 1/n$ 时, $h_n(x)$ 在 $x_0$ 处左连续: 因为 $h(x)$ 在 $x_0$ 处连续, 所以 $\forall \varepsilon > 0$, 存在 $\delta > 0$, 使得当 $0 < x_0 - \delta < x < x_0$ 时,

$$h(x) > h(x_0) - \varepsilon \geqslant h_n(x_0) - \varepsilon.$$

而当 $x_0 \leqslant x \leqslant 1/n$ 时,

$$h(x) \geqslant \inf_{x_0 \leqslant s \leqslant 1/n} h(s) = h_n(x_0) > h_n(x_0) - \varepsilon.$$

故当 $x_0 - \delta < x < x_0$ 时,

$$h_n(x) = \inf_{x < s \leqslant 1/n} h(s) \geqslant h_n(x_0) - \varepsilon.$$

从而 $-\varepsilon \leqslant h_n(x) - h_n(x_0) \leqslant 0$.

然后再证当 $0 \leqslant x_0 < 1/n$ 时, $h_n(x)$ 在 $x_0$ 处右连续: 根据下确界的定义, $\forall \varepsilon > 0$, 存在 $\delta > 0$, 使得 $x_0 + \delta \leqslant 1/n$, 并且 $h(x_0 + \delta) < h_n(x_0) + \varepsilon$, 故当 $x_0 < x < x_0 + \delta$ 时,

$$h_n(x) = \inf_{x < s \leqslant 1/n} h(s) \leqslant h(x_0 + \delta) < h_n(x_0) + \varepsilon,$$

从而 $0 \leqslant h_n(x) - h_n(x_0) < \varepsilon$.

**引理 3.3.3**　*假设 $(\mathbf{H_1})$—$(\mathbf{H_3})$ 满足, 则边值问题 (3.3.1) 存在解 $\varphi \in P \bigcap C^2(0,1)$ 等价于 $\varphi \in P$ 是算子 $A$ 的不动点, 即*

$$\varphi(x) = \int_0^1 G(x,y)h(y)f(\varphi(y))\mathrm{d}y, \quad x \in [0,1]. \tag{3.3.6}$$

**证明**　首先证明: 如果 $\varphi \in P$ 是算子 $A$ 的不动点, 那么 $\varphi \in P \bigcap C^2(0,1)$, 并且它是边值问题 (3.3.1) 的解.

由 (3.3.6) 可知对于 $x \in [0,1]$, 有

$$
\begin{aligned}
\varphi(x) &= \int_0^x G(x,y)h(y)f(\varphi(y))\mathrm{d}y + \int_x^1 G(x,y)h(y)f(\varphi(y))\mathrm{d}y \\
&= \frac{1}{w}v(x)\int_0^x u(y)h(y)f(\varphi(y))\mathrm{d}y + \frac{1}{w}u(x)\int_x^1 v(y)h(y)f(\varphi(y))\mathrm{d}y,
\end{aligned}
\tag{3.3.7}
$$

所以当 $x \in (0,1)$ 时, 有

$$
\begin{aligned}
\varphi'(x) &= G(x,x)h(x)f(\varphi(x)) + \frac{1}{w}v'(x)\int_0^x u(y)h(y)f(\varphi(y))\mathrm{d}y \\
&\quad -G(x,x)h(x)f(\varphi(x)) + \frac{1}{w}u'(x)\int_x^1 v(y)h(y)f(\varphi(y))\mathrm{d}y \\
&= \frac{1}{w}v'(x)\int_0^x u(y)h(y)f(\varphi(y))\mathrm{d}y + \frac{1}{w}u'(x)\int_x^1 v(y)h(y)f(\varphi(y))\mathrm{d}y \\
&= \int_0^1 G'_x(x,y)h(y)f(\varphi(y))\mathrm{d}y.
\end{aligned}
\tag{3.3.8}
$$

根据引理 3.2.2(v), 当 $x \in (0,1)$ 时, 有

$$
\begin{aligned}
\varphi''(x) &= \frac{1}{w}u(x)v'(x)h(x)f(\varphi(x)) + \frac{1}{w}v''(x)\int_0^x u(y)h(y)f(\varphi(y))\mathrm{d}y \\
&\quad -\frac{1}{w}u'(x)v(x)h(x)f(\varphi(x)) + \frac{1}{w}u''(x)\int_x^1 v(y)h(y)f(\varphi(y))\mathrm{d}y \\
&= \int_0^1 G''_{xx}(x,y)h(y)f(\varphi(y))\mathrm{d}y - \frac{h(x)f(\varphi(x))}{p(x)}.
\end{aligned}
\tag{3.3.9}
$$

显然 $\varphi \in C^2(0,1)$. 由 (3.3.8) 和 (3.3.9) 以及引理 3.2.2(iii) 可知, 当 $x \in (0,1)$ 时, 有

$$
\begin{aligned}
-(L\varphi)(x) &= -(p(x)\varphi''(x) + p'(x)\varphi'(x) + q(x)\varphi(x)) \\
&= -\int_0^1 (LG)(x,y)h(y)f(\varphi(y))\mathrm{d}y + h(x)f(\varphi(x)) \\
&= h(x)f(\varphi(x)).
\end{aligned}
$$

下面讨论边值条件, 其中用到后面的注 3.3.3. 当 $\beta_1 \beta_2 \neq 0$ 时, 由引理 3.3.1 可知, (3.3.2) 等价于

$$\int_0^1 h(x)\mathrm{d}x < +\infty,$$

于是根据 (3.3.7) 和 (3.3.8), 有

$$\varphi(0) = \frac{1}{w} u(0) \int_0^1 v(y) h(y) f(\varphi(y)) \mathrm{d}y = -\beta_1 \frac{1}{w} \int_0^1 v(y) h(y) f(\varphi(y)) \mathrm{d}y, \quad (3.3.10)$$

$$\varphi(1) = \frac{1}{w} v(1) \int_0^1 u(y) h(y) f(\varphi(y)) \mathrm{d}y = \beta_2 \frac{1}{w} \int_0^1 u(y) h(y) f(\varphi(y)) \mathrm{d}y, \quad (3.3.11)$$

$$\varphi'(0) = \frac{1}{w} u'(0) \int_0^1 v(y) h(y) f(\varphi(y)) \mathrm{d}y = \alpha_1 \frac{1}{w} \int_0^1 v(y) h(y) f(\varphi(y)) \mathrm{d}y, \quad (3.3.12)$$

$$\varphi'(1) = \frac{1}{w} v'(1) \int_0^1 u(y) h(y) f(\varphi(y)) \mathrm{d}y = -\alpha_2 \frac{1}{w} \int_0^1 u(y) h(y) f(\varphi(y)) \mathrm{d}y, \quad (3.3.13)$$

故 $\varphi$ 满足边值条件. 当 $\beta_1 = 0$, $\beta_2 \neq 0$ 时, (3.3.2) 等价于

$$\int_0^1 x h(x)\mathrm{d}x < +\infty,$$

而

$$\lim_{x \to 0^+} \frac{u(x)}{x} = u'(0) = \alpha_1 > 0, \quad \lim_{x \to 1^-} \frac{u(x)}{x} = u(1) > 0,$$

于是

$$\int_0^1 u(y) h(y) f(\varphi(y)) \mathrm{d}y < +\infty,$$

根据 (3.3.10), (3.3.11) 和 (3.3.13) 可知 $\varphi$ 满足边值条件. 当 $\beta_1 \neq 0$, $\beta_2 = 0$ 时, (3.3.2) 等价于

$$\int_0^1 (1-x) h(x)\mathrm{d}x < +\infty,$$

而

$$\lim_{x \to 0^+} \frac{v(x)}{1-x} = v(0) > 0, \quad \lim_{x \to 1^-} \frac{v(x)}{1-x} = -v'(1) = \alpha_2 > 0,$$

于是

$$\int_0^1 v(y) h(y) f(\varphi(y)) \mathrm{d}y < +\infty,$$

根据 (3.3.10), (3.3.11) 和 (3.3.12) 可知 $\varphi$ 满足边值条件. 当 $\beta_1 = \beta_2 = 0$ 时, 根据 (3.3.10) 和 (3.3.11) 可知 $\varphi$ 满足边值条件.

最后证明: 如果 $\varphi \in P \bigcap C^2(0,1)$ 是边值问题 (3.3.1) 的解, 那么 $\varphi \in P$ 是算子 $A$ 的不动点.

设 $\varphi_0 \in P \bigcap C^2(0,1)$ 是边值问题 (3.3.1) 的解, 于是与前面的证明类似, 可知函数

$$\varphi(x) = \int_0^1 G(x,y)h(y)f(\varphi_0(y))\mathrm{d}y, \quad x \in [0,1]$$

是线性边值问题

$$\begin{cases} -(L\varphi)(x) = h(x)f(\varphi_0(x)), & x \in (0,1), \\ R_1(\varphi) = \alpha_1\varphi(0) + \beta_1\varphi'(0) = 0, & R_2(\varphi) = \alpha_2\varphi(1) + \beta_2\varphi'(1) = 0 \end{cases} \tag{3.3.14}$$

的解. 当然 $\varphi_0$ 本身也是线性边值问题 (3.3.14) 的解, 于是 $\widetilde{\varphi} = \varphi - \varphi_0$ 是齐次边值问题 (3.2.1) 的解. 因为齐次边值问题 (3.2.1) 只有零解, 所以 $\varphi = \varphi_0$, 故 $\varphi_0$ 是算子 $A$ 的不动点. ■

**注 3.3.3**　设 $\varphi(x)$ 在 $[0,1]$ 上连续, 在 $(0,1)$ 内可导. 如果 $\lim_{x\to 0^+} \varphi'(x)$ 存在, 则 $\varphi'(0)$ 存在, 并且 $\varphi'(0) = \lim_{x\to 0^+} \varphi'(x)$; 如果 $\lim_{x\to 1^-} \varphi'(x)$ 存在, 则 $\varphi'(1)$ 存在, 并且 $\varphi'(1) = \lim_{x\to 1^-} \varphi'(x)$. 事实上, 利用 Lagrange 中值定理, $\varphi'(0) = \lim_{x\to 0^+}(\varphi(x) - \varphi(0))/x = \lim_{\xi\to 0^+} \varphi'(\xi)$, 其中 $\xi \in (0,x)$. 在 $x = 1$ 处的结论同理可得.

如果 $\varphi \in C[0,1] \bigcap C^2(0,1)$, $\varphi(x) > 0(x \in (0,1))$, 并且满足 (3.3.1), 则称 $\varphi$ 为 (3.3.1) 的正解. 在 $(\mathbf{H_1})$—$(\mathbf{H_3})$ 条件下, 如果 $A$ 在 $P$ 的不动点 $\varphi \neq \theta$, 那么由推论 3.1.1 可知 (或直接由 (3.3.6) 可看出), $\varphi(x) > 0(x \in (0,1))$, 故 $\varphi$ 是 (3.3.1) 的正解. 定义

$$(T\varphi)(x) = \int_0^1 G(x,y)h(y)\varphi(y)\mathrm{d}y, \quad x \in [0,1], \tag{3.3.15}$$

以及对 $\tau \in (0,1/2)$,

$$(T_\tau\varphi)(x) = \int_\tau^{1-\tau} G(x,y)h(y)\varphi(y)\mathrm{d}y, \quad x \in [0,1]. \tag{3.3.16}$$

如果 $(\mathbf{H_1})$ 和 $(\mathbf{H_2})$ 满足, 通过与引理 3.3.2 同样的方法, 可证 $T: C[0,1] \to C[0,1]$ 是全连续线性算子, 而且 $T(P) \subset P$; 通过与定理 2.2.1 同样的方法, 可证 $T_\tau: C[0,1] \to C[0,1]$ 是全连续线性算子, 而且 $T_\tau(P) \subset P$.

**引理 3.3.4**　假设 $(\mathbf{H_1})$ 和 $(\mathbf{H_2})$ 满足, 则对由 (3.3.15) 定义的算子 $T$, 其谱半径 $r(T) > 0$, $T$ 存在对应其最小正本征值 $\lambda_1 = (r(T))^{-1}$ 的正本征函数, 即存在 $\varphi \in P\backslash\{\theta\}$, 满足 $\varphi = \lambda_1 T\varphi$.

**证明**　显然存在 $x_1 \in (0,1)$, 使得 $G(x_1,x_1)h(x_1) > 0$. 于是存在 $[a_1,b_1] \subset (0,1)$ 使得 $x_1 \in (a_1,b_1)$, 并且 $G(x,y)h(y) > 0$, $\forall x,y \in [a_1,b_1]$. 取 $\psi \in C[0,1]$, 使得 $\psi(x) \geqslant 0(\forall x \in [0,1])$, $\psi(x_1) > 0$, $\psi(x) = 0(\forall x \notin [a_1,b_1])$. 故对 $x \in [a_1,b_1]$, 有

$$(T\psi)(x) = \int_0^1 G(x,y)h(y)\psi(y)\mathrm{d}y = \int_{a_1}^{b_1} G(x,y)h(y)\psi(y)\mathrm{d}y > 0.$$

取常数 $c = \max_{x \in [a_1,b_1]}(\psi(x)/(T\psi)(x)) > 0$, 从而 $c(T\psi)(x) \geqslant \psi(x)$, $\forall x \in [0,1]$. 于是可推得

$$c^n(T^n\psi)(x) \geqslant \psi(x),$$

故

$$c^n\|T^n\psi\| \geqslant \|\psi\|, \quad c^n\|T^n\| \geqslant 1.$$

根据 Gelfand 公式可得谱半径

$$r(T) = \lim_{n \to \infty} \sqrt[n]{\|T^n\|} \geqslant \frac{1}{c} > 0.$$

再由定理 2.5.2 知, $T$ 存在对应其最小正本征值 $\lambda_1 = (r(T))^{-1}$ 的正本征函数.  ■

**定理 3.3.1**   设 $(\mathbf{H_1})$—$(\mathbf{H_3})$ 满足. 如果

$$\limsup_{u \to 0^+} f(u)/u < \lambda_1, \tag{3.3.17}$$

$$\liminf_{u \to +\infty} f(u)/u > \lambda_1, \tag{3.3.18}$$

其中 $\lambda_1$ 是由 (3.3.15) 定义的算子 $T$ 的最小正本征值, 则 (3.3.1) 至少存在一个正解.

我们用两种方法来证明定理 3.3.1, 需要下面两引理.

**引理 3.3.5**   设条件 $(\mathbf{H_1})$ 和 $(\mathbf{H_2})$ 满足. 如果 $\varphi^* \in P$ 是 $T$ 相应于其最小正本征值 $\lambda_1$ 的正本征函数, 那么

(i) 存在 $\delta_1, \delta_2 > 0$ 使得

$$\delta_1 G(x,y) \leqslant \varphi^*(y) \leqslant \delta_2 G(y,y), \quad x,y \in [0,1];$$

(ii) 对 $\psi^*(x) = \varphi^*(x)h(x)$, 有

$$\int_0^1 \psi^*(x)\mathrm{d}x < +\infty,$$

并且

$$\psi^*(x) = \lambda_1 \int_0^1 G(y,x)h(x)\psi^*(y)\mathrm{d}y, \quad x \in (0,1). \tag{3.3.19}$$

**证明**   因为 $\varphi^* \in P$ 是 $T$ 的正本征函数, 所以由推论 3.1.1 可知 $\varphi^*(x) > 0, \forall x \in (0,1)$.

(i) 如果 $u(0) > 0$, $v(1) > 0$, 那么 $G(x,y) > 0$, $x,y \in [0,1]$, 故由

$$\varphi^*(x) = \lambda_1 \int_0^1 G(x,y)h(y)\varphi^*(y)\mathrm{d}y$$

可得 $\varphi^*(0) > 0$, $\varphi^*(1) > 0$. 于是 $\varphi^*(y)/G(x,y) > 0$, $x,y \in [0,1]$, 从而存在常数 $\delta_1$, $\delta_2 > 0$, 使得

$$\delta_1 \leqslant \frac{\varphi^*(y)}{G(x,y)} \leqslant \delta_2, \quad x,y \subset [0,1].$$

故

$$\delta_1 G(x,y) \leqslant \varphi^*(y) \leqslant \delta_2 G(x,y) \leqslant \delta_2 G(y,y), \quad x,y \in [0,1].$$

如果 $u(0) = 0$, $v(1) = 0$, 由引理 3.2.1 得 $\beta_1 = \beta_2 = 0$, 并且 $\alpha_1$, $\alpha_2 > 0$. 根据 $G(0,y) \equiv 0$, $G(1,y) \equiv 0$, $y \in [0,1]$, 有 $\varphi^*(0) = \varphi^*(1) = 0$, 故由推论 3.1.1 知, $(\varphi^*)'(0) > 0$, $(\varphi^*)'(1) < 0$. 因为

$$\lim_{t \to 0^+} \frac{\varphi^*(y)}{u(y)} = \frac{(\varphi^*)'(0)}{u'(0)} = \frac{(\varphi^*)'(0)}{\alpha_1} > 0,$$

$$\lim_{t \to 1^-} \frac{\varphi^*(y)}{v(y)} = \frac{(\varphi^*)'(1)}{v'(1)} = \frac{(\varphi^*)'(1)}{-\alpha_2} > 0,$$

定义

$$\Phi(y) = \frac{w\varphi^*(y)}{u(y)v(y)}, y \in (0,1), \quad \Phi(0) = \frac{w(\varphi^*)'(0)}{\alpha_1 v(0)}, \quad \Phi(1) = \frac{w(\varphi^*)'(1)}{-\alpha_2 u(1)}$$

因此, 由定理 3.2.1 可知, $\Phi(y)$ 在 $[0,1]$ 连续, $\Phi(y) > 0$, $\forall y \in [0,1]$. 所以存在 $\delta_1$, $\delta_2 > 0$, 使得

$$\delta_1 \leqslant \Phi(y) \leqslant \delta_2, \quad \forall y \in [0,1],$$

即

$$\delta_1 \frac{1}{w} u(y)v(y) \leqslant \varphi^*(y) \leqslant \delta_2 \frac{1}{w} u(y)v(y), \quad y \in [0,1].$$

因为 $u$ 单调增加, $v$ 单调减少, 故在 $Q_1 : 0 \leqslant x \leqslant y \leqslant 1$ 上,

$$\delta_1 G(x,y) = \delta_1 \frac{1}{w} u(x)v(y) \leqslant \varphi^*(y) \leqslant \delta_2 G(y,y);$$

在 $Q_2 : 0 \leqslant y \leqslant x \leqslant 1$ 上,

$$\delta_1 G(x,y) = \delta_1 \frac{1}{w} u(y)v(x) \leqslant \varphi^*(y) \leqslant \delta_2 G(y,y).$$

当 $u(0) = 0$, $v(1) > 0$ 和 $u(0) > 0$, $v(1) = 0$ 时, 类似能得到相同的结论.

(ii) 设 $\psi^*(x) = \varphi^*(x)h(x)$. 由 (i) 和 $(\mathbf{H_2})$ 可知

$$\int_0^1 \psi^*(x)\mathrm{d}x \leqslant \delta_2 \int_0^1 G(x,x)h(x)\mathrm{d}x < +\infty.$$

此外, 利用 $G(x,y) = G(y,x)$, 有

$$\lambda_1 \int_0^1 G(y,x) h(x) \psi^*(y) \mathrm{d}y$$

$$= \lambda_1 h(x) \int_0^1 G(y,x) h(y) \varphi^*(y) \mathrm{d}y$$

$$= \lambda_1 h(x) \int_0^1 G(x,y) h(y) \varphi^*(y) \mathrm{d}y$$

$$= \varphi^*(x) h(x) = \psi^*(x).$$ ∎

**引理 3.3.6**　假设 $(\mathbf{H_1})$ 和 $(\mathbf{H_2})$ 满足, 则对充分小的 $\tau > 0$, 由 (3.3.16) 定义的算子 $T_\tau$ 的谱半径 $r(T_\tau) > 0$, $T_\tau$ 存在对应其最小正本征值 $\lambda_\tau = (r(T_\tau))^{-1}$ 的正本征函数, 并且当 $\tau \to 0^+$ 时, $\lambda_\tau \to \lambda_1$, 其中 $\lambda_1$ 是 $T$ 的最小正本征值.

**证明**　只要取 $\tau \in (0, 1/2)$, 使得 $h(x) \not\equiv 0 (x \in (\tau, 1-\tau))$, 类似于引理 3.3.4 的证明, 即可知 $T_\tau$ 的谱半径 $r(T_\tau) > 0$, 并且 $T_\tau$ 存在对应其最小正本征值 $\lambda_\tau = (r(T_\tau))^{-1}$ 的正本征函数.

取 $\{\tau_n\} \subset (0, 1/2)$ 单调减少, 并且 $\tau_n \to 0(n \to \infty)$, 使得

$$h(x) \not\equiv 0, \quad x \in (\tau_1, 1-\tau_1).$$

记 $\tau_\infty = 0$, 对 $m > n$(包括 $m = \infty$) 和 $\varphi \in C[0,1], \|\varphi\| = 1$, 有

$$|(T_{\tau_n}\varphi)(x)| \leqslant \int_{\tau_n}^{1-\tau_n} G(x,y) h(y) |\varphi(y)| \mathrm{d}y \leqslant (T_{\tau_m}|\varphi|)(x)$$

$$\leqslant \|T_{\tau_m}|\varphi|\| \leqslant \|T_{\tau_m}\|, \quad \forall x \in [0,1],$$

从而 $\|T_{\tau_n}\varphi\| \leqslant \|T_{\tau_m}\|$, 故 $\|T_{\tau_n}\| \leqslant \|T_{\tau_m}\|$. 又因为

$$|(T_{\tau_n}^2\varphi)(x)|$$

$$\leqslant \int_{\tau_n}^{1-\tau_n} G(x,y) h(y) (T_{\tau_n}|\varphi|)(y) \mathrm{d}y$$

$$\leqslant (T_{\tau_m}^2|\varphi|)(x) \leqslant \|T_{\tau_m}^2|\varphi|\| \leqslant \|T_{\tau_m}^2\|, \quad \forall x \in [0,1],$$

所以 $\|T_{\tau_n}^2\| \leqslant \|T_{\tau_m}^2\|$.

归纳可得

$$\|T_{\tau_n}^k\| \leqslant \|T_{\tau_m}^k\| \leqslant \|T^k\|, \quad k = 1, 2, \cdots.$$

由 Gelfand 公式, $\lambda_{\tau_n} \geqslant \lambda_{\tau_m} \geqslant \lambda_1$, 令 $\lambda_{\tau_n} \to \tilde{\lambda}_1$. 下证 $\tilde{\lambda}_1$ 是 $T$ 的本征值.

设 $\varphi_{\tau_n}$ 为 $T_{\tau_n}$ 相应于 $\lambda_{\tau_n}$ 的正本征函数, 即

$$\varphi_{\tau_n}(x) = \lambda_{\tau_n} \int_{\tau_n}^{1-\tau_n} G(x,y) h(y) \varphi_{\tau_n}(y) \mathrm{d}y, \tag{3.3.20}$$

并且 $\|\varphi_{\tau_n}\| = 1, n = 1, 2, \cdots$. 于是

$$\|T_{\tau_n}\varphi_{\tau_n}\| = \max_{0 \leqslant x \leqslant 1} \int_{\tau_n}^{1-\tau_n} G(x,y)h(y)\varphi_{\tau_n}(y)\mathrm{d}y \leqslant \max_{0 \leqslant x \leqslant 1} \int_0^1 G(x,y)h(y)\mathrm{d}y, \quad n = 1, 2 \cdots,$$

可见 $\{T_{\tau_n}\varphi_{\tau_n}\} \subset C[0,1]$ 是有界的.

对任意的 $n$ 和 $x_1, x_2 \in [0,1]$, 有

$$|(T_{\tau_n}\varphi_{\tau_n})(x_1) - (T_{\tau_n}\varphi_{\tau_n})(x_2)| \leqslant \int_0^1 |G(x_1,y) - G(x_2,y)|h(y)\mathrm{d}y. \tag{3.3.21}$$

因为 $G(x,y)$ 在 $[0,1] \times [0,1]$ 上是一致连续的, 所以由 (3.3.21) 可知 $\{T_{\tau_n}\varphi_{\tau_n}\} \subset C[0,1]$ 等度连续. 根据 Arzela-Ascoli 定理和 $\lambda_{\tau_n} \to \widetilde{\lambda}_1$, 不妨设 $\varphi_{\tau_n} \to \widetilde{\varphi}$, 从而 $\|\widetilde{\varphi}\| = 1$. 再由 (3.3.20), 有

$$\widetilde{\varphi}(x) = \widetilde{\lambda}_1 \int_0^1 G(x,y)h(y)\widetilde{\varphi}(y)\mathrm{d}y, \quad x \in [0,1], \tag{3.3.22}$$

即 $\widetilde{\varphi} = \widetilde{\lambda}_1 T\widetilde{\varphi}$.

最后证明 $\widetilde{\lambda}_1 = \lambda_1$. 设 $\varphi^*$ 是 $T$ 对应其最小正本征值 $\lambda_1$ 的正本征函数, 于是

$$\varphi^*(x) = \lambda_1 \int_0^1 G(x,y)h(y)\varphi^*(y)\mathrm{d}y, \quad x \in [0,1]. \tag{3.3.23}$$

因为 $G(x,y) = G(y,x)$, 所以根据引理 3.3.5(ii) 以及 (3.3.22) 和 (3.3.23), 有

$$\lambda_1^{-1} \int_0^1 \widetilde{\varphi}(x)\varphi^*(x)h(x)\mathrm{d}x$$
$$= \int_0^1 \widetilde{\varphi}(x)h(x)\mathrm{d}x \int_0^1 G(x,y)h(y)\varphi^*(y)\mathrm{d}y$$
$$= \int_0^1 \widetilde{\varphi}(y)h(y)\mathrm{d}y \int_0^1 G(y,x)h(x)\varphi^*(x)\mathrm{d}x$$
$$= \int_0^1 \varphi^*(x)h(x)\mathrm{d}x \int_0^1 G(x,y)\widetilde{\varphi}(y)h(y)\mathrm{d}y$$
$$= \widetilde{\lambda}_1^{-1} \int_0^1 \widetilde{\varphi}(x)\varphi^*(x)h(x)\mathrm{d}x.$$

由推论 3.1.1 可知, $\varphi^*(x) > 0$, $\widetilde{\varphi}(x) > 0$, $\forall x \in (0,1)$, 因此 $\widetilde{\lambda}_1 = \lambda_1$.  ■

**定理 3.3.1 的证明**(方法一)   由 (3.3.18) 和引理 3.3.6 可知, 存在充分小的 $\tau \in (0, 1/2)$, 使得

$$\liminf_{u \to +\infty} f(u)/u > \lambda_\tau, \tag{3.3.24}$$

其中 $\lambda_\tau$ 是 $T_\tau$ 的最小正本征值, 并且当 $x \in (\tau, 1-\tau)$ 时, $h(x) \not\equiv 0$.

令 $D(\tau) = \min_{\tau \leqslant x \leqslant 1-\tau} u^*(x)$, 其中 $u^*(x)$ 由定理 3.2.2 中给出, 于是 $0 < D(\tau) \leqslant 1$, 并且

$$G(x,y) \geqslant D(\tau)G(z,y), \quad \forall x \in [\tau, 1-\tau], \ y, z \in [0,1]. \tag{3.3.25}$$

定义

$$P_1 = \{\varphi \in P \mid \varphi(x) \geqslant D(\tau)\|\varphi\|, \ x \in [\tau, 1-\tau]\}. \tag{3.3.26}$$

容易验证 $P_1$ 是 $C[0,1]$ 中的锥. 由 (3.3.25) 可推出, 对任意的 $\varphi \in P$ 和 $x \in [\tau, 1-\tau]$, 有

$$(A\varphi)(x) \geqslant D(\tau) \int_0^1 G(z,y)h(y)f(\varphi(y))\mathrm{d}y, \quad z \in [0,1],$$

所以 $(A\varphi)(x) \geqslant D(\tau)\|A\varphi\|$, 即 $A(P) \subset P_1$.

根据 (3.3.24), 存在 $R > 0$ 使得

$$f(u) \geqslant \lambda_\tau u, \quad \forall u \geqslant D(\tau)R. \tag{3.3.27}$$

设 $\varphi_\tau$ 是 $T_\tau$ 相应于 $\lambda_\tau$ 的正本征函数, 于是 $\varphi_\tau = \lambda_\tau T_\tau \varphi_\tau$. 令 $\widetilde{T}_\tau = \lambda_\tau T_\tau$, 易见 $\widetilde{T}_\tau : C[0,1] \to C[0,1]$ 是线性算子, 而且

$$\widetilde{T}_\tau(P) \subset P, \ \widetilde{T}_\tau \varphi_\tau = \varphi_\tau. \tag{3.3.28}$$

因为 $\forall \varphi \in P_1 \bigcap \partial B_R$, 故有

$$\varphi(x) \geqslant D(\tau)\|\varphi\| = D(\tau)R, \quad x \in [\tau, 1-\tau],$$

所以由 (3.3.27), 有

$$(A\varphi)(x) \geqslant \lambda_\tau \int_\tau^{1-\tau} G(x,y)h(y)\varphi(y)\mathrm{d}y = \lambda_\tau (T_\tau \varphi)(x) = (\widetilde{T}_\tau \varphi)(x), \quad x \in [0,1]. \tag{3.3.29}$$

不妨设 $A$ 在 $P_1 \bigcap \partial B_R$ 上没有不动点, 否则定理得证.

由 (3.3.29) 可见在锥 $P$ 导出的半序下, $A\varphi \geqslant \widetilde{T}_\tau \varphi$, $\forall \varphi \in P_1 \bigcap \partial B_R$. 根据 (3.3.28) 和定理 2.3.8(其中 $u_0 = \varphi_\tau$), 有

$$i(A, P_1 \bigcap B_R, P_1) = 0. \tag{3.3.30}$$

由 (3.3.17) 可知, 存在 $r \in (0, R)$, 使得

$$f(u) \leqslant \lambda_1 u, \quad 0 \leqslant u \leqslant r. \tag{3.3.31}$$

不妨设 $A$ 在 $P_1 \bigcap \partial B_r$ 上没有不动点 (否则定理得证). 令 $T_1 = \lambda_1 T$, 显然 $T_1 : C[0,1] \to C[0,1]$ 是有界线性算子, 并且 $T_1(P) \subset P$, 另外谱半径

$$r(T_1) = \lim_{n \to \infty} \sqrt[n]{\|T_1^n\|} = \lim_{n \to \infty} \sqrt[n]{\lambda_1^n \|T^n\|} = \lambda_1 r(T) = 1.$$

由 (3.3.31) 可知, 对任意的 $\varphi \in P_1 \bigcap \partial B_r$,

$$(A\varphi)(x) = \int_0^1 G(x,y)h(y)f(\varphi(y))\mathrm{d}y \leqslant \lambda_1 \int_0^1 G(x,y)h(y)\varphi(y)\mathrm{d}y = (T_1\varphi)(x),$$

即在锥 $P$ 导出的半序下, $A\varphi \leqslant T_1\varphi$, $\forall \varphi \in P_1 \bigcap \partial B_r$. 根据定理 2.3.7, 有

$$i(A, P_1 \bigcap B_r, P_1) = 1. \tag{3.3.32}$$

由 (3.3.30) 和 (3.3.32), 利用不动点指数的可加性 (定理 2.3.1(ii)) 得到

$$i(A, P_1 \bigcap (B_R \backslash \overline{B}_r), P) = i(A, P_1 \bigcap B_R, P_1) - i(A, P_1 \bigcap B_r, P_1) = -1,$$

于是 $A$ 在 $P_1 \bigcap (B_R \backslash \overline{B}_r)$ 上至少存在一个不动点, 也就是 (3.3.1) 至少存在一个正解. ∎

**定理 3.3.1 的证明**(方法二)  令

$$P_2 = \left\{ \varphi \in P \ \middle|\ \int_0^1 \psi^*(x)\varphi(x)\mathrm{d}x \geqslant \lambda_1^{-1}\delta_1 \|\varphi\| \right\}, \tag{3.3.33}$$

其中 $\psi^*$ 和 $\delta_1$ 由引理 3.3.5 中定义, 易证 $P_2$ 是 $C[0,1]$ 中的锥.

下证 $A(P) \subset P_2$, 其中 $A$ 由 (3.3.3) 定义. 事实上, 根据引理 3.3.5, $\forall \varphi \in P$, 可得

$$\int_0^1 \psi^*(x)(A\varphi)(x)\mathrm{d}x = \int_0^1 \psi^*(x)\mathrm{d}x \int_0^1 G(x,y)h(y)f(\varphi(y))\mathrm{d}y$$

$$= \int_0^1 f(\varphi(y))\mathrm{d}y \int_0^1 G(x,y)h(y)\psi^*(x)\mathrm{d}x = \lambda_1^{-1} \int_0^1 \psi^*(y)f(\varphi(y))\mathrm{d}y$$

$$= \lambda_1^{-1} \int_0^1 \varphi^*(y)h(y)f(\varphi(y))\mathrm{d}y \geqslant \lambda_1^{-1}\delta_1 \int_0^1 G(x,y)h(y)f(\varphi(y))\mathrm{d}y, \quad \forall x \in [0,1].$$

于是

$$\int_0^1 \psi^*(x)(A\varphi)(x)\mathrm{d}x \geqslant \lambda_1^{-1}\delta_1 \|A\varphi\|,$$

即 $A(P) \subset P_2$.

由 (3.3.18) 可知, 存在 $\varepsilon > 0$, 使得当 $u$ 充分大时 $f(u) \geqslant (\lambda_1 + \varepsilon)u$. 由 $(\mathbf{H_3})$ 又可知, 存在 $b \geqslant 0$ 使得

$$f(u) \geqslant (\lambda_1 + \varepsilon)u - b, \quad 0 \leqslant u < +\infty. \tag{3.3.34}$$

取

$$R > (\varepsilon\delta_1)^{-1}b\lambda_1 \int_0^1 \psi^*(x)\mathrm{d}x.$$

不妨设 $A$ 在 $P_2 \bigcap \partial B_R$ 上没有不动点 (否则定理得证).

定义泛函 $\rho : P_2 \to [0, +\infty)$ 为

$$\rho(\varphi) = \int_0^1 \psi^*(x)\varphi(x)\mathrm{d}x, \quad \forall \varphi \in P_2.$$

易证 $\rho$ 是连续泛函, 并且满足 (2.3.2), 同时

$$\inf_{\varphi \in P_2 \cap \partial B_R} \rho(\varphi) \geqslant \lambda_1^{-1}\delta_1 R > \rho(\theta) = 0.$$

由 (3.3.34), 引理 3.3.5(ii) 和 (3.3.33) 可知, $\forall \varphi \in P_2 \bigcap \partial B_R$, 有

$$\rho(A\varphi) = \int_0^1 \psi^*(x)(A\varphi)(x)\mathrm{d}x = \int_0^1 \psi^*(x)\mathrm{d}x \int_0^1 G(x,y)h(y)f(\varphi(y))\mathrm{d}y$$

$$\geqslant (\lambda_1+\varepsilon)\int_0^1 \psi^*(x)\mathrm{d}x \int_0^1 G(x,y)h(y)\varphi(y)\mathrm{d}y - b\int_0^1 \psi^*(x)\mathrm{d}x \int_0^1 G(x,y)h(y)\mathrm{d}y$$

$$= (\lambda_1+\varepsilon)\int_0^1 \varphi(x)\mathrm{d}x \int_0^1 G(y,x)h(x)\psi^*(y)\mathrm{d}y - b\int_0^1 \mathrm{d}x \int_0^1 G(y,x)h(x)\psi^*(y)\mathrm{d}y$$

$$= (\lambda_1+\varepsilon)\lambda_1^{-1}\int_0^1 \psi^*(x)\varphi(x)\mathrm{d}x - b\lambda_1^{-1}\int_0^1 \psi^*(x)\mathrm{d}x$$

$$= \int_0^1 \psi^*(x)\varphi(x)\mathrm{d}x + \varepsilon\lambda_1^{-1}\int_0^1 \psi^*(x)\varphi(x)\mathrm{d}x - b\lambda_1^{-1}\int_0^1 \psi^*(x)\mathrm{d}x$$

$$\geqslant \int_0^1 \psi^*(x)\varphi(x)\mathrm{d}x + \varepsilon\lambda_1^{-1}(\lambda_1^{-1}\delta_1\|\varphi\|) - b\lambda_1^{-1}\int_0^1 \psi^*(x)\mathrm{d}x \geqslant \rho(\varphi).$$

于是由定理 2.3.6(i), 有

$$i(A, P_2\bigcap B_R, P_2) = 0. \tag{3.3.35}$$

与证明方法一相同, 可知存在 $r \in (0,R)$, 使得 $i(A, P\bigcap B_r, P) = 1$. 又因为 $A(P) \subset P_2$, 所以根据不动点指数的保持性 (定理 2.3.1(iv)), 有

$$i(A, P_2\bigcap B_r, P_2) = i(A, P\bigcap B_r, P) = 1,$$

再由 (3.3.35) 和不动点指数的可加性可知 (3.3.1) 至少存在一个正解. ∎

**定理 3.3.2** 设 $(\mathbf{H_1})$—$(\mathbf{H_3})$ 满足. 如果

$$\liminf_{u\to 0^+} \frac{f(u)}{u} > \lambda_1, \tag{3.3.36}$$

$$\limsup_{u\to +\infty} \frac{f(u)}{u} < \lambda_1, \tag{3.3.37}$$

其中 $\lambda_1$ 是由 (3.3.15) 定义的算子 $T$ 的最小正本征值, 则 (3.3.1) 至少存在一个正解.

**证明**    由 (3.3.36) 可知, 存在 $r_1 > 0$ 使得

$$f(u) \geqslant \lambda_1 u, \quad 0 \leqslant u \leqslant r_1. \tag{3.3.38}$$

设 $\varphi^*$ 是 $T$ 对应其最小正本征值 $\lambda_1$ 的正本征函数, 那么 $\varphi^* = \lambda_1 T\varphi^*$.

令 $\varphi_0 = r_1\varphi^*/\|\varphi^*\|$, 则 $\varphi_0 \in P \bigcap \partial B_{r_1}$, 且 $\varphi_0 = \lambda_1 T\varphi_0$. 定义 $T_0 = \lambda_1 T$, 则 $T_0(P) \subset P$, $T_0\varphi_0 = \varphi_0$. 由 (3.3.38) 可得, 对任意的 $\varphi \in P \bigcap \partial B_{r_1}$, 有

$$(A\varphi)(x) \geqslant \lambda_1 \int_0^1 G(x,y)h(y)\varphi(y)\mathrm{d}y = \lambda_1(T\varphi)(x) = (T_0\varphi)(x), \quad x \in [0,1], \tag{3.3.39}$$

即在由锥 $P$ 导出的半序下, $A\varphi \geqslant T_0\varphi$, $\forall \varphi \in P \bigcap \partial B_{r_1}$. 不妨设 $A$ 在 $P \bigcap \partial B_{r_1}$ 上没有不动点 (否则定理得证), 根据定理 2.3.8, 有

$$i(A, P \bigcap B_{r_1}, P) = 0. \tag{3.3.40}$$

由 (3.3.37) 可知, 存在 $r_2 > r_1$ 和 $\sigma \in (0,1)$, 使得

$$f(u) \leqslant \sigma\lambda_1 u, \quad u \geqslant r_2. \tag{3.3.41}$$

定义 $T_1 = \sigma\lambda_1 T$, 于是 $T_1(P) \subset P$, 并且谱半径

$$r(T_1) = \lim_{n \to \infty} \sqrt[n]{\|T_1^n\|} = \lim_{n \to \infty} \sqrt[n]{(\sigma\lambda_1)^n \|T^n\|} = \sigma\lambda_1 r(T) = \sigma < 1.$$

令

$$M = \sup_{\varphi \in P \cap \overline{B}_{r_2}} \int_0^1 G(y,y)h(y)f(\varphi(y))\mathrm{d}y, \tag{3.3.42}$$

显然 $M < +\infty$.

对任意的 $\varphi \in P$, 令 $\widetilde{\varphi}(x) = \min\{\varphi(x), r_2\}$, 那么 $\widetilde{\varphi} \in P \bigcap \overline{B}_{r_2}$. 记 $e(\varphi) = \{x \in [0,1] \mid \varphi(x) > r_2\}$, 于是由 (3.3.41) 和定理 3.2.2(i) 有

$$
\begin{aligned}
(A\varphi)(x) &= \int_0^1 G(x,y)h(y)f(\varphi(y))\mathrm{d}y \\
&= \int_{e(\varphi)} G(x,y)h(y)f(\varphi(y))\mathrm{d}y + \int_{[0,1]\backslash e(\varphi)} G(x,y)h(y)f(\varphi(y))\mathrm{d}y \\
&\leqslant \sigma\lambda_1 \int_{e(\varphi)} G(x,y)h(y)\varphi(y)\mathrm{d}y + \int_{[0,1]\backslash e(\varphi)} G(x,y)h(y)f(\widetilde{\varphi}(y))\mathrm{d}y \\
&\leqslant \sigma\lambda_1 \int_0^1 G(x,y)h(y)\varphi(y)\mathrm{d}y + \int_0^1 G(y,y)h(y)f(\widetilde{\varphi}(y))\mathrm{d}y \\
&\leqslant (T_1\varphi)(x) + M,
\end{aligned}
$$

其中 $M$ 由 (3.3.42) 定义. 因此在由锥 $P$ 导出的半序下, $A\varphi \leqslant T_1\varphi + M (\forall \varphi \in P)$, 由定理 2.3.9 知, 存在 $r_3 > r_2$ 使得

$$i(A, P\bigcap B_{r_3}, P) = 1. \tag{3.3.43}$$

由 (3.3.40) 和 (3.3.43), 利用不动点指数的可加性 (定理 2.3.1(ii)) 得到

$$i(A, P\bigcap (B_{r_3} \backslash \overline{B}_{r_1}), P) = i(A, P\bigcap B_{r_3}, P) - i(A, P\bigcap B_{r_1}, P) = 1,$$

于是 $A$ 在 $P\bigcap (B_{r_3} \backslash \overline{B}_{r_1})$ 上至少存在一个不动点. 也就是 (3.3.1) 至少存在一个正解. ∎

**定理 3.3.3** 设 $(\mathbf{H_1})$—$(\mathbf{H_3})$ 满足. 如果 (3.3.36) 和 (3.3.18) 成立, 并且存在 $r_0 > 0$, 使得

$$f(u) < \eta r_0, \quad \forall u \in [0, r_0], \tag{3.3.44}$$

其中

$$\eta = \left( \int_0^1 G(x, x) h(x) \mathrm{d}x \right)^{-1},$$

则 (3.3.1) 至少存在两个正解.

**证明** 由 (3.3.36) 可知, 存在 $r_1 \in (0, r_0)$ 使得 $r_1 < \lambda_1^{-1}\eta r_0$, 并且 (3.3.38) 成立. 由 (3.3.18), 根据定理 3.3.1 的证明方法一, 存在 $\tau \in (0, 1/2)$ 和 $r_2 > r_0$, 使得当 $u \geqslant D(\tau)r_2$ 时, (3.3.27) 成立.

不妨设 $A$ 在 $P_1\bigcap \partial B_{r_1}$ 和 $P_1\bigcap \partial B_{r_2}$ 上没有不动点. 因为 $A(P) \subset P_1$, 根据定理 3.3.2 的证明和不动点指数的保持性可得 $i(A, P_1\bigcap B_{r_1}, P_1) = 0$. 再根据定理 3.3.1 的证明方法一可得 $i(A, P_1\bigcap B_{r_2}, P_1) = 0$.

由 (3.3.44) 可知, $\forall \varphi \in P_1\bigcap \partial B_{r_0}$, 有

$$(A\varphi)(x) \leqslant \int_0^1 G(y, y)h(y)f(\varphi(y))\mathrm{d}y < \int_0^1 G(y, y)h(y)\eta r_0 \mathrm{d}y = r_0, \quad x \in [0, 1].$$

于是 $\|A\varphi\| < \|\varphi\|$, $\forall \varphi \in P_1\bigcap \partial B_{r_0}$, 故根据推论 2.3.2(i) 得 $i(A, P_1\bigcap B_{r_0}, P_1) = 1$. 从而

$$i(A, P_1\bigcap (B_{r_0} \backslash \overline{B}_{r_1}), P_1) = i(A, P_1\bigcap B_{r_0}, P_1) - i(A, P_1\bigcap B_{r_1}, P_1) = 1,$$

$$i(A, P_1\bigcap (B_{r_2} \backslash \overline{B}_{r_0}), P_1) = i(A, P_1\bigcap B_{r_2}, P_1) - i(A, P_1\bigcap B_{r_0}, P_1) = -1,$$

于是 (3.3.1) 至少存在两个正解. ∎

**定理 3.3.4**    设 $(\mathbf{H_1})$—$(\mathbf{H_3})$ 满足. 如果 (3.3.17) 和 (3.3.37) 成立, 并且存在 $r_0 > 0$, 使得

$$f(u) > \eta r_0, \quad \forall u \in [D(\tau)r_0, r_0], \tag{3.3.45}$$

其中 $\tau \in (0, 1/2)$ 使得

$$\int_\tau^{1-\tau} G(y, y)h(y)\mathrm{d}y > 0,$$

$D(\tau)$ 见 (3.3.25),

$$\eta = \left( \int_\tau^{1-\tau} D(\tau)G(y, y)h(y)\mathrm{d}y \right)^{-1},$$

则 (3.3.1) 至少存在两个正解.

**证明**    由 (3.3.17) 可知, 存在 $r_1 \in (0, D(\tau)r_0)$ 使得当 $0 \leqslant u \leqslant r_1$ 时 (3.3.31) 成立. 不妨设 $A$ 在 $P_1 \bigcap \partial B_{r_1}$ 上没有不动点, 根据定理 3.3.1 的证明方法一, $i(A, P_1 \bigcap B_{r_1}, P_1) = 1$.

由 (3.3.37) 知, 存在 $r_2 > r_0$ 和 $\sigma \in (0, 1)$, 使得 (3.3.41) 成立. 又因为 $A(P) \subset P_1$, 根据定理 3.3.2 的证明和不动点指数的保持性可知, 存在 $r_3 > r_2$ 使得 $i(A, P_1 \bigcap B_{r_3}, P_1) = 1$.

因为 $\forall \varphi \in P_1 \bigcap \partial B_{r_0}$, 由 (3.3.26) 有

$$D(\tau)r_0 \leqslant \varphi(x) \leqslant r_0, \quad x \in [\tau, 1 - \tau],$$

所以由 (3.3.25) 和 (3.3.45) 可知

$$(A\varphi)(x) \geqslant \int_\tau^{1-\tau} D(\tau)G(y, y)h(y)f(\varphi(y))\mathrm{d}y$$

$$> \int_\tau^{1-\tau} D(\tau)G(y, y)h(y)\eta r_0\mathrm{d}y = r_0, \quad x \in [\tau, 1 - \tau].$$

于是 $\|A\varphi\| > \|\varphi\|$, $\forall \varphi \in P_1 \bigcap \partial B_{r_0}$, 故根据推论 2.3.4(i) 得 $i(A, P_1 \bigcap B_{r_0}, P_1) = 0$. 从而

$$i(A, P_1 \bigcap (B_{r_0} \backslash \overline{B}_{r_1}), P_1) = i(A, P_1 \bigcap B_{r_0}, P_1) - i(A, P_1 \bigcap B_{r_1}, P_1) = -1,$$

$$i(A, P_1 \bigcap (B_{r_3} \backslash \overline{B}_{r_0}), P_1) = i(A, P_1 \bigcap B_{r_3}, P_1) - i(A, P_1 \bigcap B_{r_0}, P_1) = 1,$$

于是 (3.3.1) 至少存在两个正解.    ∎

设 $(\mathbf{H_1})$ 和 $(\mathbf{H_2})$ 满足, 取 $\tau \in (0, 1/2)$, 使得 $h(x) \not\equiv 0 (x \in [\tau, 1 - \tau])$. 记

$$h_0 = \int_0^1 G(x, x)h(x)\mathrm{d}x, \quad h_\tau = \int_\tau^{1-\tau} G(x, x)h(x)\mathrm{d}x,$$

易见 $h_0 \geqslant h_\tau > 0$. 记

$$c = \min_{\tau \leqslant x \leqslant 1-\tau} u^*(x), \quad d = \max_{\tau \leqslant x \leqslant 1-\tau} u^*(x),$$

其中 $u^*(x)$ 由定理 3.2.2 给出, 易见 $0 < c \leqslant d \leqslant 1$. 定义 $\widetilde{P} = \{\varphi \in P \mid \varphi(x) \geqslant u^*(x)\|\varphi\|,\ x \in [0,1]\}$, 显然 $\widetilde{P}$ 是 $C[0,1]$ 中的锥, 并且由定理 3.2.2(ii) 可知 $A(P) \subset \widetilde{P}$.

**定理 3.3.5**   设 $(\mathbf{H_1})$—$(\mathbf{H_3})$ 满足. 如果存在常数 $a$ 和 $b, 0 < a < b$, 满足下面条件之一:

(i) $a < cdb$, 并且当 $0 \leqslant u \leqslant d^{-1}a$ 时, $f(u) \leqslant h_0^{-1}a$; 当 $cb \leqslant u \leqslant b$ 时, $f(u) \geqslant d^{-1}h_\tau^{-1}b$;

(ii) $a < c^2 b$, 并且当 $0 \leqslant u \leqslant c^{-1}a$ 时, $f(u) \leqslant h_0^{-1}a$; 当 $cb \leqslant u \leqslant c^{-1}b$ 时, $f(u) \geqslant c^{-1}h_\tau^{-1}b$;

(iii) $b \geqslant d^{-1}h_0 h_\tau^{-1}a$, 并且当 $0 \leqslant u \leqslant d^{-1}b$ 时, $f(u) \leqslant h_0^{-1}b$; 当 $ca \leqslant u \leqslant a$ 时, $f(u) \geqslant d^{-1}h_\tau^{-1}a$,

则 (3.3.1) 至少存在一个正解.

**证明**   定义

$$\alpha(\varphi) = \max_{\tau \leqslant x \leqslant 1-\tau} \varphi(x), \quad \beta(\varphi) = \min_{\tau \leqslant x \leqslant 1-\tau} \varphi(x), \quad \forall \varphi \in \widetilde{P}.$$

类似于例 2.1.3 和例 1.3.2 的证明, 可知 $\alpha$ 和 $\beta$ 是连续的, 并且 $\alpha, \beta : \widetilde{P} \to [0, +\infty)$ 满足 (2.3.2)(其中 $X = \widetilde{P}$). 令

$$U_1 = \{\varphi \in \widetilde{P} \mid \alpha(\varphi) < a\}, \quad U_2 = \{\varphi \in \widetilde{P} \mid \alpha(\varphi) < b\},$$

$$U_3 = \{\varphi \in \widetilde{P} \mid \beta(\varphi) < a\}, \quad U_4 = \{\varphi \in \widetilde{P} \mid \beta(\varphi) < b\}.$$

显然 $U_i (i = 1, 2, 3, 4)$ 是 $\widetilde{P}$ 中的开集, $\partial U_i$ 和 $\overline{U}_i$ 分别表示 $U_i$ 在 $\widetilde{P}$ 中的相对边界和相对闭包.

如果 $\varphi \in U_1$, 那么 $a > \max_{\tau \leqslant x \leqslant 1-\tau} \varphi(x) \geqslant d\|\varphi\|$, 因此 $U_1$ 是有界的, 并且 $\forall \varphi \in \overline{U}_1, \|\varphi\| \leqslant d^{-1}a$. 同理 $U_2$ 也是有界的, 并且 $\forall \varphi \in \overline{U}_2, \|\varphi\| \leqslant d^{-1}b$. 如果 $\varphi \in U_3$, 那么 $a > \min_{\tau \leqslant x \leqslant 1-\tau} \varphi(x) \geqslant c\|\varphi\|$, 因此 $U_3$ 是有界的, 并且 $\forall \varphi \in \overline{U}_3$, $\|\varphi\| \leqslant c^{-1}a$. 同理 $U_4$ 也是有界的, 并且 $\forall \varphi \in \overline{U}_4, \|\varphi\| \leqslant c^{-1}b$.

设条件 (i) 满足, 显然 $\theta \in U_1, \overline{U}_1 \subset U_2$. 若 $\varphi \in \partial U_1$, 则 $\alpha(\varphi) = a$, 从而 $\|\varphi\| \leqslant d^{-1}a$, 故由定理 3.2.2(i), 有

$$\alpha(A\varphi) = \max_{\tau \leqslant x \leqslant 1-\tau} \int_0^1 G(x,y)h(y)f(\varphi(y))\mathrm{d}y \leqslant \int_0^1 G(y,y)h(y)h_0^{-1}a\mathrm{d}y = a = \alpha(\varphi).$$

若 $\varphi \in \partial U_2$, 则 $\alpha(\varphi) = b$, 从而 $\inf_{\varphi \in \partial U_2} \alpha(\varphi) = b > 0 = \alpha(\theta)$, 并且当 $x \in [\tau, 1-\tau]$ 时, 有

$$cb \leqslant u^*(x)b = u^*(x) \max_{\tau \leqslant x \leqslant 1-\tau} \varphi(x) \leqslant u^*(x)\|\varphi\| \leqslant \varphi(x) \leqslant \max_{\tau \leqslant x \leqslant 1-\tau} \varphi(x) = \alpha(\varphi) = b,$$

故由定理 3.2.2(ii) 得

$$\alpha(A\varphi) = \max_{\tau \leqslant x \leqslant 1-\tau} \int_0^1 G(x,y)h(y)f(\varphi(y))\mathrm{d}y \geqslant \max_{\tau \leqslant x \leqslant 1-\tau} \int_0^1 u^*(x)G(y,y)h(y)f(\varphi(y))\mathrm{d}y$$

$$\geqslant d \int_\tau^{1-\tau} G(y,y)h(y)f(\varphi(y))\mathrm{d}y \geqslant d \int_\tau^{1-\tau} G(y,y)h(y)d^{-1}h_\tau^{-1}b\mathrm{d}y$$

$$= b = \alpha(\varphi).$$

不妨设 $A$ 在 $\partial U_1 \bigcup \partial U_2$ 上没有不动点 (否则定理得证), 根据定理 2.3.3(ii) 和定理 2.3.6(i) 可得

$$i(A, U_1, \widetilde{P}) = 1, \quad i(A, U_2, \widetilde{P}) = 0.$$

利用不动点指数的可加性可知 (3.3.1) 至少存在一个正解.

设条件 (ii) 满足, 显然 $\theta \in U_3$, $\overline{U}_3 \subset U_4$. 若 $\varphi \in \partial U_3$, 则 $\beta(\varphi) = a$, 从而 $\|\varphi\| \leqslant c^{-1}a$, 故由定理 3.2.2(i) 得

$$\beta(A\varphi) = \min_{\tau \leqslant x \leqslant 1-\tau} \int_0^1 G(x,y)h(y)f(\varphi(y))\mathrm{d}y \leqslant \int_0^1 G(y,y)h(y)h_0^{-1}a\mathrm{d}y = a = \beta(\varphi).$$

若 $\varphi \in \partial U_4$, 则 $\beta(\varphi) = b$, 从而 $\inf_{\varphi \in \partial U_4} \beta(\varphi) = b > 0 = \beta(\theta)$, 并且当 $x \in [\tau, 1-\tau]$ 时, 有

$$cb \leqslant u^*(x)b = u^*(x) \min_{\tau \leqslant x \leqslant 1-\tau} \varphi(x) \leqslant u^*(x)\|\varphi\| \leqslant \varphi(x) \leqslant \|\varphi\| \leqslant c^{-1}b,$$

故由定理 3.2.2(ii) 得

$$\beta(A\varphi) = \min_{\tau \leqslant x \leqslant 1-\tau} \int_0^1 G(x,y)h(y)f(\varphi(y))\mathrm{d}y$$

$$\geqslant \min_{\tau \leqslant x \leqslant 1-\tau} \int_0^1 u^*(x)G(y,y)h(y)f(\varphi(y))\mathrm{d}y$$

$$\geqslant c \int_\tau^{1-\tau} G(y,y)h(y)f(\varphi(y))\mathrm{d}y$$

$$\geqslant c \int_\tau^{1-\tau} G(y,y)h(y)c^{-1}h_\tau^{-1}b\mathrm{d}y$$

$$= b = \beta(\varphi).$$

不妨设 $A$ 在 $\partial U_3 \bigcup \partial U_4$ 上没有不动点 (否则定理得证), 根据定理 2.3.3(ii) 和定理 2.3.6(i) 可得
$$i(A, U_3, \widetilde{P}) = 1, \quad i(A, U_4, \widetilde{P}) = 0,$$
利用不动点指数的可加性可知 (3.3.1) 至少存在一个正解.

设条件 (iii) 满足. 若 $\varphi \in \partial U_1$, 则 $\alpha(\varphi) = a$, 从而 $\inf_{\varphi \in \partial U_1} \alpha(\varphi) = a > 0 = \alpha(\theta)$, 并且当 $x \in [\tau, 1-\tau]$ 时, 有
$$ca \leqslant u^*(x)a = u^*(x)\max_{\tau \leqslant x \leqslant 1-\tau}\varphi(x) \leqslant u^*(x)\|\varphi\| \leqslant \varphi(x) \leqslant \max_{\tau \leqslant x \leqslant 1-\tau}\varphi(x) = \alpha(\varphi) = a,$$
故由定理 3.2.2(ii) 得
$$\alpha(A\varphi) = \max_{\tau \leqslant x \leqslant 1-\tau}\int_0^1 G(x,y)h(y)f(\varphi(y))\mathrm{d}y$$
$$\geqslant \max_{\tau \leqslant x \leqslant 1-\tau}\int_0^1 u^*(x)G(y,y)h(y)f(\varphi(y))\mathrm{d}y$$
$$\geqslant d\int_\tau^{1-\tau} G(y,y)h(y)f(\varphi(y))\mathrm{d}y$$
$$\geqslant d\int_\tau^{1-\tau} G(y,y)h(y)d^{-1}h_\tau^{-1}a\mathrm{d}y$$
$$= a = \alpha(\varphi).$$

若 $\varphi \in \partial U_2$, 则 $\alpha(\varphi) = b$, 从而 $\|\varphi\| \leqslant d^{-1}b$, 故由定理 3.2.2(i) 得
$$\alpha(A\varphi) = \max_{\tau \leqslant x \leqslant 1-\tau}\int_0^1 G(x,y)h(y)f(\varphi(y))\mathrm{d}y \leqslant \int_0^1 G(y,y)h(y)h_0^{-1}b\mathrm{d}y = b = \alpha(\varphi).$$

不妨设 $A$ 在 $\partial U_1 \bigcup \partial U_2$ 上没有不动点 (否则定理得证), 根据定理 2.3.6(i) 和定理 2.3.3(ii) 可得
$$i(A, U_1, \widetilde{P}) = 0, \quad i(A, U_2, \widetilde{P}) = 1,$$
利用不动点指数的可加性可知 (3.3.1) 至少存在一个正解. ∎

作如下假设:

(**H$_3'$**)　存在 $b_0 \geqslant 0$ 使得 $f : (-\infty, +\infty) \to [-b_0, +\infty)$ 连续.

**引理 3.3.7**　设 (**H$_1$**), (**H$_2$**) 和 (**H$_3'$**) 满足, 则 $A : C[0,1] \to C[0,1]$ 是全连续算子, 并且 (3.3.1) 存在解 $\varphi \in C[0,1] \bigcap C^2(0,1)$ 等价于 $\varphi$ 是算子 $A$ 的不动点.

**证明**　由 (**H$_1$**) 和 (**H$_2$**) 可知当 $x \in [0,1]$ 时, $\forall \varphi \in C[0,1]$, 有
$$|(A\varphi)(x)| \leqslant \int_0^1 G(x,y)h(y)|f(\varphi(y))|\mathrm{d}y$$
$$\leqslant \left(\max_{-\|\varphi\| \leqslant u \leqslant \|\varphi\|}|f(u)|\right)\int_0^1 G(y,y)h(y)\mathrm{d}y < +\infty,$$
因此 $A : C[0,1] \to C[0,1]$. 类似引理 3.3.2 可证 $A$ 全连续. 与引理 3.3.3 的证明相同, 可证 (3.3.1) 存在解 $\varphi \in C[0,1] \bigcap C^2(0,1)$ 等价于 $\varphi$ 是算子 $A$ 的不动点. ∎

**定理 3.3.6**　设 $(\mathbf{H_1})$, $(\mathbf{H_2})$ 和 $(\mathbf{H_3'})$ 满足. 如果 (3.3.18) 和

$$\limsup_{u\to 0}\left|\frac{f(u)}{u}\right|<\lambda_1 \tag{3.3.46}$$

满足, 则 (3.3.1) 至少存在一个非平凡解.

　　**证明**　记

$$\widetilde{\varphi}(x)=b_0\int_0^1 G(x,y)h(y)\mathrm{d}y,$$

定义

$$\widetilde{A}\varphi=A(\varphi-\widetilde{\varphi})+\widetilde{\varphi},\quad \forall\varphi\in C[0,1].$$

对于由 (3.3.33) 给出的锥 $P_2$, 根据 $(\mathbf{H_3'})$ 可知 $\widetilde{A}:C[0,1]\to P_2$ 全连续. 事实上, $\forall\varphi\in C[0,1]$, 有

$$(\widetilde{A}\varphi)(x)=\int_0^1 G(x,y)h(y)f(\varphi(y)-\widetilde{\varphi}(y))\mathrm{d}y+b_0\int_0^1 G(x,y)h(y)\mathrm{d}y\geqslant 0,\quad x\in[0,1],$$

于是 $\widetilde{A}\varphi\in P$, 并且根据引理 3.3.5, 有

$$\int_0^1\psi^*(x)(\widetilde{A}\varphi)(x)\mathrm{d}x$$

$$=\int_0^1\psi^*(x)\mathrm{d}x\int_0^1 G(x,y)h(y)f(\varphi(y)-\widetilde{\varphi}(y))\mathrm{d}y+\int_0^1\psi^*(x)\widetilde{\varphi}(x)\mathrm{d}x$$

$$=\int_0^1 f(\varphi(y)-\widetilde{\varphi}(y))\mathrm{d}y\int_0^1 G(x,y)h(y)\psi^*(x)\mathrm{d}x$$

$$\quad+b_0\int_0^1\psi^*(x)\mathrm{d}x\int_0^1 G(x,y)h(y)\mathrm{d}y$$

$$=\lambda_1^{-1}\int_0^1\psi^*(y)(f(\varphi(y)-\widetilde{\varphi}(y))\mathrm{d}y+\lambda_1^{-1}b_0\int_0^1\psi^*(y)\mathrm{d}y$$

$$\geqslant\lambda_1^{-1}\delta_1\int_0^1 G(x,y)h(y)f(\varphi(y)-\widetilde{\varphi}(y))\mathrm{d}y+\lambda_1^{-1}\delta_1 b_0\int_0^1 G(x,y)h(y)\mathrm{d}y$$

$$=\lambda_1^{-1}\delta_1(A(\varphi-\widetilde{\varphi})+\widetilde{\varphi})(x)=\lambda_1^{-1}\delta_1(\widetilde{A}\varphi)(x),\quad x\in[0,1],$$

故

$$\int_0^1\psi^*(x)(\widetilde{A}\varphi)(x)\mathrm{d}x\geqslant\lambda_1^{-1}\delta_1\|\widetilde{A}\varphi\|,$$

即 $\widetilde{A}\varphi\in P_2$. 再由引理 3.3.7 可知 $\widetilde{A}:C[0,1]\to P_2$ 全连续.

由 (3.3.18) 可知, 存在 $\varepsilon > 0$, 使得当 $u$ 充分大时, $f(u) \geqslant (\lambda_1 + \varepsilon)u$. 由 $(\mathbf{H_3'})$ 又可知, 存在 $b \geqslant 0$ 使得

$$f(u) \geqslant (\lambda_1 + \varepsilon)u - b, \quad u \in (-\infty, +\infty). \tag{3.3.47}$$

取

$$R > \max\left\{ (\varepsilon\delta_1)^{-1}\lambda_1\left(\varepsilon\int_0^1 \psi^*(x)\widetilde{\varphi}(x)\mathrm{d}x + b\int_0^1 \psi^*(x)\mathrm{d}x\right), \|\widetilde{\varphi}\| \right\}. \tag{3.3.48}$$

如果 $\widetilde{A}$ 存在不动点 $\varphi_0 \in P_2 \bigcap \partial B_R$, 则 $\varphi_0 - \widetilde{\varphi}$ 是 $A$ 的不动点, 而 $\|\varphi_0 - \widetilde{\varphi}\| > 0$, 故结论得证. 下面不妨设 $\widetilde{A}$ 在 $P_2 \bigcap \partial B_R$ 上没有不动点.

与定理 3.3.1 的证明方法二相同, 定义满足 (2.3.2) 的连续泛函

$$\rho(\varphi) = \int_0^1 \psi^*(x)\varphi(x)\mathrm{d}x, \quad \forall \varphi \in P_2,$$

同样

$$\inf_{\varphi \in P_2 \bigcap \partial B_R} \rho(\varphi) \geqslant \lambda_1^{-1}\delta_1 R > \rho(\theta) = 0.$$

根据 (3.3.47), 引理 3.3.5(ii), (3.3.33) 和 (3.3.48) 可知, $\forall \varphi \in P_2 \bigcap \partial B_R$, 有

$$\rho(\widetilde{A}\varphi) = \int_0^1 \psi^*(x)\mathrm{d}x \int_0^1 G(x,y)h(y)f(\varphi(y) - \widetilde{\varphi}(y))\mathrm{d}y + \int_0^1 \psi^*(x)\widetilde{\varphi}(x)\mathrm{d}x$$

$$\geqslant (\lambda_1 + \varepsilon)\int_0^1 \psi^*(x)\mathrm{d}x \int_0^1 G(x,y)h(y)(\varphi(y) - \widetilde{\varphi}(y))\mathrm{d}y$$

$$- b\int_0^1 \psi^*(x)\mathrm{d}x \int_0^1 G(x,y)h(y)\mathrm{d}y + \int_0^1 \psi^*(x)\widetilde{\varphi}(x)\mathrm{d}x$$

$$= (\lambda_1 + \varepsilon)\int_0^1 (\varphi(x) - \widetilde{\varphi}(x))\mathrm{d}x \int_0^1 G(y,x)h(x)\psi^*(y)\mathrm{d}y$$

$$- b\int_0^1 \mathrm{d}x \int_0^1 G(y,x)h(x)\psi^*(y)\mathrm{d}y + \int_0^1 \psi^*(x)\widetilde{\varphi}(x)\mathrm{d}x$$

$$= (\lambda_1 + \varepsilon)\lambda_1^{-1}\int_0^1 \psi^*(x)(\varphi(x) - \widetilde{\varphi}(x))\mathrm{d}x - b\lambda_1^{-1}\int_0^1 \psi^*(x)\mathrm{d}x$$

$$+ \int_0^1 \psi^*(x)\widetilde{\varphi}(x)\mathrm{d}x$$

$$= \int_0^1 \psi^*(x)\varphi(x)\mathrm{d}x + \varepsilon\lambda_1^{-1}\int_0^1 \psi^*(x)\varphi(x)\mathrm{d}x - \varepsilon\lambda_1^{-1}\int_0^1 \psi^*(x)\widetilde{\varphi}(x)\mathrm{d}x$$

$$-b\lambda_1^{-1}\int_0^1 \psi^*(x)\mathrm{d}x$$

$$\geqslant \int_0^1 \psi^*(x)\varphi(x)\mathrm{d}x + \varepsilon\lambda_1^{-1}(\lambda_1^{-1}\delta_1\|\varphi\|) - \varepsilon\lambda_1^{-1}\int_0^1 \psi^*(x)\widetilde{\varphi}(x)\mathrm{d}x$$

$$-b\lambda_1^{-1}\int_0^1 \psi^*(x)\mathrm{d}x \geqslant \rho(\varphi).$$

故由定理 2.3.6(i), 有

$$i(\widetilde{A}, P_2\bigcap B_R, P_2) = 0.$$

而 $\widetilde{A}(C[0,1]) \subset P_2$, 根据不动点指数的保持性 (定理 2.3.1(iv)),

$$\deg(I - \widetilde{A}, B_R, \theta) = 0. \tag{3.3.49}$$

定义

$$H(t,\varphi) = A(\varphi - t\widetilde{\varphi}) + t\widetilde{\varphi}, \quad (t,\varphi) \in [0,1] \times \overline{B}_R.$$

由 $(\mathbf{H}_3')$ 易证 $A$ 在 $C[0,1]$ 的任意有界集上一致连续, 因此根据注 2.3.2(i), 可知 $H(t,\varphi)$ 是全连续同伦. 如果存在 $(t_1,\varphi_1) \in [0,1] \times \partial B_R$, 使得 $H(t_1,\varphi_1) = \varphi_1$, 那么 $A(\varphi_1-t_1\widetilde{\varphi}) = \varphi_1-t_1\widetilde{\varphi}$, 于是 $\varphi_1-t_1\widetilde{\varphi}$ 是 $A$ 的不动点, 而 $\|\varphi_1-t_1\widetilde{\varphi}\| \geqslant \|\varphi_1\|-\|\widetilde{\varphi}\| > 0$, 故结论得证. 否则由拓扑度的同伦不变性及 (3.3.49) 得

$$\deg(I - A, B_R, \theta) = \deg(I - \widetilde{A}, B_R, \theta) = 0. \tag{3.3.50}$$

由 (3.3.6) 可知, 存在 $r \in (0, R)$ 使得

$$|f(u)| \leqslant \lambda_1|u|, \quad \forall |u| \leqslant r. \tag{3.3.51}$$

下面证明

$$A\varphi \neq \mu\varphi, \quad \forall\varphi \in \partial B_r, \ \mu \geqslant 1. \tag{3.3.52}$$

事实上, 如果存在 $\varphi_1 \in \partial B_r$, $\mu_1 \geqslant 1$ 使得 $A\varphi_1 = \mu_1\varphi_1$, 不妨设 $\mu_1 > 1$(否则定理结论成立). 定义 $T_1\varphi = \lambda_1 T\varphi$, $\forall\varphi \in C[0,1]$. 于是 $T_1 : C[0,1] \to C[0,1]$ 为有界线性算子, 并且谱半径 $r(T_1) = 1$. 令 $\overline{\varphi}(x) = |\varphi_1(x)|$, 则 $\overline{\varphi} \in \partial B_r$. 根据 (3.3.51) 可知

$$\mu_1\overline{\varphi}(x) = |(A\varphi_1)(x)| \leqslant (T_1\overline{\varphi})(x), \tag{3.3.53}$$

从而

$$\mu_1^n\overline{\varphi}(x) \leqslant (T_1^n\overline{\varphi})(x), \quad n = 1, 2, \cdots,$$

于是 $\|T_1^n\| \geqslant \mu_1^n$. 根据 Gelfand 公式, 有

$$r(T_1) = \lim_{n\to\infty} \sqrt[n]{\|T_1^n\|} \geqslant \lim_{n\to\infty} \sqrt[n]{\mu_1^n} = \mu_1 > 1, \tag{3.3.54}$$

矛盾. 因此 (3.3.52) 成立, 故由定理 2.3.3 可知 (其中 $X = C[0,1]$, $U = B_r$)

$$\deg(I - A, B_r, \theta) = 1. \tag{3.3.55}$$

由 (3.3.50) 和 (3.3.55) 可知 (3.3.1) 至少存在一个非平凡解. ∎

**注 3.3.4**   这里给出证明 (3.3.52) 的另一种方法. 如果存在 $\varphi_1 \in \partial B_r$, $\mu_1 \geqslant 1$ 使得 $A\varphi_1 = \mu_1 \varphi_1$, 那么 $\varphi_1$ 满足方程

$$-(L\varphi)(x) = \mu_1^{-1} h(x) f(\varphi(x)), \quad x \in (0,1). \tag{3.3.56}$$

不妨设 $\mu_1 > 1$(否则定理结论成立). 由 (3.3.51) 得

$$\mu_1 |\varphi_1(x)| = |(A\varphi_1)(x)| \leqslant \lambda_1 \int_0^1 G(x,y) h(y) |\varphi_1(y)| \mathrm{d}y. \tag{3.3.57}$$

于是由 (3.3.57) 和引理 3.3.5(ii) 可知

$$\mu_1 \int_0^1 \psi^*(x) |\varphi_1(x)| \mathrm{d}x$$

$$\leqslant \lambda_1 \int_0^1 \psi^*(x) \mathrm{d}x \int_0^1 G(x,y) h(y) |\varphi_1(y)| \mathrm{d}y$$

$$= \lambda_1 \int_0^1 |\varphi_1(x)| \mathrm{d}x \int_0^1 G(y,x) h(x) \psi^*(y) \mathrm{d}y$$

$$= \int_0^1 \psi^*(x) |\varphi_1(x)| \mathrm{d}x. \tag{3.3.58}$$

由 (3.3.51) 可见 $f(0) = 0$, 如果 $h(x)|\varphi_1(x)| \equiv 0(x \in (0,1))$, 那么由 (3.3.56) 知 $\varphi_1$ 是齐次方程

$$-(L\varphi)(x) = 0, \quad x \in (0,1) \tag{3.3.59}$$

的非平凡解. 根据 Sturm 定理 (见文献 [15]), 齐次方程 (3.3.59) 的非平凡解 $\varphi_1$ 在 $(0,1)$ 中零点都是孤立的, 这与 $(\mathbf{H_2})$ 矛盾. 因此

$$\int_0^1 \psi^*(x) |\varphi_1(x)| \mathrm{d}x > 0,$$

再由 (3.3.58) 可得 $\mu_1 \leqslant 1$, 矛盾.

**定理 3.3.7**　设 $(\mathbf{H_1})$, $(\mathbf{H_2})$ 和 $(\mathbf{H_3'})$ 满足. 如果 (3.3.37) 和

$$\limsup_{u\to 0} \frac{f(u)}{|u|} > \lambda_1 \tag{3.3.60}$$

满足, 则 (3.3.1) 至少存在一个非平凡解.

　　**证明**　由 (3.3.60) 知, 存在 $r_1 > 0$ 使得

$$f(u) \geqslant \lambda_1 |u|, \quad \forall |u| \leqslant r_1. \tag{3.3.61}$$

对任意的 $\varphi \in \overline{B}_{r_1}$, 由 (3.3.61) 可知

$$(A\varphi)(x) \geqslant \lambda_1 \int_0^1 G(x,y)h(y) \mid \varphi(y) \mid \mathrm{d}y \geqslant 0, \quad x \in [0,1], \tag{3.3.62}$$

于是 $A(\overline{B}_{r_1}) \subset P$.

　　设 $\varphi^*$ 是由 (3.3.15) 定义的算子 $T$ 对应其最小正本征值 $\lambda_1$ 的正本征函数, 那么 $\varphi^* = \lambda_1 T\varphi^*$.

　　令 $\varphi_0 = r_1\varphi^*/\|\varphi^*\|$, 则 $\varphi_0 \in P \bigcap \partial B_{r_1}$, 且 $\varphi_0 = \lambda_1 T\varphi_0$. 定义 $T_0 = \lambda_1 T$, 则 $T_0(P) \subset P$, $T_0\varphi_0 = \varphi_0$. 再由 (3.3.61) 可知, $\forall \varphi \in P \bigcap \partial B_{r_1}$, 有

$$(A\varphi)(x) \geqslant \lambda_1 \int_0^1 G(x,y)h(y)\varphi(y)\mathrm{d}y = \lambda_1(T\varphi)(x) = (T_0\varphi)(x), \quad x \in [0,1], \tag{3.3.63}$$

即在由锥 $P$ 导出的半序下, $A\varphi \geqslant T_0\varphi$, $\forall \varphi \in P \bigcap \partial B_{r_1}$. 不妨设 $A$ 在 $P \bigcap \partial B_{r_1}$ 上没有不动点 (否则定理得证), 根据定理 2.3.8 有

$$i(A, P\bigcap B_{r_1}, P) = 0.$$

因为 $A(\overline{B}_{r_1}) \subset P$, 所以由不动点指数的保持性 (定理 2.3.1(iv)) 可得

$$\deg(I - A, B_{r_1}, \theta) = i(A, P\bigcap B_{r_1}, P) = 0. \tag{3.3.64}$$

　　令

$$\widetilde{\varphi}(x) = b_0 \int_0^1 G(x,y)h(y)\mathrm{d}y,$$

显然 $\widetilde{\varphi} \in P$, 由 $(\mathbf{H_3'})$ 可见 $A : C[0,1] \to P - \widetilde{\varphi}$. 根据 (3.3.37), 存在 $r_2 > r_1 + \|\widetilde{\varphi}\|$ 和 $0 < \sigma < 1$ 使得

$$f(u) \leqslant \sigma\lambda_1 u, \quad \forall u \geqslant r_2. \tag{3.3.65}$$

　　定义 $T_1\varphi = \sigma\lambda_1 T\varphi$, $\varphi \in C[0,1]$, 于是 $T_1 : C[0,1] \to C[0,1]$ 是有界线性算子, $T_1(P) \subset P$, 并且谱半径 $r(T_1) = \sigma < 1$. 对于 $\varphi \in P$, 设 $\widetilde{\psi}(x) = \min\{\varphi(x) - \widetilde{\varphi}(x), r_2\}$, 当 $\varphi(x) - \widetilde{\varphi}(x) < 0$ 时, 有

$$\widetilde{\psi}(x) = \varphi(x) - \widetilde{\varphi}(x) \geqslant \varphi(x) - r_2 \geqslant -r_2,$$

于是 $\|\widetilde{\psi}\| \leqslant r_2$. 记

$$e(\varphi) = \{x \in [0,1] \mid \varphi(x) - \widetilde{\varphi}(x) > r_2\},$$

$$\varphi_1(x) = \sigma\lambda_1 \int_0^1 G(x,y)h(y)\widetilde{\varphi}(y)\mathrm{d}y + \max_{|u|\leqslant r_2}|f(u)|\int_0^1 G(x,y)h(y)\mathrm{d}y + \widetilde{\varphi}(x). \quad (3.3.66)$$

由 (3.3.65) 可知, $\forall\varphi \in P$, 有

$$\begin{aligned}
(A(\varphi - \widetilde{\varphi}))(x) &= \int_0^1 G(x,y)h(y)f(\varphi(y) - \widetilde{\varphi}(y))\mathrm{d}y \\
&= \int_{e(\varphi)} G(x,y)h(y)f(\varphi(y) - \widetilde{\varphi}(y))\mathrm{d}y \\
&\quad + \int_{[0,1]\backslash e(\varphi)} G(x,y)h(y)f(\varphi(y) - \widetilde{\varphi}(y))\mathrm{d}y \\
&\leqslant \sigma\lambda_1 \int_{e(\varphi)} G(x,y)h(y)(\varphi(y) - \widetilde{\varphi}(y))\mathrm{d}y \\
&\quad + \int_{[0,1]\backslash e(\varphi)} G(x,y)h(y)f(\widetilde{\psi}(y))\mathrm{d}y \\
&\leqslant \sigma\lambda_1 \int_{e(\varphi)} G(x,y)h(y)\varphi(y)\mathrm{d}y \\
&\quad + \int_{[0,1]\backslash e(\varphi)} G(x,y)h(y)(f(\widetilde{\psi}(y)) + b_0)\mathrm{d}y \\
&\leqslant \sigma\lambda_1 \int_0^1 G(x,y)h(y)\varphi(y)\mathrm{d}y + \int_0^1 G(x,y)h(y)(f(\widetilde{\psi}(y)) + b_0)\mathrm{d}y \\
&= \sigma\lambda_1 \int_0^1 G(x,y)h(y)(\varphi(y) - \widetilde{\varphi}(y))\mathrm{d}y + \sigma\lambda_1 \int_0^1 G(x,y)h(y)\widetilde{\varphi}(y)\mathrm{d}y \\
&\quad + \int_0^1 G(x,y)h(y)f(\widetilde{\psi}(y))\mathrm{d}y + \widetilde{\varphi}(x) \\
&\leqslant \sigma\lambda_1 \int_0^1 G(x,y)h(y)(\varphi(y) - \widetilde{\varphi}(y))\mathrm{d}y + \varphi_1(x) \\
&= (T_1(\varphi - \widetilde{\varphi}))(x) + \varphi_1(x),
\end{aligned}$$

于是在由锥 $P$ 导出的半序下, $A(\varphi - \widetilde{\varphi}) \leqslant T_1(\varphi - \widetilde{\varphi}) + \varphi_1$. 由 $(\mathbf{H}_3')$ 易证 $A$ 在 $C[0,1]$ 的任意有界集上一致连续, 根据定理 2.3.10, 存在 $r_3 > r_2$ 使得

$$\deg(I - A, B_{r_3}, \theta) = 1. \quad (3.3.67)$$

由 (3.3.64) 和 (3.3.67) 可知 (3.3.1) 至少存在一个非平凡解. ∎

## 3.4   二阶 $m$ 点边值问题的 Green 函数

考察齐次二阶 $m$ 点边值问题

$$-(L\varphi)(x) = 0, \quad x \in [0,1], \tag{3.4.1}$$

$$\varphi(0) = 0, \quad \varphi(1) = \sum_{i=1}^{m-2} a_i\varphi(\xi_i), \tag{3.4.2}$$

其中 $L$ 为 Sturm-Liouville 算子, $m > 2$ 为整数, $0 < \xi_1 < \xi_2 < \cdots < \xi_{m-2} < 1$, $a_i \in [0, \infty)$.

作下面假设:

$(\mathbf{S}_1)$ $p \in C^1[0,1]$, $p(x) > 0(x \in [0,1])$, $q \in C[0,1]$, $q(x) \leqslant 0$.

**引理 3.4.1**   如果 $(\mathbf{S}_1)$ 满足, 则

$$\begin{cases} (L\varphi)(x) = 0, & x \in [0,1], \\ \varphi(0) = 0, & \varphi(1) = 1 \end{cases} \tag{3.4.3}$$

和

$$\begin{cases} (L\varphi)(x) = 0, & x \in [0,1], \\ \varphi(0) = 1, & \varphi(1) = 0 \end{cases} \tag{3.4.4}$$

分别存在唯一解 $\Phi_1(x)$ 和 $\Phi_2(x)$, 并且 $\Phi_1(x)$ 在 $[0,1]$ 上严格单调增加, $\Phi_2(x)$ 在 $[0,1]$ 上严格单调减少.

**证明**   设 $\varphi_1$ 和 $\varphi_2$ 是方程 $(L\varphi)(x) = 0$ 分别满足初值条件 $\varphi(0) = 0$, $\varphi'(0) = 1$ 和初值条件 $\varphi(0) = 1$, $\varphi'(0) = 0$ 的唯一解. 显然这两个解线性无关, 于是 $\varphi(x) = c_1\varphi_1(x) + c_2\varphi_2(x)$ 为 $(L\varphi)(x) = 0$ 的通解, 其中 $c_1$, $c_2$ 为常数. 对 (3.4.3) 而言,

$$\begin{cases} c_1\varphi_1(0) + c_2\varphi_2(0) = 0, \\ c_1\varphi_1(1) + c_2\varphi_2(1) = 1. \end{cases} \tag{3.4.5}$$

由于 $\varphi_1'(0) = 1$, 所以 $\varphi_1$ 不恒为常数. 如果 $\varphi_1(1) = 0$, 则存在 $\xi \in (0,1)$, 使得 $\varphi_1'(\xi) = 0$. 另外, 当 $x \in (0,1)$ 时, $\varphi_1(x) > 0$. 如若不然, $\varphi_1$ 在 $(0,1)$ 内取到非正最小值, 由推论 3.1.1 可知, $\varphi_1$ 恒为常数, 矛盾. 因为 $(L\varphi_1)(x) = 0$, $q(x) \leqslant 0$, 通过积分可得

$$p(\xi)\varphi_1'(\xi) - p(0)\varphi_1'(0) = -\int_0^\xi q(x)\varphi_1(x)\mathrm{d}x \geqslant 0,$$

于是 $p(0) \leqslant 0$, 矛盾. 所以 $\varphi_1(1) \neq 0$,

$$\begin{vmatrix} \varphi_1(0) & \varphi_2(0) \\ \varphi_1(1) & \varphi_2(1) \end{vmatrix} = \begin{vmatrix} 0 & 1 \\ \varphi_1(1) & \varphi_2(1) \end{vmatrix} = -\varphi_1(1) \neq 0,$$

故存在唯一的 $c_1$, $c_2$ 满足 (3.4.5), 即 (3.4.3) 存在唯一解 $\Phi_1(x)$.

在 $(0,1]$ 上, $\Phi_1(x) > 0$. 如若不然, $\Phi_1(x)$ 在 $(0,1)$ 内取到非正最小值, 由推论 3.1.1 可知 $\Phi_1(x)$ 恒为非正常数, 这与 $\Phi_1(1) = 1$ 矛盾. 从而再由推论 3.1.1 可知 $\Phi_1'(0) > 0$. 又因为 $(L\Phi_1)(x) = 0$, 通过积分可得

$$p(x)\Phi_1'(x) = p(0)\Phi_1'(0) - \int_0^x q(x)\Phi_1(x)\mathrm{d}x > 0, \quad x \in [0,1],$$

可见 $\Phi_1'(x) > 0 (x \in [0,1])$, 即 $\Phi_1(x)$ 在 $[0,1]$ 上严格单调增加.

对 (3.4.4) 而言,

$$\begin{cases} c_1\varphi_1(0) + c_2\varphi_2(0) = 1, \\ c_1\varphi_1(1) + c_2\varphi_2(1) = 0. \end{cases} \tag{3.4.6}$$

故存在唯一的 $c_1$, $c_2$ 满足 (3.4.6), 即 (3.4.4) 存在唯一解 $\Phi_2(x)$.

在 $[0,1)$ 上, $\Phi_2(x) > 0$. 如若不然, $\Phi_2(x)$ 在 $(0,1)$ 内取到非正最小值, 由推论 3.1.1 可知 $\Phi_2(x)$ 恒为非正常数, 这与 $\Phi_2(0) = 1$ 矛盾. 根据推论 3.1.1 又可得 $\Phi_2'(1) < 0$, 于是由 $(L\Phi_2)(x) = 0$, 通过积分可得

$$p(x)\Phi_2'(x) = p(1)\Phi_2'(1) + \int_x^1 q(x)\Phi_2(x)dx < 0, \quad x \in [0,1],$$

可见 $\Phi_2'(x) < 0 (x \in [0,1])$, 即 $\Phi_2(x)$ 在 $[0,1]$ 上严格单调减少.  ∎

在条件 $(\mathbf{S_1})$ 下, 令

$$k(x,y) = \begin{cases} \dfrac{1}{\rho}\Phi_1(x)\Phi_2(y), & 0 \leqslant x \leqslant y \leqslant 1, \\ \dfrac{1}{\rho}\Phi_1(y)\Phi_2(x), & 0 \leqslant y \leqslant x \leqslant 1, \end{cases} \tag{3.4.7}$$

其中 $\rho = p(0)\Phi_1'(0)$(由引理 3.4.1 的证明中知 $\Phi_1'(0) > 0$).

**引理 3.4.2**  设 $(\mathbf{S_1})$ 满足, 则 $k(x,y) \leqslant (1/\rho)\Phi_1(x)\Phi_2(x)(\forall x, y \in [0,1])$, 并且

$$k(x,y) \geqslant \Phi_1(x)\Phi_2(x)k(z,y), \quad \forall x, y, z \in [0,1]. \tag{3.4.8}$$

**证明**  由 (3.4.7) 和引理 3.4.1, 第一个不等式显然成立.

设 $z \in (0,1)$, 由引理 3.4.1 可知, 当 $0 < x, z \leqslant y < 1$ 时, 由于 $0 < \Phi_1(z), \Phi_2(x) < 1$, 所以

$$\frac{k(x,y)}{k(z,y)} = \frac{\Phi_1(x)}{\Phi_1(z)} \geqslant \Phi_1(x) \geqslant \Phi_1(x)\Phi_2(x);$$

当 $0 < y \leqslant x, z < 1$ 时, 由于 $0 < \Phi_2(z), \Phi_1(x) < 1$, 所以

$$\frac{k(x,y)}{k(z,y)} = \frac{\Phi_2(x)}{\Phi_2(z)} \geqslant \Phi_2(x) \geqslant \Phi_1(x)\Phi_2(x);$$

当 $0 < z \leqslant y \leqslant x < 1$ 时, 由于 $\Phi_1(y) \geqslant \Phi_1(z)$, 所以

$$\frac{k(x,y)}{k(z,y)} = \frac{\Phi_1(y)\Phi_2(x)}{\Phi_1(z)\Phi_2(y)} \geqslant \frac{\Phi_2(x)}{\Phi_2(y)} \geqslant \Phi_2(x) \geqslant \Phi_1(x)\Phi_2(x);$$

当 $0 < x \leqslant y \leqslant z < 1$ 时, 由于 $\Phi_2(y) \geqslant \Phi_2(z)$, 所以

$$\frac{k(x,y)}{k(z,y)} = \frac{\Phi_1(x)\Phi_2(y)}{\Phi_1(y)\Phi_2(z)} \geqslant \frac{\Phi_1(x)}{\Phi_1(y)} \geqslant \Phi_1(x) \geqslant \Phi_1(x)\Phi_2(x).$$

易见 $k(x,y) \geqslant \Phi_1(x)\Phi_2(x)k(z,y),\ x,y,z \in (0,1)$. ∎

作下面假设:

$(\mathbf{S_2})$ $\displaystyle\sum_{i=1}^{m-2} a_i\Phi_1(\xi_i) < 1$.

在条件 $(\mathbf{S_1})$ 和 $(\mathbf{S_2})$ 下, 记

$$G(x,y) = k(x,y) + \Phi_1(x)K(y), \quad x,y \in [0,1], \tag{3.4.9}$$

其中

$$K(y) = D^{-1}\sum_{i=1}^{m-2} a_i k(\xi_i, y), \quad D = 1 - \sum_{i=1}^{m-2} a_i\Phi_1(\xi_i),$$

称 $G(x,y)$ 为齐次 $m$ 点边值问题 (3.4.1)—(3.4.2) 的 Green 函数. 显然 $G(x,y)$ 在 $[0,1] \times [0,1]$ 上连续, 并且 $G(x,y) > 0(x,y \in (0,1))$.

下面我们考虑 (3.4.1) 分别在

$$\varphi(0) = \sum_{i=1}^{m-2} a_i\varphi(\xi_i), \quad \varphi(1) = 0, \tag{3.4.10}$$

$$\varphi'(0) = 0, \quad \varphi(1) = \sum_{i=1}^{m-2} a_i\varphi(\xi_i), \tag{3.4.11}$$

$$\varphi(0) = \sum_{i=1}^{m-2} a_i\varphi(\xi_i), \quad \varphi'(1) = 0 \tag{3.4.12}$$

(其中 $0 < \xi_1 < \xi_2 < \cdots < \xi_{m-2} < 1,\ a_i \in [0, \infty)$) 几种 $m$ 点边值条件下的情形.

作下面假设:

$(\mathbf{S_2'})$ $\displaystyle\sum_{i=1}^{m-2} a_i\Phi_2(\xi_i) < 1$.

在 $(\mathbf{S_1})$ 和 $(\mathbf{S_2'})$ 条件下, 记

$$G_1(x,y) = k(x,y) + \Phi_2(x)K_1(y), \quad x,y \in [0,1], \tag{3.4.13}$$

其中 $k(x,y)$ 由 (3.4.7) 定义,

$$K_1(y) = D_1^{-1} \sum_{i=1}^{m-2} a_i k(\xi_i, y), \quad D_1 = 1 - \sum_{i=1}^{m-2} a_i \Phi_2(\xi_i).$$

称 $G_1(x,y)$ 为齐次 $m$ 点边值问题 (3.4.1)—(3.4.10) 的 Green 函数. 显然 $G_1(x,y)$ 在 $[0,1] \times [0,1]$ 连续, 并且 $G_1(x,y) > 0 (x,y \in (0,1))$.

**引理 3.4.3** 假设 $(S_1)$ 满足, 则

$$\begin{cases} (L\varphi)(x) = 0, & x \in [0,1], \\ \varphi'(0) = 0, & \varphi(1) = 1 \end{cases} \tag{3.4.14}$$

和

$$\begin{cases} (L\varphi)(x) = 0, & x \in [0,1], \\ \varphi(0) = 1, & \varphi'(1) = 0 \end{cases} \tag{3.4.15}$$

分别存在唯一解 $\Phi_3(x)$ 和 $\Phi_4(x)$, 并且

(i) $\Phi_3(x)$ 在 $[0,1]$ 上单调增加, $\Phi_3(x) > 0$, $x \in [0,1]$;

(ii) $\Phi_4(x)$ 在 $[0,1]$ 上单调减少, $\Phi_4(x) > 0$, $x \in [0,1]$.

**证明** 设 $\varphi_3$ 和 $\varphi_4$ 是方程 $(L\varphi)(x) = 0$ 分别满足初值条件 $\varphi(0) = 0$, $\varphi'(0) = 1$ 和 $\varphi(0) = 1$, $\varphi'(0) = 0$ 的唯一解. 显然这两个解线性无关, 于是 $\varphi(x) = c_3\varphi_3(x) + c_4\varphi_4(x)$ 为 $(L\varphi)(x) = 0$ 的通解, 其中 $c_3$, $c_4$ 为常数. 对 (3.4.14) 而言,

$$\begin{cases} c_3\varphi_3'(0) + c_4\varphi_4'(0) = 0, \\ c_3\varphi_3(1) + c_4\varphi_4(1) = 1. \end{cases}$$

如果 $\varphi_4(1) = 0$, 那么 $\varphi_4(x)$ 即是 (3.4.4) 的唯一解 $\Phi_2(x)$, 根据引理 3.4.1 的证明可知 $\varphi_4'(0) < 0$, 这与 $\varphi_4'(0) = 0$ 矛盾, 所以 $\varphi_4(1) \neq 0$. 因此

$$\begin{vmatrix} \varphi_3'(0) & \varphi_4'(0) \\ \varphi_3(1) & \varphi_4(1) \end{vmatrix} = \begin{vmatrix} 1 & 0 \\ \varphi_3(1) & \varphi_4(1) \end{vmatrix} = \varphi_4(1) \neq 0,$$

从而 (3.4.14) 存在唯一解 $\Phi_3(x)$.

在 $[0,1]$ 上, $\Phi_3(x) > 0$. 事实上, 如果 $\Phi_3(x)$ 在 $(0,1)$ 取到非正最小值, 由推论 3.1.1 可知 $\Phi_3(x)$ 恒为非正常数, 这与 $\Phi_3(1) = 1$ 矛盾; 如果 $\Phi_3(0)$ 是非正最小值, 那么根据推论 3.1.1, 或者 $\Phi_3(x)$ 恒为非正常数, 或者 $\Phi_3'(0) > 0$, 均矛盾.

因为 $(L\Phi_3)(x) = 0$, $q(x) \leqslant 0$, 通过积分可得

$$p(x)\Phi_3'(x) - p(0)\Phi_3'(0) = -\int_0^x q(x)\Phi_3(x)\mathrm{d}x \geqslant 0.$$

于是 $\Phi_3'(x) \geqslant 0(x \in [0,1])$, 即 $\Phi_3(x)$ 在 $[0,1]$ 上单调增加.

对 (3.4.15) 而言,
$$\begin{cases} c_3\varphi_3(0) + c_4\varphi_4(0) = 1, \\ c_3\varphi_3'(1) + c_4\varphi_4'(1) = 0. \end{cases}$$

如果 $\varphi_3'(1) = 0$, 那么 $\varphi_3(x)$ 是齐次边值问题
$$\begin{cases} (L\varphi)(x) = 0, & 0 \leqslant x \leqslant 1, \\ \varphi(0) = 0, & \varphi'(1) = 0 \end{cases}$$

的解, 根据推论 3.2.3 可知 $\varphi_3(x) \equiv 0$, 这与 $\varphi_3'(0) = 1$ 矛盾. 因此
$$\begin{vmatrix} \varphi_3(0) & \varphi_4(0) \\ \varphi_3'(1) & \varphi_4'(1) \end{vmatrix} = \begin{vmatrix} 0 & 1 \\ \varphi_3'(1) & \varphi_4'(1) \end{vmatrix} = -\varphi_3'(1) \neq 0,$$

从而 (3.4.15) 存在唯一解 $\Phi_4(x)$.

在 $[0,1]$ 上, $\Phi_4(x) > 0$. 事实上, 如果 $\Phi_4(x)$ 在 $(0,1)$ 取到非正最小值, 由推论 3.1.1 可知 $\Phi_4(x)$ 恒为非正常数, 这与 $\Phi_4(0) = 1$ 矛盾; 如果 $\Phi_4(1)$ 是非正最小值, 那么根据推论 3.1.1, 或者 $\Phi_4(x)$ 恒为非正常数, 或者 $\Phi_4'(1) < 0$, 均矛盾.

因为 $(L\Phi_4)(x) = 0$, $q(x) \leqslant 0$, 通过积分可得
$$p(1)\Phi_4'(1) - p(x)\Phi_4'(x) = -\int_x^1 q(x)\Phi_4(x)\mathrm{d}x \geqslant 0.$$

于是 $\Phi_4'(x) \leqslant 0(x \in [0,1])$, 即 $\Phi_4(x)$ 在 $[0,1]$ 上单调减少.    ■

在 $(\mathbf{S_1})$ 条件下, 令
$$k^*(x,y) = \begin{cases} \dfrac{1}{\rho^*}\Phi_3(x)\Phi_2(y), & 0 \leqslant x \leqslant y \leqslant 1, \\ \dfrac{1}{\rho^*}\Phi_3(y)\Phi_2(x), & 0 \leqslant y \leqslant x \leqslant 1, \end{cases} \tag{3.4.16}$$

其中 $\Phi_2(x)$ 和 $\Phi_3(x)$ 分别是 (3.4.4) 和 (3.4.14) 的唯一解, $\rho^* = -p(0)\Phi_3(0)\Phi_2'(0)$(根据引理 3.4.3 和推论 3.1.1 可知 $\Phi_3(0) > 0$, $\Phi_2'(0) < 0$, 从而 $\rho^* > 0$).

**引理 3.4.4**  设 $(\mathbf{S_1})$ 满足, 则
$$k^*(x,y) \leqslant \frac{1}{\rho^*}\Phi_3(x)\Phi_2(x), \quad \forall x,y \in [0,1],$$

并且
$$k^*(x,y) \geqslant \Phi_3(x)\Phi_2(x)k^*(z,y), \quad \forall x,y,z \in [0,1].$$

作下面假设:

$(\mathbf{S}_2'')$ $\displaystyle\sum_{i=1}^{m-2} a_i \Phi_3(\xi_i) < 1.$

在 $(\mathbf{S}_1)$ 和 $(\mathbf{S}_2'')$ 条件下, 记

$$G_2(x,y) = k^*(x,y) + \Phi_3(x)K_2(y), \quad x,y \in [0,1], \tag{3.4.17}$$

其中

$$K_2(y) = D_2^{-1}\sum_{i=1}^{m-2} a_i k^*(\xi_i,y), \quad D_2 = 1 - \sum_{i=1}^{m-2} a_i \Phi_3(\xi_i).$$

称 $G_2(x,y)$ 为齐次 $m$ 点边值问题 (3.4.1)—(3.4.11) 的 Green 函数. 显然 $G_2(x,y)$ 在 $[0,1] \times [0,1]$ 连续, 并且 $G_2(x,y) > 0(x,y \in (0,1))$.

在 $(\mathbf{S}_1)$ 条件下, 令

$$k^{**}(x,y) = \begin{cases} \dfrac{1}{\rho}\Phi_1(x)\Phi_4(y), & 0 \leqslant x \leqslant y \leqslant 1, \\[2mm] \dfrac{1}{\rho}\Phi_1(y)\Phi_4(x), & 0 \leqslant y \leqslant x \leqslant 1, \end{cases} \tag{3.4.18}$$

其中 $\Phi_1(x)$ 和 $\Phi_4(x)$ 分别是 (3.4.3) 和 (3.4.15) 的唯一解, $\rho = p(0)\Phi_1'(0)$.

**引理 3.4.5** 设 $(\mathbf{S}_1)$ 满足, 则

$$k^{**}(x,y) \leqslant \frac{1}{\rho}\Phi_1(x)\Phi_4(x), \quad \forall x,y \in [0,1],$$

并且

$$k^{**}(x,y) \geqslant \Phi_1(x)\Phi_4(x)k^{**}(z,y), \quad \forall x,y,z \in [0,1].$$

作下面假设:

$(\mathbf{S}_2''')$ $\displaystyle\sum_{i=1}^{m-2} a_i \Phi_4(\xi_i) < 1.$

在 $(\mathbf{S}_1)$ 和 $(\mathbf{S}_2''')$ 条件下, 记

$$G_3(x,y) = k^{**}(x,y) + \Phi_4(x)K_3(y), \quad x,y \in [0,1], \tag{3.4.19}$$

其中

$$K_3(y) = D_3^{-1}\sum_{i=1}^{m-2} a_i k^{**}(\xi_i,y), \quad D_3 = 1 - \sum_{i=1}^{m-2} a_i \Phi_4(\xi_i).$$

称 $G_3(x,y)$ 为齐次 $m$ 点边值问题 (3.4.1)—(3.4.12) 的 Green 函数. 显然 $G_3(x,y)$ 在 $[0,1] \times [0,1]$ 连续, 并且 $G_3(x,y) > 0(x,y \in (0,1))$.

## 3.5   二阶 $m$ 点边值问题的非平凡解

本节研究二阶方程

$$-(L\varphi)(x) = h(x)f(\varphi(x)), \quad x \in (0,1), \tag{3.5.1}$$

满足 $m$ 点边值条件 (3.4.2), 并且允许 $h(x)$ 在 $x=0$ 和 $x=1$ 奇异.

作下面假设:

$(\mathbf{S_3})$  $h:(0,1) \to [0,+\infty)$ 连续, $h(x) \not\equiv 0$, 并且 $\int_0^1 h(x)\mathrm{d}x < +\infty$.

$(\mathbf{S_4})$  $f:[0,+\infty) \to [0,+\infty)$ 连续.

在 $(\mathbf{S_1})$—$(\mathbf{S_4})$ 条件下, 定义

$$(A\varphi)(x) = \int_0^1 G(x,y)h(y)f(\varphi(y))\mathrm{d}y, \quad x \in [0,1], \tag{3.5.2}$$

$$(T\varphi)(x) = \int_0^1 G(x,y)h(y)\varphi(y)\mathrm{d}y, \quad x \in [0,1], \tag{3.5.3}$$

其中 $G(x,y)$ 是由 (3.4.9) 给出的相应齐次边值问题的 Green 函数.

**引理 3.5.1**   设 $(\mathbf{S_1})$—$(\mathbf{S_4})$ 满足, 则 $A:P \to P$ 全连续.

**证明**   定义

$$(A_1\varphi)(x) = \int_0^1 k(x,y)h(y)f(\varphi(y))\mathrm{d}y, \quad x \in [0,1],$$

$$(A_2\varphi)(x) = \Phi_1(x)\int_0^1 K(y)h(y)f(\varphi(y))\mathrm{d}y, \quad x \in [0,1],$$

其中 $k(x,y)$ 和 $K(y)$ 分别由 (3.4.7) 和 (3.4.9) 给出. 由 $(\mathbf{S_2})$—$(\mathbf{S_4})$, 易见 $A_i:P \to P(i=1,2)$, 所以 $A = A_1 + A_2:P \to P$. 容易验证 $A_2$ 是全连续算子, 从 $f$ 的连续性易知 $A_1$ 的连续性.

设 $Q \subset P$ 是有界子集, $L > 0$ 使得 $\|\varphi\| \leqslant L$, $\forall \varphi \in Q$. 于是

$$\|A_1\varphi\| \leqslant \left(\max_{0\leqslant x,y\leqslant 1} k(x,y)\right)\left(\max_{0\leqslant u\leqslant L} f(u)\right)\int_0^1 h(y)\mathrm{d}y, \quad \forall \varphi \in Q,$$

故 $A_1(Q)$ 有界. 对 $x \in (0,1)$ 和 $\varphi \in Q$, 有

$$|(A_1\varphi)'(x)|$$

$$= \left|\Phi_2'(x)\int_0^x \frac{1}{\rho}\Phi_1(y)h(y)f(\varphi(y))\mathrm{d}y + \Phi_1'(x)\int_x^1 \frac{1}{\rho}\Phi_2(y)h(y)f(\varphi(y))\mathrm{d}y\right|$$

$$\leqslant \max_{x\in[0,1]}|\Phi_2'(x)|\left(\max_{0\leqslant u\leqslant L} f(u)\right)\frac{1}{\rho}\int_0^x h(y)\mathrm{d}y$$

$$+ \max_{x\in[0,1]} |\Phi_1'(x)| \Big( \max_{0\leqslant u\leqslant L} f(u) \Big) \frac{1}{\rho} \int_x^1 h(y)\mathrm{d}y$$

$$\leqslant \max \Big\{ \max_{x\in[0,1]} |\Phi_2'(x)|, \max_{x\in[0,1]} |\Phi_1'(x)| \Big\} \Big( \max_{0\leqslant u\leqslant L} f(u) \Big) \frac{1}{\rho} \int_0^1 h(y)\mathrm{d}y + 1$$

$$\triangleq \widetilde{L}.$$

$\forall \varepsilon > 0$, 取 $\delta = \varepsilon/\widetilde{L}$, 于是对 $x_1, x_2 \in [0,1]$, $|x_1 - x_2| < \delta$ 和 $\varphi \in Q$, 可得

$$|(A_1\varphi)(x_1) - (A_1\varphi)(x_2)| \leqslant \widetilde{L}|x_1 - x_2| < \varepsilon.$$

根据 Arzela-Ascoli 定理, $A_1$ 是全连续算子, 所以 $A$ 也是全连续算子. ∎

**注 3.5.1** 使用引理 3.3.2 证明中的算子逼近方法也可以证明引理 3.5.1.

在 $(\mathbf{S_1})$—$(\mathbf{S_3})$ 条件下, 容易证明 $T : C[0,1] \to C[0,1]$ 是全连续线性算子, 并且 $T(P) \subset P$. 与引理 3.3.4 类似, 我们有

**引理 3.5.2** 设 $(\mathbf{S_1})$—$(\mathbf{S_3})$ 满足, 则对由 (3.5.3) 定义的算子 $T$, 其谱半径 $r(T) > 0$, 而且 $T$ 存在对应其最小正本征值 $\lambda_1 = (r(T))^{-1}$ 的正本征函数.

**引理 3.5.3** 假设 $(\mathbf{S_1})$—$(\mathbf{S_4})$ 满足, 则边值问题 (3.5.1)—(3.4.2) 存在解 $\varphi \in P \bigcap C^2(0,1)$ 等价于 $\varphi \in P$ 是算子 $A$ 的不动点, 即

$$\varphi(x) = \int_0^1 G(x,y)h(y)f(\varphi(y))\mathrm{d}y, \quad x \in [0,1], \tag{3.5.4}$$

其中 $G(x,y)$ 为 (3.4.1)—(3.4.2) 的 Green 函数 (3.4.9).

**证明** 首先证明如果 $\varphi \in P$ 是算子 $A$ 的不动点, 那么 $\varphi \in P \bigcap C^2(0,1)$, 并且它是边值问题 (3.5.1)—(3.4.2) 的解.

由 (3.5.4) 可知, 对于 $x \in [0,1]$, 有

$$\varphi(x) = \int_0^1 G(x,y)h(y)f(\varphi(y))\mathrm{d}y$$

$$= \frac{1}{\rho}\Phi_2(x)\int_0^x \Phi_1(y)h(y)f(\varphi(y))\mathrm{d}y + \frac{1}{\rho}\Phi_1(x)\int_x^1 \Phi_2(y)h(y)f(\varphi(y))\mathrm{d}y$$

$$+ D^{-1}\Phi_1(x)\int_0^1 \Big( \sum_{i=1}^{m-2} a_i k(\xi_i, y) \Big) h(y)f(\varphi(y))\mathrm{d}y, \tag{3.5.5}$$

所以当 $x \in (0,1)$ 时, 有

$$\varphi'(x) = \frac{1}{\rho}\Phi_2'(x)\int_0^x \Phi_1(y)h(y)f(\varphi(y))\mathrm{d}y + \frac{1}{\rho}\Phi_1'(x)\int_x^1 \Phi_2(y)h(y)f(\varphi(y))\mathrm{d}y$$

$$+ D^{-1}\Phi_1'(x)\int_0^1 \Big(\sum_{i=1}^{m-2} a_i k(\xi_i, y)\Big) h(y)f(\varphi(y))\mathrm{d}y,$$

$$\varphi''(x) = \frac{1}{\rho}\Phi_2''(x)\int_0^x \Phi_1(y)h(y)f(\varphi(y))\mathrm{d}y + \frac{1}{\rho}\Phi_2'(x)\Phi_1(x)h(x)f(\varphi(x))$$

$$+ \frac{1}{\rho}\Phi_1''(x)\int_x^1 \Phi_2(y)h(y)f(\varphi(y))\mathrm{d}y - \frac{1}{\rho}\Phi_1'(x)\Phi_2(x)h(x)f(\varphi(x))$$

$$+ D^{-1}\Phi_1''(x)\int_0^1 \Big(\sum_{i=1}^{m-2} a_i k(\xi_i, y)\Big) h(y)f(\varphi(y))\mathrm{d}y.$$

于是利用 Wronski 行列式的性质, 有

$$(L\varphi)(x) = p(x)\varphi''(x) + p'(x)\varphi'(x) + q(x)\varphi(x)$$

$$= \frac{1}{\rho}\begin{vmatrix} \Phi_1(x) & \Phi_2(x) \\ \Phi_1'(x) & \Phi_2'(x) \end{vmatrix} p(x)h(x)f(\varphi(x))$$

$$+ D^{-1}\big(p(x)\Phi_1''(x) + p'(x)\Phi_1'(x)$$

$$+ q(x)\Phi_1(x)\big)\int_0^1 \Big(\sum_{i=1}^{m-2} a_i k(\xi_i, y)\Big) h(y)f(\varphi(y))\mathrm{d}y$$

$$= \frac{1}{\rho}\begin{vmatrix} \Phi_1(0) & \Phi_2(0) \\ \Phi_1'(0) & \Phi_2'(0) \end{vmatrix} p(x)\exp\Big(-\int_0^x \frac{p'(s)}{p(s)}\mathrm{d}s\Big) h(x)f(\varphi(x))$$

$$= -\frac{1}{\rho}\Phi_1'(0)p(0)h(x)f(\varphi(x)) = -h(x)f(\varphi(x)), \quad x \in (0,1),$$

即 $\varphi(x)$ 满足 (3.5.1).

由于 $\Phi_1(0) = 0$, $\Phi_1(1) = 1$ 以及 $\Phi_2(1) = 0$, 所以由 (3.5.5) 可知 $\varphi(0) = 0$, 并且

$$\varphi(1) = D^{-1}\int_0^1 \Big(\sum_{i=1}^{m-2} a_i k(\xi_i, y)\Big) h(y)f(\varphi(y))\mathrm{d}y.$$

又由于

$$\varphi(\xi_i) = \int_0^1 k(\xi_i, y)h(y)f(\varphi(y))\mathrm{d}y + D^{-1}\Phi_1(\xi_i)\int_0^1 \Big(\sum_{i=1}^{m-2} a_i k(\xi_i, y)\Big) h(y)f(\varphi(y))\mathrm{d}y,$$

所以

$$\sum_{i=1}^{m-2} a_i \varphi(\xi_i) = \int_0^1 \Big( \sum_{i=1}^{m-2} a_i k(\xi_i, y) \Big) h(y) f(\varphi(y)) \mathrm{d}y$$

$$+ \frac{1}{D} \Big( \sum_{i=1}^{m-2} a_i \Phi_1(\xi_i) \Big) \int_0^1 \Big( \sum_{i=1}^{m-2} a_i k(\xi_i, y) \Big) h(y) f(\varphi(y)) \mathrm{d}y$$

$$= D\varphi(1) + \Big( \sum_{i=1}^{m-2} a_i \Phi_1(\xi_i) \Big) \varphi(1) = \varphi(1),$$

即 $\varphi(x)$ 满足 (3.4.2). 故 $\varphi$ 是 (3.5.1)—(3.4.2) 的解.

最后证明如果 $\varphi \in P \bigcap C^2(0,1)$ 是边值问题 (3.5.1)—(3.4.2) 的解, 那么 $\varphi \in P$ 是算子 $A$ 的不动点.

显然 $\Phi_1$ 和 $\Phi_2$ 是 $(L\varphi)(x) = 0$ 的两个线性无关解, 所以 $\Phi(x) = c_1\Phi_1(x) + c_2\Phi_2(x)$ 为 $(L\varphi)(x) = 0$ 的通解, 其中 $c_1$, $c_2$ 为常数. 如果 $\Phi(x)$ 满足边值条件 (3.4.2), 那么

$$c_1\Phi_1(0) + c_2\Phi_2(0) = 0, \tag{3.5.6}$$

$$c_1\Phi_1(1) + c_2\Phi_2(1) = c_1 \sum_{i=1}^{m-2} a_i\Phi_1(\xi_i) + c_2 \sum_{i=1}^{m-2} a_i\Phi_2(\xi_i). \tag{3.5.7}$$

由于 $\Phi_1(0) = 0$, $\Phi_2(0) = 1$, 由 (3.5.6) 可知 $c_2 = 0$, 从而 (3.5.7) 成为

$$c_1\Phi_1(1) = c_1 \sum_{i=1}^{m-2} a_i\Phi_1(\xi_i).$$

再根据 $\Phi_1(1) = 1$ 和 $(\mathbf{S_2})$ 得 $c_1 = 0$. 故齐次方程 $(L\varphi)(x) = 0$ 满足边值条件 (3.4.2) 的只有零解.

设 $\varphi_0 \in P \bigcap C^2(0,1)$ 是边值问题 (3.5.1)—(3.4.2) 的解, 于是与前面的证明类似可知, 函数

$$\varphi(x) = \int_0^1 G(x,y)h(y)f(\varphi_0(y))\mathrm{d}y, \quad x \in [0,1]$$

是线性问题

$$-(L\varphi)(x) = h(x)f(\varphi_0(x)), \quad x \in (0,1) \tag{3.5.8}$$

满足边值条件 (3.4.2) 的解. 当然 $\varphi_0$ 本身也是线性问题 (3.5.8) 满足边值条件 (3.4.2) 的解, 于是 $\widetilde{\varphi} = \varphi - \varphi_0$ 是齐次方程 $(L\varphi)(x) = 0$ 满足边值条件 (3.4.2) 的解, 从而是零解, 即 $\varphi = \varphi_0$, 故 $\varphi_0$ 是算子 $A$ 的不动点. ∎

$\varphi$ 叫做 (3.5.1)—(3.4.2) 的正解, 如果 $\varphi \in C[0,1] \bigcap C^2(0,1), \varphi(x) > 0 (x \in (0,1))$ 且满足 (3.5.1) 和 (3.4.2). 如果 $A$ 在 $P$ 中的不动点 $\varphi \neq \theta$, 那么由推论 3.1.1, 可知 $\varphi(x) > 0 (x \in (0,1))$, 因此 $\varphi$ 是 (3.5.1)—(3.4.2) 的正解.

**定理 3.5.1**　设 $(S_1)$—$(S_4)$ 满足. 如果 (3.3.17) 和 (3.3.18) 成立, 其中 $\lambda_1$ 是由 (3.5.3) 定义的算子 $T$ 的最小正本征值, 则 (3.5.1)—(3.4.2) 至少存在一个正解.

我们用两种方法来证明定理 3.5.1, 方法一需要引入下面的算子和引理. 对 $\tau \in (0, 1/2)$, 定义

$$(T_\tau \varphi)(x) = \int_\tau^{1-\tau} G(x,y)h(y)\varphi(y)\mathrm{d}y, \quad x \in [0,1]. \tag{3.5.9}$$

如果 $(S_1)$—$(S_3)$ 满足, 易证 $T_\tau : C[0,1] \to C[0,1]$ 是全连续线性算子, 而且 $T_\tau(P) \subset P$.

**引理 3.5.4**　假设 $(S_1)$—$(S_3)$ 满足, 则对充分小的 $\tau > 0$, 由 (3.5.9) 定义的算子 $T_\tau$ 的谱半径 $r(T_\tau) > 0$, $T_\tau$ 存在对应其最小正本征值 $\lambda_\tau = (r(T_\tau))^{-1}$ 的正本征函数, 并且当 $\tau \to 0^+$ 时, $\lambda_\tau \to \lambda_1$, 其中 $\lambda_1$ 是由 (3.5.3) 定义的算子 $T$ 的最小正本征值.

**证明**　类似于引理 3.3.6 的证明可知, 对充分小的 $\tau > 0$, 由 (3.5.9) 定义的算子 $T_\tau$ 的谱半径 $r(T_\tau) > 0$, $T_\tau$ 存在对应其最小正本征值 $\lambda_\tau = (r(T_\tau))^{-1}$ 的正本征函数, 并且当 $\tau \to 0^+$ 时, $\lambda_\tau \to \widetilde{\lambda}_1$, 其中 $\widetilde{\lambda}_1$ 是 $T$ 具有正本征函数的正本征值. 下面证明 $\widetilde{\lambda}_1 = \lambda_1$.

由 (3.4.9) 和引理 3.4.2 可知

$$\Phi_1(x)K(y) \leqslant G(x,y) \leqslant \Phi_1(x)\left(\frac{1}{\rho} + K(y)\right), \quad x, y \in [0,1],$$

于是 $\forall \varphi \in P \backslash \{\theta\}$, 有

$$\Phi_1(x)\int_0^1 K(y)\varphi(y)\mathrm{d}y \leqslant (T\varphi)(x) \leqslant \Phi_1(x)\int_0^1 \left(\frac{1}{\rho} + K(y)\right)\varphi(y)\mathrm{d}y, \quad x \in [0,1].$$

当 $a_i > 0 (i = 1, 2, \cdots, m-2)$ 时, 显然

$$\int_0^1 K(y)\varphi(y)\mathrm{d}y > 0, \quad \int_0^1 \left(\frac{1}{\rho} + K(y)\right)\varphi(y)\mathrm{d}y > 0, \quad \Phi_1 \in P \backslash \{\theta\},$$

于是 $T$ 是 $\Phi_1$ 正的 (见定义 2.5.1), 由定理 2.5.1 有 $\widetilde{\lambda}_1 = \lambda_1$. 当 $a_i = 0 (i = 1, 2, \cdots, m-2)$ 时, $G(x,y) = k(x,y)$ 是对称的, 于是与引理 3.3.6 证明中相应部分类似仍可得 $\widetilde{\lambda}_1 = \lambda_1$. ∎

**定理 3.5.1 的证明**(方法一)　由 (3.3.18) 和引理 3.5.4 可知, 存在充分小的 $\tau \in (0, 1/2)$, 使得

$$\liminf_{u \to +\infty} \frac{f(u)}{u} > \lambda_\tau, \tag{3.5.10}$$

其中 $\lambda_\tau$ 是 $T_\tau$ 的最小正本征值, 并且当 $x \in (\tau, 1-\tau)$ 时, $h(x) \not\equiv 0$.

令 $D(\tau) = \min_{\tau \leqslant x \leqslant 1-\tau} \Phi_1(x)\Phi_2(x)$, 其中 $\Phi_1(x), \Phi_2(x)$ 由引理 3.4.1 中给出, 于是 $0 < D(\tau) \leqslant 1$, 由 (3.4.9) 和 (3.4.8) 得

$$G(x,y) \geqslant \Phi_1(x)\Phi_2(x)k(z,y) + \Phi_1(x)K(y) \geqslant \Phi_1(x)\Phi_2(x)G(z,y), \quad \forall x,y,z \in [0,1], \tag{3.5.11}$$

于是

$$G(x,y) \geqslant D(\tau)G(z,y), \quad \forall x \in [\tau, 1-\tau], \ y,z \in [0,1]. \tag{3.5.12}$$

定义

$$P_1 = \{\varphi \in P \mid \varphi(x) \geqslant D(\tau)\|\varphi\|, x \in [\tau, 1-\tau]\}. \tag{3.5.13}$$

容易验证 $P_1$ 是 $C[0,1]$ 中的锥. 由 (3.5.12) 可推出, 对任意的 $\varphi \in P$ 和 $x \in [\tau, 1-\tau]$, 有

$$(A\varphi)(x) \geqslant D(\tau)\int_0^1 G(z,y)h(y)f(\varphi(y))\mathrm{d}y, \quad z \in [0,1],$$

所以 $(A\varphi)(x) \geqslant D(\tau)\|A\varphi\|$, 即 $A(P) \subset P_1$.

由 (3.5.10), 与定理 3.3.1 的证明方法一相同, 可知存在 $R > 0$, 使得当 $A$ 在 $P_1 \bigcap \partial B_R$ 上没有不动点时,

$$i(A, P_1 \bigcap B_R, P_1) = 0. \tag{3.5.14}$$

由 (3.3.17) 可知, 存在 $r \in (0, R)$, 使得 $A$ 在 $P_1 \bigcap \partial B_r$ 上没有不动点时, 利用与定理 3.3.1 相应部分的相同证明方法, 可得

$$i(A, P_1 \bigcap B_r, P_1) = 1. \tag{3.5.15}$$

由 (3.5.14) 和 (3.5.15) 可知 (3.5.1)—(3.4.2) 至少存在一个正解. $\blacksquare$

**定理 3.5.1 的证明**(方法二)  定义

$$P_2 = \{\varphi \in P \mid \varphi(x) \geqslant \Phi_1(x)\Phi_2(x)\|\varphi\|, \ \forall x \in [0,1]\}, \tag{3.5.16}$$

显然 $P_2$ 是 $C[0,1]$ 中的锥. 于是 $\forall \varphi \in P$, 取 $x_0 \in [0,1]$, 使得 $(A\varphi)(x_0) = \|A\varphi\|$, 由 (3.5.11) 得

$$\begin{aligned}(A\varphi)(x) &\geqslant \Phi_1(x)\Phi_2(x)\int_0^1 G(x_0,y)h(y)f(\varphi(y))\mathrm{d}y \\ &= \Phi_1(x)\Phi_2(x)(A\varphi)(x_0) = \Phi_1(x)\Phi_2(x)\|A\varphi\|, \quad x \in [0,1].\end{aligned}$$

因此 $A(P) \subset P_2$. 类似可得 $T(P) \subset P_2$.

由 (3.3.18) 可知, 存在 $\varepsilon > 0$, 使得当 $u$ 充分大时, $f(u) \geqslant (\lambda_1 + \varepsilon)u$. 由 $(\mathbf{S_4})$ 可知, 存在 $b \geqslant 0$, 使得

$$f(u) \geqslant (\lambda_1 + \varepsilon)u - b, \quad 0 \leqslant u < +\infty. \tag{3.5.17}$$

当 $a_i > 0(i = 1, 2, \cdots, m - 2)$ 时, 取

$$R > \max\left\{ \frac{(b/\rho)\int_0^1 h(y)\mathrm{d}y}{\varepsilon\int_0^1 k(y,y)h(y)\Phi_1(y)\Phi_2(y)\mathrm{d}y}, \frac{b\int_0^1 K(y)h(y)\mathrm{d}y}{\varepsilon\int_0^1 K(y)h(y)\Phi_1(y)\Phi_2(y)\mathrm{d}y} \right\}; \tag{3.5.18}$$

当 $a_i = 0(i = 1, 2, \cdots, m - 2)$ 时, 取

$$R > \frac{(b/\rho)\int_0^1 h(y)\mathrm{d}y}{\varepsilon\int_0^1 k(y,y)h(y)\Phi_1(y)\Phi_2(y)\mathrm{d}y}. \tag{3.5.19}$$

不妨设 $A$ 在 $P_2 \bigcap \partial B_R$ 上没有不动点 (否则定理得证). $\forall \varphi \in P_2 \bigcap \partial B_R$, 根据 (3.5.17), (3.4.9), 引理 3.4.2, (3.5.16), (3.5.18) 或 (3.5.19) 可得

$$\begin{aligned}
(A\varphi)(x) &\geqslant (\lambda_1 + \varepsilon)\int_0^1 G(x,y)h(y)\varphi(y)\mathrm{d}y - b\int_0^1 G(x,y)h(y)\mathrm{d}y \\
&= \lambda_1(T\varphi)(x) + \varepsilon\int_0^1 k(x,y)h(y)\varphi(y)\mathrm{d}y - b\int_0^1 k(x,y)h(y)\mathrm{d}y \\
&\quad + \varepsilon\int_0^1 \Phi_1(x)K(y)h(y)\varphi(y)\mathrm{d}y - b\int_0^1 \Phi_1(x)K(y)h(y)\mathrm{d}y \\
&\geqslant \lambda_1(T\varphi)(x) + \varepsilon\int_0^1 \Phi_1(x)\Phi_2(x)k(y,y)h(y)\varphi(y)\mathrm{d}y - \frac{b}{\rho}\int_0^1 \Phi_1(x)\Phi_2(x)h(y)\mathrm{d}y \\
&\quad + \varepsilon\int_0^1 \Phi_1(x)K(y)h(y)\varphi(y)\mathrm{d}y - b\int_0^1 \Phi_1(x)K(y)h(y)\mathrm{d}y \\
&\geqslant \lambda_1(T\varphi)(x) + \Phi_1(x)\Phi_2(x)\Big(\varepsilon\int_0^1 k(y,y)h(y)\Phi_1(y)\Phi_2(y)\|\varphi\|\mathrm{d}y - \frac{b}{\rho}\int_0^1 h(y)\mathrm{d}y\Big) \\
&\quad + \Phi_1(x)\Big(\varepsilon\int_0^1 K(y)h(y)\Phi_1(y)\Phi_2(y)\|\varphi\|\mathrm{d}y - b\int_0^1 K(y)h(y)\mathrm{d}y\Big) \\
&\geqslant \lambda_1(T\varphi)(x),
\end{aligned}$$

从而在由锥 $P$ 导出的半序下, $A\varphi \geqslant \lambda_1 T\varphi$. 设 $\varphi^*$ 是 $T$ 对应其最小正本征值 $\lambda_1$ 的正本征函数, 于是 $\varphi^* = \lambda_1 T\varphi^*$. 令 $T_1 = \lambda_1 T$, 根据定理 2.3.8(其中 $u_0 = \varphi^*$), 得

$$i(A, P_2 \bigcap B_R, P_2) = 0. \tag{3.5.20}$$

由 (3.3.17) 可知, 存在 $r \in (0, R)$, 使得 $A$ 在 $P_2 \bigcap \partial B_r$ 上没有不动点时, 利用与定理 3.3.1 相应部分的相同证明方法, 可得

$$i(A, P_2\textstyle\bigcap B_r, P_2) = 1. \tag{3.5.21}$$

由 (3.5.20) 和 (3.5.21) 可知 (3.5.1)—(3.4.2) 至少存在一个正解.  ∎

**定理 3.5.2** 设 $(\mathbf{S_1})$—$(\mathbf{S_4})$ 满足. 如果 (3.3.36) 和 (3.3.37) 成立, 其中 $\lambda_1$ 是由 (3.5.3) 定义的算子 $T$ 的最小正本征值, 则 (3.5.1)—(3.4.2) 至少存在一个正解.

**证明** 与定理 3.3.2 的证明类似.  ∎

设 $(\mathbf{S_3})$ 满足, 取 $\tau \in (0, 1/2)$, 使得 $h(x) \not\equiv 0 (x \in [\tau, 1 - \tau])$. 记

$$h_0 = \int_0^1 h(x)\mathrm{d}x, \quad h_\tau = \int_\tau^{1-\tau} h(x)\mathrm{d}x,$$

显然 $h_0 > 0$, $h_\tau > 0$. 在条件 $(\mathbf{S_1})$ 和 $(\mathbf{S_2})$ 下, 由引理 3.4.1 和引理 3.4.2 得

$$k(x, y) \geqslant \frac{1}{\rho}\Phi_1(\tau)\Phi_2(1-\tau) \triangleq N, \quad x, y \in [\tau, 1-\tau], \tag{3.5.22}$$

$$G(x,y) \leqslant \left(\frac{1}{\rho} + D^{-1}\sum_{i=1}^{m-2} a_i k(\xi_i, y)\right)\Phi_1(x) \leqslant \left(\frac{1}{\rho} + D^{-1}\frac{1}{\rho}\sum_{i=1}^{m-2} a_i\right) \triangleq M, \quad x, y \in [0, 1], \tag{3.5.23}$$

其中 $k(x, y)$ 和 $G(x, y)$ 分别由 (3.4.7) 和 (3.4.9) 定义, 显然 $M > 0$, $N > 0$. 记

$$c = \min_{\tau \leqslant x \leqslant 1-\tau} \Phi_1(x)\Phi_2(x), \quad d = \max_{\tau \leqslant x \leqslant 1-\tau} \Phi_1(x)\Phi_2(x),$$

易见 $0 < c \leqslant d \leqslant 1$.

**定理 3.5.3** 设 $(\mathbf{S_1})$—$(\mathbf{S_4})$ 满足. 如果 (3.3.36) 和 (3.3.18) 成立, 其中 $\lambda_1$ 是由 (3.5.3) 定义的算子 $T$ 的最小正本征值, 并且存在 $r_0 > 0$, 使得

$$f(u) < M^{-1}h_0^{-1}r_0, \quad \forall u \in [0, r_0], \tag{3.5.24}$$

则 (3.5.1)—(3.4.2) 至少存在两个正解.

**证明** 由 (3.3.36) 可知, 存在 $r_1 \in (0, r_0)$ 使得 $r_1 < \lambda_1^{-1}M^{-1}h_0^{-1}r_0$, 并且 (3.3.38) 成立. 由 (3.3.18), 根据定理 3.5.1 方法二的证明, 可取 $r_2 > r_0$ 并且大于 (3.5.18) 或 (3.5.19) 右边的常数. 不妨设 $A$ 在 $P_2 \bigcap \partial B_{r_1}$ 和 $P_2 \bigcap \partial B_{r_2}$ 上没有不动点. 因为 $A(P) \subset P_2$, 根据定理 3.5.2 的证明和不动点指数的保持性可得

$$i(A, P_2\textstyle\bigcap B_{r_1}, P_2) = 0.$$

再根据定理 3.5.1 方法二的证明可得

$$i(A, P_2\textstyle\bigcap B_{r_2}, P_2) = 0.$$

由 (3.5.23) 和 (3.5.24) 可知, $\forall \varphi \in P_2 \bigcap \partial B_{r_0}$, 有

$$(A\varphi)(x) \leqslant \int_0^1 Mh(y)f(\varphi(y))\mathrm{d}y < \int_0^1 Mh(y)M^{-1}h_0^{-1}r_0\mathrm{d}y = r_0, \quad x \in [0,1].$$

于是 $\|A\varphi\| < \|\varphi\|$, $\forall \varphi \in P_2 \bigcap \partial B_{r_0}$, 故根据推论 2.3.2(i) 得

$$i(A, P_2 \bigcap B_{r_0}, P_2) = 1.$$

从而

$$i(A, P_2 \bigcap (B_{r_0} \backslash \overline{B}_{r_1}), P_2) = i(A, P_2 \bigcap B_{r_0}, P_2) - i(A, P_2 \bigcap B_{r_1}, P_2) = 1,$$

$$i(A, P_2 \bigcap (B_{r_2} \backslash \overline{B}_{r_0}), P_2) = i(A, P_2 \bigcap B_{r_2}, P_2) - i(A, P_2 \bigcap B_{r_0}, P_2) = -1,$$

于是 (3.5.1)—(3.4.2) 至少存在两个正解. ∎

**定理 3.5.4**　设 $(S_1)$—$(S_4)$ 满足. 如果 (3.3.17) 和 (3.3.37) 成立, 其中 $\lambda_1$ 是由 (3.5.3) 定义的算子 $T$ 的最小正本征值, 并且存在 $r_0 > 0$, 使得

$$f(u) > N^{-1}h_\tau^{-1}r_0, \quad \forall u \in [cr_0, r_0], \tag{3.5.25}$$

则 (3.5.1)—(3.4.2) 至少存在两个正解.

**证明**　由 (3.3.17) 可知, 存在 $r_1 \in (0, cr_0)$ 使得当 $0 \leqslant u \leqslant r_1$ 时 (3.3.31) 成立. 由 (3.3.37) 知, 存在 $r_2 > r_0$ 和 $\sigma \in (0,1)$, 使得 (3.3.41) 成立. 不妨设 $A$ 在 $P_2 \bigcap \partial B_{r_1}$ 上没有不动点. 根据定理 3.5.1 的证明方法二可得

$$i(A, P_2 \bigcap B_{r_1}, P_2) = 1.$$

又因为 $A(P) \subset P_2$, 根据定理 3.5.2 的证明和不动点指数的保持性可得, 存在 $r_3 > r_2$ 使得

$$i(A, P_2 \bigcap B_{r_3}, P_2) = 1.$$

因为 $\forall \varphi \in P_2 \bigcap \partial B_{r_0}$, 由 (3.5.16) 有 $cr_0 \leqslant \varphi(x) \leqslant r_0 (x \in [\tau, 1-\tau])$, 所以由 (3.5.22) 和 (3.5.25) 可知

$$(A\varphi)(x) \geqslant \int_\tau^{1-\tau} k(x,y)h(y)f(\varphi(y))\mathrm{d}y$$

$$> \int_\tau^{1-\tau} Nh(y)N^{-1}h_\tau^{-1}r_0\mathrm{d}y = r_0, \quad x \in [\tau, 1-\tau].$$

于是 $\|A\varphi\| > \|\varphi\|$, $\forall \varphi \in P_2 \bigcap \partial B_{r_0}$, 故根据推论 2.3.4(i) 得

$$i(A, P_2 \bigcap B_{r_0}, P_2) = 0.$$

从而

$$i(A, P_2 \bigcap (B_{r_0} \backslash \overline{B}_{r_1}), P_2) = i(A, P_2 \bigcap B_{r_0}, P_2) - i(A, P_2 \bigcap B_{r_1}, P_2) = -1,$$

$$i(A, P_2 \bigcap (B_{r_3} \backslash \overline{B}_{r_0}), P_2) = i(A, P_2 \bigcap B_{r_3}, P_2) - i(A, P_2 \bigcap B_{r_0}, P_2) = 1,$$

于是 (3.5.1)—(3.4.2) 至少存在两个正解. ■

**定理 3.5.5**  设 $(\mathbf{S_1})$—$(\mathbf{S_4})$ 满足. 如果存在常数 $a$ 和 $b$, $0 < a < b$, 满足下面条件之一:

(i) $a < cdb$, 并且当 $0 \leqslant u \leqslant d^{-1}a$ 时, $f(u) \leqslant M^{-1}h_0^{-1}a$; 当 $cb \leqslant u \leqslant b$ 时, $f(u) \geqslant N^{-1}h_\tau^{-1}b$;

(ii) $a < c^2 b$, 并且当 $0 \leqslant u \leqslant c^{-1}a$ 时, $f(u) \leqslant M^{-1}h_0^{-1}a$; 当 $cb \leqslant u \leqslant c^{-1}b$ 时, $f(u) \geqslant N^{-1}h_\tau^{-1}b$;

(iii) $b \geqslant MN^{-1}h_0 h_\tau^{-1}a$, 并且当 $0 \leqslant u \leqslant d^{-1}b$ 时, $f(u) \leqslant M^{-1}h_0^{-1}b$; 当 $ca \leqslant u \leqslant a$ 时, $f(u) \geqslant N^{-1}h_\tau^{-1}a$,

则 (3.5.1)—(3.4.2) 至少存在一个正解.

**证明**  定义

$$\alpha(\varphi) = \max_{\tau \leqslant x \leqslant 1-\tau} \varphi(x), \quad \beta(\varphi) = \min_{\tau \leqslant x \leqslant 1-\tau} \varphi(x), \quad \forall \varphi \in P.$$

类似于例 2.1.3 和例 1.3.2 的证明可知, $\alpha$ 和 $\beta$ 是连续的, 并且对 (3.5.16) 定义的锥 $P_2$, 有 $\alpha, \beta : P_2 \to [0, +\infty)$ 满足 (2.3.2)(其中 $X = P_2$). 令

$$U_1 = \{\varphi \in P_2 \mid \alpha(\varphi) < a\}, \quad U_2 = \{\varphi \in P_2 \mid \alpha(\varphi) < b\},$$

$$U_3 = \{\varphi \in P_2 \mid \beta(\varphi) < a\}, \quad U_4 = \{\varphi \in P_2 \mid \beta(\varphi) < b\}.$$

显然 $U_i(i = 1, 2, 3, 4)$ 是 $P_2$ 中的开集, $\partial U_i$ 和 $\overline{U}_i$ 分别表示 $U_i$ 在 $P_2$ 中的相对边界和相对闭包.

如果 $\varphi \in U_1$, 那么 $a > \max_{\tau \leqslant x \leqslant 1-\tau} \varphi(x) \geqslant d\|\varphi\|$, 因此 $U_1$ 是有界的, 并且 $\forall \varphi \in \overline{U}_1$, $\|\varphi\| \leqslant d^{-1}a$. 同理 $U_2$ 也是有界的, 并且 $\forall \varphi \in \overline{U}_2$, $\|\varphi\| \leqslant d^{-1}b$. 如果 $\varphi \in U_3$, 那么 $a > \min_{\tau \leqslant x \leqslant 1-\tau} \varphi(x) \geqslant c\|\varphi\|$, 因此 $U_3$ 是有界的, 并且 $\forall \varphi \in \overline{U}_3$, $\|\varphi\| \leqslant c^{-1}a$. 同理 $U_4$ 也是有界的, 并且 $\forall \varphi \in \overline{U}_4$, $\|\varphi\| \leqslant c^{-1}b$.

设条件 (i) 满足, 显然 $\theta \in U_1$, $\overline{U}_1 \subset U_2$. 若 $\varphi \in \partial U_1$, 则 $\alpha(\varphi) = a$, 从而 $\|\varphi\| \leqslant d^{-1}a$, 故由 (3.5.23) 得

$$\alpha(A\varphi) = \max_{\tau \leqslant x \leqslant 1-\tau} \int_0^1 G(x, y)h(y)f(\varphi(y))\mathrm{d}y \leqslant \int_0^1 Mh(y)M^{-1}h_0^{-1}a\mathrm{d}y = a = \alpha(\varphi).$$

若 $\varphi \in \partial U_2$, 则 $\alpha(\varphi) = b$, 从而 $\inf_{\varphi \in \partial U_2} \alpha(\varphi) = b > 0 = \alpha(\theta)$, 并且当 $x \in [\tau, 1-\tau]$ 时, 有

$$cb \leqslant \Phi_1(x)\Phi_2(x)b = \Phi_1(x)\Phi_2(x) \max_{\tau \leqslant x \leqslant 1-\tau} \varphi(x)$$
$$\leqslant \Phi_1(x)\Phi_2(x)\|\varphi\| \leqslant \varphi(x)$$
$$\leqslant \max_{\tau \leqslant x \leqslant 1-\tau} \varphi(x) = \alpha(\varphi) = b,$$

故由 (3.5.22) 得

$$\alpha(A\varphi) = \max_{\tau \leqslant x \leqslant 1-\tau} \int_0^1 G(x,y)h(y)f(\varphi(y))\mathrm{d}y \geqslant \max_{\tau \leqslant x \leqslant 1-\tau} \int_0^1 k(x,y)h(y)f(\varphi(y))\mathrm{d}y$$
$$\geqslant \max_{\tau \leqslant x \leqslant 1-\tau} \int_\tau^{1-\tau} k(x,y)h(y)f(\varphi(y))\mathrm{d}y \geqslant \int_\tau^{1-\tau} Nh(y)N^{-1}h_\tau^{-1}b\mathrm{d}y$$
$$= b = \alpha(\varphi).$$

不妨设 $A$ 在 $\partial U_1 \bigcup \partial U_2$ 上没有不动点 (否则定理得证), 根据 $A(P) \subset P_2$ 以及定理 2.3.3(ii) 和定理 2.3.6(i) 可得

$$i(A, U_1, P_2) = 1, \quad i(A, U_2, P_2) = 0.$$

利用不动点指数的可加性可知 (3.5.1)—(3.4.2) 至少存在一个正解.

设条件 (ii) 满足, 显然 $\theta \in U_3$, $\overline{U}_3 \subset U_4$. 若 $\varphi \in \partial U_3$, 则 $\beta(\varphi) = a$, 从而 $\|\varphi\| \leqslant c^{-1}a$, 故由 (3.5.23) 得

$$\beta(A\varphi) = \min_{\tau \leqslant x \leqslant 1-\tau} \int_0^1 G(x,y)h(y)f(\varphi(y))\mathrm{d}y \leqslant \int_0^1 Mh(y)M^{-1}h_0^{-1}a\mathrm{d}y = a = \beta(\varphi).$$

若 $\varphi \in \partial U_4$, 则 $\beta(\varphi) = b$, 从而 $\inf_{\varphi \in \partial U_4} \beta(\varphi) = b > 0 = \beta(\theta)$, 并且当 $x \in [\tau, 1-\tau]$ 时, 有

$$cb \leqslant \Phi_1(x)\Phi_2(x)b = \Phi_1(x)\Phi_2(x) \min_{\tau \leqslant x \leqslant 1-\tau} \varphi(x)$$
$$\leqslant \Phi_1(x)\Phi_2(x)\|\varphi\| \leqslant \varphi(x)$$
$$\leqslant \|\varphi\| \leqslant c^{-1}b,$$

故由 (3.5.22) 得

$$\beta(A\varphi) = \min_{\tau \leqslant x \leqslant 1-\tau} \int_0^1 G(x,y)h(y)f(\varphi(y))\mathrm{d}y \geqslant \min_{\tau \leqslant x \leqslant 1-\tau} \int_0^1 k(x,y)h(y)f(\varphi(y))\mathrm{d}y$$
$$\geqslant \min_{\tau \leqslant x \leqslant 1-\tau} \int_\tau^{1-\tau} k(x,y)h(y)f(\varphi(y))\mathrm{d}y \geqslant \int_\tau^{1-\tau} Nh(y)N^{-1}h_\tau^{-1}b\mathrm{d}y$$
$$= b = \beta(\varphi).$$

不妨设 $A$ 在 $\partial U_3 \bigcup \partial U_4$ 上没有不动点 (否则定理得证), 根据 $A(P) \subset P_2$ 以及定理 2.3.3(ii) 和定理 2.3.6(i) 可得

$$i(A, U_3, P_2) = 1, \quad i(A, U_4, P_2) = 0,$$

利用不动点指数的可加性可知 (3.5.1)—(3.4.2) 至少存在一个正解.

设条件 (iii) 满足. 若 $\varphi \in \partial U_1$, 则 $\alpha(\varphi) = a$, 从而 $\inf_{\varphi \in \partial U_1} \alpha(\varphi) = a > 0 = \alpha(\theta)$, 并且当 $x \in [\tau, 1 - \tau]$ 时, 有

$$\begin{aligned} ca &\leqslant \Phi_1(x)\Phi_2(x)a = \Phi_1(x)\Phi_2(x) \max_{\tau \leqslant x \leqslant 1-\tau} \varphi(x) \\ &\leqslant \Phi_1(x)\Phi_2(x)\|\varphi\| \leqslant \varphi(x) \\ &\leqslant \max_{\tau \leqslant x \leqslant 1-\tau} \varphi(x) = \alpha(\varphi) = a, \end{aligned}$$

故由 (3.5.22) 得

$$\begin{aligned} \alpha(A\varphi) &= \max_{\tau \leqslant x \leqslant 1-\tau} \int_0^1 G(x,y)h(y)f(\varphi(y))\mathrm{d}y \geqslant \max_{\tau \leqslant x \leqslant 1-\tau} \int_0^1 k(x,y)h(y)f(\varphi(y))\mathrm{d}y \\ &\geqslant \max_{\tau \leqslant x \leqslant 1-\tau} \int_\tau^{1-\tau} k(x,y)h(y)f(\varphi(y))\mathrm{d}y \geqslant \int_\tau^{1-\tau} Nh(y)N^{-1}h_\tau^{-1}a\mathrm{d}y \\ &= a = \alpha(\varphi). \end{aligned}$$

若 $\varphi \in \partial U_2$, 则 $\alpha(\varphi) = b$, 从而 $\|\varphi\| \leqslant d^{-1}b$, 故由 (3.5.23) 得

$$\alpha(A\varphi) = \max_{\tau \leqslant x \leqslant 1-\tau} \int_0^1 G(x,y)h(y)f(\varphi(y))\mathrm{d}y \leqslant \int_0^1 Mh(y)M^{-1}h_0^{-1}b\mathrm{d}y = b = \alpha(\varphi).$$

不妨设 $A$ 在 $\partial U_1 \bigcup \partial U_2$ 上没有不动点 (否则定理得证), 根据 $A(P) \subset P_2$ 以及定理 2.3.6(i) 和定理 2.3.3(ii) 可得

$$i(A, U_1, P_2) = 0, \quad i(A, U_2, P_2) = 1,$$

利用不动点指数的可加性可知 (3.5.1)—(3.4.2) 至少存在一个正解. ∎

作下面假设:

($S_4'$) 存在 $b_0 \geqslant 0$ 使得 $f : (-\infty, +\infty) \to [-b_0, +\infty)$ 连续.

**引理 3.5.5** 设 ($S_1$)—($S_3$) 和 ($S_4'$) 满足, 则由 (3.5.2) 定义的 $A : C[0,1] \to C[0,1]$ 是全连续算子, 并且 (3.5.1)—(3.4.2) 存在解 $\varphi \in C[0,1] \bigcap C^2(0,1)$ 等价于 $\varphi$ 是算子 $A$ 的不动点.

**证明** 由 (3.4.9) 和引理 3.4.2 可知, 当 $x \in [0,1]$ 时, $\forall \varphi \in C[0,1]$, 有

$$\begin{aligned} |(A\varphi)(x)| &\leqslant \int_0^1 G(x,y)h(y)|f(\varphi(y))|\mathrm{d}y \\ &\leqslant \left( \max_{-\|\varphi\| \leqslant u \leqslant \|\varphi\|} |f(u)| \right) \int_0^1 (k(y,y) + K(y))h(y)\mathrm{d}y < +\infty, \end{aligned}$$

因此 $A: C[0,1] \to C[0,1]$. 类似引理 3.5.1 可证 $A$ 全连续. 与引理 3.5.3 的证明相同, 可证 (3.5.1)—(3.4.2) 存在解 $\varphi \in C[0,1] \bigcap C^2(0,1)$ 等价于 $\varphi$ 是算子 $A$ 的不动点. ■

**定理 3.5.6**　设 $(S_1)$—$(S_3)$ 和 $(S_4')$ 满足. 如果 (3.3.18) 和 (3.3.46) 成立, 其中 $\lambda_1$ 是由 (3.5.3) 定义的算子 $T$ 的最小正本征值, 则 (3.5.1)—(3.4.2) 至少存在一个非平凡解.

**证明**　记

$$\widetilde{\varphi}(x) = b_0 \int_0^1 G(x,y)h(y)\mathrm{d}y,$$

定义

$$\widetilde{A}\varphi = A(\varphi - \widetilde{\varphi}) + \widetilde{\varphi}, \quad \forall \varphi \in C[0,1].$$

对于由 (3.5.16) 给出的锥 $P_2$, 根据 $(S_4')$ 可知 $\widetilde{A}: C[0,1] \to P_2$ 全连续. 事实上, $\forall \varphi \in C[0,1]$, 有

$$(\widetilde{A}\varphi)(x) = \int_0^1 G(x,y)h(y)f(\varphi(y) - \widetilde{\varphi}(y))\mathrm{d}y + b_0 \int_0^1 G(x,y)h(y)\mathrm{d}y \geqslant 0, \quad x \in [0,1],$$

于是 $\widetilde{A}\varphi \in P$, 再由 (3.5.11) 可知, $\forall x, z \in [0,1]$, 有

$$\begin{aligned}(\widetilde{A}\varphi)(x) &\geqslant \Phi_1(x)\Phi_2(x) \int_0^1 G(z,y)h(y)(f(\varphi(y) - \widetilde{\varphi}(y)) + b_0)\mathrm{d}y \\ &= \Phi_1(x)\Phi_2(x)(\widetilde{A}\varphi)(z),\end{aligned}$$

因此 $(\widetilde{A}\varphi)(x) \geqslant \Phi_1(x)\Phi_2(x)\|\widetilde{A}\varphi\|$, 即 $\widetilde{A}(C[0,1]) \subset P_2$.

由 (3.3.18) 可知, 存在 $\varepsilon > 0$, 使得当 $u$ 充分大时, $f(u) \geqslant (\lambda_1 + \varepsilon)u$. 由 $(S_4')$ 又可知存在 $b \geqslant 0$, 使得

$$f(u) \geqslant (\lambda_1 + \varepsilon)u - b, \quad -\infty < u < +\infty. \tag{3.5.26}$$

取 $R > \|\widetilde{\varphi}\|$, 并且当 $a_i > 0 (i = 1, 2, \cdots, m-2)$ 时,

$$R > \max \left\{ \frac{\dfrac{\lambda_1 + \varepsilon}{\rho} \displaystyle\int_0^1 h(y)\widetilde{\varphi}(y)\mathrm{d}y + \dfrac{b}{\rho} \displaystyle\int_0^1 h(y)\mathrm{d}y}{\varepsilon \displaystyle\int_0^1 k(y,y)h(y)\Phi_1(y)\Phi_2(y)\mathrm{d}y}, \right. \tag{3.5.27}$$
$$\left. \frac{(\lambda_1 + \varepsilon) \displaystyle\int_0^1 K(y)h(y)\widetilde{\varphi}(y)\mathrm{d}y + b \displaystyle\int_0^1 K(y)h(y)\mathrm{d}y}{\varepsilon \displaystyle\int_0^1 K(y)h(y)\Phi_1(y)\Phi_2(y)\mathrm{d}y} \right\};$$

当 $a_i = 0 (i = 1, 2, \cdots, m-2)$ 时，

$$R > \frac{\dfrac{\lambda_1 + \varepsilon}{\rho} \displaystyle\int_0^1 h(y)\widetilde{\varphi}(y)\mathrm{d}y + \dfrac{b}{\rho}\displaystyle\int_0^1 h(y)\mathrm{d}y}{\varepsilon \displaystyle\int_0^1 k(y,y)h(y)\Phi_1(y)\Phi_2(y)\mathrm{d}y}. \tag{3.5.28}$$

如果 $\widetilde{A}$ 存在不动点 $\varphi_0 \in P_2 \bigcap \partial B_R$，则 $\varphi_0 - \widetilde{\varphi}$ 是 $A$ 的不动点，而 $\|\varphi_0 - \widetilde{\varphi}\| > 0$，故结论得证. 下面不妨设 $\widetilde{A}$ 在 $P_2 \bigcap \partial B_R$ 上没有不动点. $\forall \varphi \in P_2 \bigcap \partial B_R$，根据 (3.5.26)，(3.4.9)，引理 3.4.2，(3.5.16)，(3.5.27) 或 (3.5.28) 可得

$$(\widetilde{A}\varphi)(x)$$

$$\geqslant (\lambda_1 + \varepsilon)\int_0^1 G(x,y)h(y)(\varphi(y) - \widetilde{\varphi}(y))\mathrm{d}y - b\int_0^1 G(x,y)h(y)\mathrm{d}y$$

$$+ b_0 \int_0^1 G(x,y)h(y)\mathrm{d}y$$

$$\geqslant (\lambda_1 + \varepsilon)\int_0^1 G(x,y)h(y)\varphi(y)\mathrm{d}y - (\lambda_1 + \varepsilon)\int_0^1 G(x,y)h(y)\widetilde{\varphi}(y)\mathrm{d}y$$

$$- b\int_0^1 G(x,y)h(y)\mathrm{d}y$$

$$= \lambda_1 (T\varphi)(x) + \varepsilon \int_0^1 k(x,y)h(y)\varphi(y)\mathrm{d}y - (\lambda_1 + \varepsilon)\int_0^1 k(x,y)h(y)\widetilde{\varphi}(y)\mathrm{d}y$$

$$- b\int_0^1 k(x,y)h(y)\mathrm{d}y$$

$$+ \Phi_1(x)\left(\varepsilon \int_0^1 K(y)h(y)\varphi(y)\mathrm{d}y - (\lambda_1 + \varepsilon)\int_0^1 K(y)h(y)\widetilde{\varphi}(y)\mathrm{d}y\right.$$

$$\left. - b\int_0^1 K(y)h(y)\mathrm{d}y\right)$$

$$\geqslant \lambda_1 (T\varphi)(x) + \Phi_1(x)\Phi_2(x)\left(\varepsilon \int_0^1 k(y,y)h(y)\varphi(y)\mathrm{d}y - \frac{\lambda_1 + \varepsilon}{\rho}\int_0^1 h(y)\widetilde{\varphi}(y)\mathrm{d}y\right.$$

$$\left. - \frac{b}{\rho}\int_0^1 h(y)\mathrm{d}y\right)$$

$$+ \Phi_1(x)\left(\varepsilon \int_0^1 K(y)h(y)\varphi(y)\mathrm{d}y - (\lambda_1 + \varepsilon)\int_0^1 K(y)h(y)\widetilde{\varphi}(y)\mathrm{d}y\right.$$

$$-b\int_0^1 K(y)h(y)\mathrm{d}y\Big)$$

$$\geqslant \lambda_1(T\varphi)(x) + \Phi_1(x)\Phi_2(x)\Big(\varepsilon\int_0^1 k(y,y)h(y)\Phi_1(y)\Phi_2(y)\|\varphi\|\mathrm{d}y$$

$$-\frac{\lambda_1+\varepsilon}{\rho}\int_0^1 h(y)\widetilde{\varphi}(y)\mathrm{d}y - \frac{b}{\rho}\int_0^1 h(y)\mathrm{d}y\Big)$$

$$+\Phi_1(x)\Big(\varepsilon\int_0^1 K(y)h(y)\Phi_1(y)\Phi_2(y)\|\varphi\|\mathrm{d}y$$

$$-(\lambda_1+\varepsilon)\int_0^1 K(y)h(y)\widetilde{\varphi}(y)\mathrm{d}y - b\int_0^1 K(y)h(y)\mathrm{d}y\Big) \geqslant \lambda_1(T\varphi)(x),$$

从而在由锥 $P$ 导出的半序下, $\widetilde{A}\varphi \geqslant \lambda_1 T\varphi$.

设 $\varphi^*$ 是 $T$ 对应其最小正本征值 $\lambda_1$ 的正本征函数, 于是 $\varphi^* = \lambda_1 T\varphi^*$. 令 $T_1 = \lambda_1 T$, 根据定理 2.3.8(其中 $u_0 = \varphi^*$), $i(\widetilde{A}, P_2\bigcap B_R, P_2) = 0$. 而 $\widetilde{A}(C[0,1]) \subset P_2$, 根据不动点指数的保持性, 有

$$\deg(I - \widetilde{A}, B_R, \theta) = 0. \tag{3.5.29}$$

定义 $H(t,\varphi) = A(\varphi - t\widetilde{\varphi}) + t\widetilde{\varphi}, \ (t,\varphi) \in [0,1]\times \overline{B}_R$. 由 $(\mathbf{S_4'})$ 易证 $A$ 在 $C[0,1]$ 的任意有界集上一致连续, 因此根据注 2.3.2(i), 可知 $H(t,\varphi)$ 是全连续同伦. 如果存在 $(t_1,\varphi_1) \in [0,1]\times \partial B_R$, 使得 $H(t_1,\varphi_1) = \varphi_1$, 那么 $A(\varphi_1 - t_1\widetilde{\varphi}) = \varphi_1 - t_1\widetilde{\varphi}$, 于是 $\varphi_1 - t_1\widetilde{\varphi}$ 是 $A$ 的不动点, 而 $\|\varphi_1 - t_1\widetilde{\varphi}\| \geqslant \|\varphi_1\| - \|\widetilde{\varphi}\| > 0$, 故结论得证. 否则由拓扑度的同伦不变性及 (3.5.29) 得

$$\deg(I - A, B_R, \theta) = \deg(I - \widetilde{A}, B_R, \theta) = 0. \tag{3.5.30}$$

由 (3.3.46) 可知, 存在 $r \in (0, R)$ 使得 $|f(u)| \leqslant \lambda_1|u|(\forall |u| \leqslant r)$. 与定理 3.3.6 相应部分的证明相同, 如果 $A$ 在 $\partial B_r$ 上没有不动点, 那么

$$\deg(I - A, B_r, \theta) = 1. \tag{3.5.31}$$

由 (3.5.30) 和 (3.5.31) 可知 (3.5.1)—(3.4.2) 至少存在一个非平凡解. ∎

**定理 3.5.7** 设 $(\mathbf{S_1})$—$(\mathbf{S_3})$ 和 $(\mathbf{S_4'})$ 满足. 如果 (3.3.37) 和 (3.3.60) 成立, 其中 $\lambda_1$ 是由 (3.5.3) 定义的算子 $T$ 的最小正本征值, 则 (3.5.1)—(3.4.2) 至少存在一个非平凡解.

**证明** 与定理 3.3.7 的证明类似. ∎

方程 (3.5.1) 分别在 (3.4.10), (3.4.11) 和 (3.4.12) 几种 $m$ 点边值条件下, 也有与前面类似的结论.

## 3.6 $(k, n-k)$ 边值问题的 Green 函数

考察齐次 $(k, n-k)$ 两点边值问题

$$\begin{cases} (-1)^{n-k}\varphi^{(n)}(x) = 0, & x \in [0,1], \ n \geqslant 2, \ 0 < k < n, \\ \varphi^{(i)}(0) = \varphi^{(j)}(1) = 0, & 0 \leqslant i \leqslant k-1, \ 0 \leqslant j \leqslant n-k-1, \end{cases} \tag{3.6.1}$$

其中 $n, k, i, j$ 均为整数. 设

$$G(x,y) = \begin{cases} \dfrac{1}{(k-1)!(n-k-1)!} \displaystyle\int_0^{x(1-y)} t^{k-1}(t+y-x)^{n-k-1}\mathrm{d}t, & 0 \leqslant x \leqslant y \leqslant 1, \\ \dfrac{1}{(k-1)!(n-k-1)!} \displaystyle\int_0^{y(1-x)} t^{n-k-1}(t+x-y)^{k-1}\mathrm{d}t, & 0 \leqslant y \leqslant x \leqslant 1, \end{cases} \tag{3.6.2}$$

称 $G(x,y)$ 为齐次 $(k, n-k)$ 两点边值问题 (3.6.1) 的 Green 函数. 显然 $G(x,y)$ 在 $[0,1] \times [0,1]$ 上连续, 并且 $G(x,y) > 0(x, y \in (0,1))$.

**引理 3.6.1** 设

$$G_0(x,y) = \sum_{j=0}^{n-k-1} \frac{x^{k+j}y^{n-k-1-j}}{(k-1)!j!(n-k-1-j)!} \sum_{i=0}^{j} \binom{j}{i}(-1)^{j-i}\frac{(1-y)^{k+i}}{k+i},$$

则齐次 $(k, n-k)$ 两点边值问题 (3.6.1) 的 Green 函数为

$$G(x,y) = \begin{cases} G_0(x,y), & 0 \leqslant x \leqslant y \leqslant 1, \\ G_0(x,y) + \dfrac{(-1)^{n-k}(x-y)^{n-1}}{(n-1)!}, & 0 \leqslant y \leqslant x \leqslant 1. \end{cases} \tag{3.6.3}$$

**证明** 因为

$$\sum_{i=0}^{j} \binom{j}{i}(-1)^{j-i}\frac{(1-y)^{k+i}}{k+i} = \int_y^1 [(1-s)-1]^j (1-s)^{k-1}\mathrm{d}s$$

$$= \int_y^1 (-s)^j (1-s)^{k-1}\mathrm{d}s,$$

所以对 $x, y \in [0,1]$, 有

$$G_0(x,y) = \sum_{j=0}^{n-k-1} \frac{x^{k+j}y^{n-k-1-j}}{(k-1)!j!(n-k-1-j)!} \sum_{i=0}^{j} \binom{j}{i}(-1)^{j-i}\frac{(1-y)^{k+i}}{k+i}$$

$$= \sum_{j=0}^{n-k-1} \frac{x^{k+j}y^{n-k-1-j}}{(k-1)!j!(n-k-1-j)!} \int_y^1 (-s)^j(1-s)^{k-1}\mathrm{d}s$$

$$= \frac{x^k}{(k-1)!(n-k-1)!} \int_y^1 (y-xs)^{n-k-1}(1-s)^{k-1}\mathrm{d}s$$

$$\xlongequal{t=x(1-s)} \frac{1}{(k-1)!(n-k-1)!} \int_0^{x(1-y)} (t+y-x)^{n-k-1}t^{k-1}\mathrm{d}t. \tag{3.6.4}$$

因为

$$G_0(x,y) = \frac{1}{(k-1)!(n-k-1)!} \int_0^{x(1-y)} (s+y-x)^{n-k-1}s^{k-1}\mathrm{d}s$$

$$\xlongequal{t=s+y-x} \frac{1}{(k-1)!(n-k-1)!} \int_{y-x}^{y(1-x)} t^{n-k-1}(t+x-y)^{k-1}\mathrm{d}t$$

$$= \frac{1}{(k-1)!(n-k-1)!} \int_0^{y(1-x)} t^{n-k-1}(t+x-y)^{k-1}\mathrm{d}t$$

$$- \frac{1}{(k-1)!(n-k-1)!} \int_0^{y-x} t^{n-k-1}(t+x-y)^{k-1}\mathrm{d}t, \tag{3.6.5}$$

以及

$$\frac{1}{(k-1)!(n-k-1)!} \int_0^{y-x} t^{n-k-1}(t+x-y)^{k-1}\mathrm{d}t$$

$$\xlongequal{t=(y-x)s} \frac{(-1)^{n-k}(x-y)^{n-1}}{(k-1)!(n-k-1)!} \int_0^1 s^{n-k-1}(1-s)^{k-1}\mathrm{d}s$$

$$= \frac{(-1)^{n-k}(x-y)^{n-1}}{(k-1)!(n-k-1)!} \mathrm{B}(n-k,k)$$

$$= \frac{(-1)^{n-k}(x-y)^{n-1}}{(k-1)!(n-k-1)!} \frac{\Gamma(n-k)\Gamma(k)}{\Gamma(n)} = \frac{(-1)^{n-k}(x-y)^{n-1}}{(n-1)!}, \tag{3.6.6}$$

其中

$$\mathrm{B}(p,q) = \int_0^1 x^{p-1}(1-x)^{q-1}\mathrm{d}x$$

在 $p>0, q>0$ 时收敛;

$$\Gamma(s) = \int_0^\infty x^{s-1}\mathrm{e}^{-x}\mathrm{d}x$$

在 $s > 0$ 时收敛. 所以由 (3.6.4), 再将 (3.6.6) 代入到 (3.6.5) 中即可得 (3.6.3). ■

**引理 3.6.2** 设 $G(x, y)$ 由 (3.6.2) 定义, 则

$$G(x, y) \leqslant y(1-y)p(y), \quad \forall (x, y) \in [0, 1] \times [0, 1], \tag{3.6.7}$$

$$(n-1)^{-1}q(x)y(1-y)p(y) \leqslant G(x, y) \leqslant q(x)p(y), \quad \forall (x, y) \in [0, 1] \times [0, 1], \tag{3.6.8}$$

$$G(x, y) \geqslant (n-1)^{-1}q(x)G(z, y), \quad \forall x, y, z \in [0, 1], \tag{3.6.9}$$

其中

$$p(y) = \frac{y^{n-k-1}(1-y)^{k-1}}{(k-1)!(n-k-1)!}, \quad q(x) = x^k(1-x)^{n-k}.$$

**证明** 由 (3.6.2) 和二项式定理可得

$$G(x, y)$$

$$= \begin{cases} \dfrac{1}{(k-1)!(n-k-1)!} \displaystyle\int_0^{x(1-y)} \sum_{j=0}^{n-k-1} \binom{n-k-1}{j}(y-x)^j t^{n-2-j}\mathrm{d}t, & 0 \leqslant x \leqslant y \leqslant 1, \\[4mm] \dfrac{1}{(k-1)!(n-k-1)!} \displaystyle\int_0^{y(1-x)} \sum_{j=0}^{k-1} \binom{k-1}{j}(x-y)^j t^{n-2-j}\mathrm{d}t, & 0 \leqslant y \leqslant x \leqslant 1, \end{cases}$$

$$= \begin{cases} \dfrac{1}{(k-1)!(n-k-1)!} \displaystyle\sum_{j=0}^{n-k-1} \binom{n-k-1}{j}(y-x)^j \dfrac{[x(1-y)]^{n-1-j}}{n-1-j}, & 0 \leqslant x \leqslant y \leqslant 1, \\[4mm] \dfrac{1}{(k-1)!(n-k-1)!} \displaystyle\sum_{j=0}^{k-1} \binom{k-1}{j}(x-y)^j \dfrac{[y(1-x)]^{n-1-j}}{n-1-j}, & 0 \leqslant y \leqslant x \leqslant 1. \end{cases} \tag{3.6.10}$$

于是

$$G(x, y)$$

$$\leqslant \begin{cases} \dfrac{1}{(k-1)!(n-k-1)!} \displaystyle\sum_{j=0}^{n-k-1} \binom{n-k-1}{j}(y-x)^j \dfrac{(x(1-y))^{n-1-j}}{\min\{k, n-k\}}, & 0 \leqslant x \leqslant y \leqslant 1, \\[4mm] \dfrac{1}{(k-1)!(n-k-1)!} \displaystyle\sum_{j=0}^{k-1} \binom{k-1}{j}(x-y)^j \dfrac{(y(1-x))^{n-1-j}}{\min\{k, n-k\}}, & 0 \leqslant y \leqslant x \leqslant 1, \end{cases}$$

$$= \begin{cases} \dfrac{[x(1-y)]^k[y(1-x)]^{n-k-1}}{(k-1)!(n-k-1)!\min\{k, n-k\}}, & 0 \leqslant x \leqslant y \leqslant 1, \\[4mm] \dfrac{[y(1-x)]^{n-k}[x(1-y)]^{k-1}}{(k-1)!(n-k-1)!\min\{k, n-k\}}, & 0 \leqslant y \leqslant x \leqslant 1, \end{cases}$$

由此, $\forall (x,y) \in [0,1] \times [0,1]$, 既可得 $G(x,y) \leqslant y(1-y)p(y)$, 又可得 $G(x,y) \leqslant q(x)p(y)$.

$$G(x,y)$$

$$\geqslant \begin{cases} \dfrac{1}{(k-1)!(n-k-1)!} \displaystyle\sum_{j=0}^{n-k-1} \binom{n-k-1}{j} (y-x)^j \dfrac{[x(1-y)]^{n-1-j}}{n-1}, & 0 \leqslant x \leqslant y \leqslant 1, \\[4mm] \dfrac{1}{(k-1)!(n-k-1)!} \displaystyle\sum_{j=0}^{k-1} \binom{k-1}{j} (x-y)^j \dfrac{[y(1-x)]^{n-1-j}}{n-1}, & 0 \leqslant y \leqslant x \leqslant 1 \end{cases}$$

$$= \begin{cases} \dfrac{(x(1-y))^k}{(k-1)!(n-k-1)!} \displaystyle\sum_{j=0}^{n-k-1} \binom{n-k-1}{j} (y-x)^j \dfrac{[x(1-y)]^{n-k-1-j}}{n-1}, & 0 \leqslant x \leqslant y \leqslant 1, \\[4mm] \dfrac{(y(1-x))^{n-k}}{(k-1)!(n-k-1)!} \displaystyle\sum_{j=0}^{k-1} \binom{k-1}{j} (x-y)^j \dfrac{[y(1-x)]^{k-1-j}}{n-1}, & 0 \leqslant y \leqslant x \leqslant 1 \end{cases}$$

$$= \begin{cases} \dfrac{[x(1-y)]^k [y(1-x)]^{n-k-1}}{(k-1)!(n-k-1)!(n-1)}, & 0 \leqslant x \leqslant y \leqslant 1, \\[4mm] \dfrac{[y(1-x)]^{n-k} [x(1-y)]^{k-1}}{(k-1)!(n-k-1)!(n-1)}, & 0 \leqslant y \leqslant x \leqslant 1 \end{cases} \geqslant (n-1)^{-1} q(x)y(1-y)p(y).$$

由 (3.6.7) 可知

$$G(x,y) \geqslant (n-1)^{-1} q(x)y(1-y)p(y) \geqslant (n-1)^{-1} q(x)G(z,y), \quad \forall x,y,z \in [0,1]. \quad \blacksquare$$

考察齐次 $(k, n-k)$ 多点边值问题

$$\begin{cases} (-1)^{n-k}\varphi^{(n)}(x) = 0, & x \in [0,1], \ n \geqslant 2, \ 0 < k < n, \\[3mm] \varphi(0) = \displaystyle\sum_{i=1}^{m-2} a_i \varphi(\xi_i), \ \varphi^{(i)}(0) = \varphi^{(j)}(1) = 0, & 1 \leqslant i \leqslant k-1, \ 0 \leqslant j \leqslant n-k-1 \end{cases}$$

$$(3.6.11)$$

和

$$\begin{cases} (-1)^{n-k}\varphi^{(n)}(x) = 0, & x \in [0,1], \ n \geqslant 2, \ 0 < k < n, \\[3mm] \varphi(1) = \displaystyle\sum_{i=1}^{m-2} a_i \varphi(\xi_i), \ \varphi^{(i)}(0) = \varphi^{(j)}(1) = 0, & 0 \leqslant i \leqslant k-1, \ 1 \leqslant j \leqslant n-k-1, \end{cases}$$

$$(3.6.12)$$

其中 $n, k, m, i, j$ 均为整数, $m > 2$, $0 < \xi_1 < \xi_2 < \cdots < \xi_{m-2} < 1$, $a_i \in [0, \infty)$. 令

$$\Phi_1(x) = \frac{(n-1)!}{(k-1)!(n-k-1)!} \int_x^1 t^{k-1}(1-t)^{n-k-1} \mathrm{d}t, \tag{3.6.13}$$

$$\Phi_2(x) = \frac{(n-1)!}{(k-1)!(n-k-1)!} \int_0^x t^{k-1}(1-t)^{n-k-1}\mathrm{d}t. \tag{3.6.14}$$

显然 $\Phi_i(x) \geqslant 0 (i = 1, 2, x \in [0, 1])$, 并且根据 Euler 积分的性质可知

$$\Phi_1(0) = 1, \quad \Phi_1(1) = 0, \quad \Phi_2(0) = 0, \quad \Phi_2(1) = 1.$$

作下面假设:

$(\mathbf{A_1})$ $\displaystyle\sum_{i=1}^{m-2} a_i\Phi_1(\xi_i) < 1.$

$(\mathbf{A_1'})$ $\displaystyle\sum_{i=1}^{m-2} a_i\Phi_2(\xi_i) < 1.$

分别在 $(\mathbf{A_1})$ 和 $(\mathbf{A_1'})$ 下, 设

$$G_1(x, y) = G(x, y) + \Phi_1(x)k_1(y), \quad x, y \in [0, 1], \tag{3.6.15}$$

$$G_2(x, y) = G(x, y) + \Phi_2(x)k_2(y), \quad x, y \in [0, 1], \tag{3.6.16}$$

其中 $G(x, y)$ 由 (3.6.2) 给出,

$$k_1(y) = \left(1 - \sum_{i=1}^{m-2} a_i\Phi_1(\xi_i)\right)^{-1} \sum_{i=1}^{m-2} a_iG(\xi_i, y),$$

$$k_2(y) = \left(1 - \sum_{i=1}^{m-2} a_i\Phi_2(\xi_i)\right)^{-1} \sum_{i=1}^{m-2} a_iG(\xi_i, y). \tag{3.6.17}$$

称 $G_1(x, y)$ 和 $G_2(x, y)$ 分别为齐次 $(k, n-k)$ 多点边值问题 (3.6.11) 和 (3.6.12) 的 Green 函数. 显然 $G_1(x, y)$ 和 $G_2(x, y)$ 在 $[0, 1] \times [0, 1]$ 连续, 并且 $G_1(x, y) > 0$, $G_2(x, y) > 0(x, y \in (0, 1))$.

## 3.7 $(k, n-k)$ 边值问题的非平凡解

本节考察 $(k, n-k)$ 多点边值问题

$$\begin{cases} (-1)^{n-k}\varphi^{(n)}(x) = h(x)f(\varphi(x)), & x \in (0, 1), \ n \geqslant 2, \ 0 < k < n, \\ \varphi(0) = \displaystyle\sum_{i=1}^{m-2} a_i\varphi(\xi_i), \varphi^{(i)}(0) = \varphi^{(j)}(1) = 0, & 1 \leqslant i \leqslant k-1, \ 0 \leqslant j \leqslant n-k-1, \end{cases} \tag{3.7.1}$$

其中 $n, k, m, i, j$ 均为整数, $m > 2$, $0 < \xi_1 < \xi_2 < \cdots < \xi_{m-2} < 1$, $a_i \in [0, \infty)$, 并且允许 $h(x)$ 在 $x = 0$ 和 $x = 1$ 奇异.

作下面假设:

($\mathbf{A_2}$) $h : (0,1) \to [0,+\infty)$ 连续, $h(x) \not\equiv 0$, 并且

$$\int_0^1 p(x)h(x)\mathrm{d}x < +\infty,$$

其中 $p(x)$ 由引理 3.6.2 给出.

($\mathbf{A_3}$) $f : [0,+\infty) \to [0,+\infty)$ 连续.

在 ($\mathbf{A_1}$)—($\mathbf{A_3}$) 条件下, 定义

$$(A\varphi)(x) = \int_0^1 G_1(x,y)h(y)f(\varphi(y))\mathrm{d}y, \quad x \in [0,1], \tag{3.7.2}$$

$$(T\varphi)(x) = \int_0^1 G_1(x,y)h(y)\varphi(y)\mathrm{d}y, \quad x \in [0,1], \tag{3.7.3}$$

其中 $G_1(x,y)$ 是 (3.6.11) 的 Green 函数 (3.6.15).

**引理 3.7.1**　设 ($\mathbf{A_1}$)—($\mathbf{A_3}$) 满足, 则 $A : P \to P$ 全连续.

**证明**　定义

$$(A_1\varphi)(x) = \int_0^1 G(x,y)h(y)f(\varphi(y))\mathrm{d}y, \quad x \in [0,1],$$

$$(A_2\varphi)(x) = \Big(1 - \sum_{i=1}^{m-2} a_i\Phi_1(\xi_i)\Big)^{-1}\Phi_1(x)\sum_{i=1}^{m-2} a_i\int_0^1 G(\xi_i,y)h(y)f(\varphi(y))\mathrm{d}y, \quad x \in [0,1],$$

其中 $G(x,y)$ 由 (3.6.2) 给出. 由 ($\mathbf{A_1}$)—($\mathbf{A_3}$) 和 (3.6.8) 知, $\forall\varphi \in P$, $\forall x \in [0,1]$, 有

$$0 \leqslant (A_1\varphi)(x) \leqslant q(x)\Big(\max_{0\leqslant u\leqslant\|\varphi\|} f(u)\Big)\int_0^1 p(y)h(y)\mathrm{d}y < +\infty,$$

$$0 \leqslant (A_2\varphi)(x) \leqslant \Big(1 - \sum_{i=1}^{m-2} a_i\Phi_1(\xi_i)\Big)^{-1}\Big(\max_{0\leqslant u\leqslant\|\varphi\|} f(u)\Big)$$

$$\times\Big(\sum_{i=1}^{m-2} a_iq(\xi_i)\Big)\Phi_1(x)\int_0^1 p(y)h(y)\mathrm{d}y < +\infty.$$

因此 $A = A_1 + A_2 : P \to P$. 容易验证 $A_2$ 是全连续算子, 由 $f$ 的连续性易知 $A_1$ 的连续性.

设 $Q \subset P$ 是有界子集, $L > 0$ 使得 $\|\varphi\| \leqslant L$, $\forall\varphi \in Q$. 于是由 (3.6.7) 有

$$\|A_1\varphi\| \leqslant \Big(\max_{0\leqslant u\leqslant L} f(u)\Big)\int_0^1 y(1-y)p(y)h(y)\mathrm{d}y, \quad \forall\varphi \in Q,$$

故 $A_1(Q)$ 有界. 设

$$F(x) = \int_0^1 G(x, y)h(y)\mathrm{d}y,$$

由 (3.6.2) 可知 $F(0) = F(1) = 0$, 并且

$$(A_1\varphi)(x) \leqslant \Big( \max_{0 \leqslant u \leqslant L} f(u) \Big) F(x), \quad \forall \varphi \in Q, \; x \in [0, 1].$$

因此 $\forall \varepsilon > 0$, 由 $F$ 在 $[0, 1]$ 上连续知, 存在 $\delta_1$ 满足 $\delta_1 \in (0, 1/4)$, 使得当 $x \in (0, 2\delta_1)$ 和 $x \in (1 - 2\delta_1, 1)$ 时, 有

$$(A_1\varphi)(x) < \varepsilon/2. \tag{3.7.4}$$

由 (3.6.10) 知, 当 $0 \leqslant y \leqslant x$ 时, $G(x, y)$ 是 $1 - x, 1 - y$ 和 $y$ 各自幂及其系数的乘积之和, 其中含有 $1 - x$ 的最低次幂为 $n - k$, 含有 $1 - y$ 的最低次幂为 $0$, 含有 $y$ 的最低次幂为 $n - k$, 所以存在常数 $C_1 > 0$, 使得

$$|G_x'(x, y)| \leqslant C_1(1 - x)^{n-k-1}y^{n-k};$$

当 $x \leqslant y \leqslant 1$ 时, $G(x, y)$ 是 $x, 1 - y$ 和 $y$ 各自幂及其系数的乘积之和, 其中含有 $x$ 的最低次幂为 $k$, 含有 $1 - y$ 的最低次幂为 $k$, 含有 $y$ 的最低次幂为 $0$, 所以存在常数 $C_2 > 0$, 使得

$$|G_x'(x, y)| \leqslant C_2 x^{k-1}(1 - y)^k.$$

因此, 对 $x \in [\delta_1, 1 - \delta_1]$ 和 $\varphi \in Q$, 有

$$|(A_1\varphi)'(x)|$$

$$= \left| \int_0^1 G_x'(x, y)h(y)f(\varphi(y))\mathrm{d}y \right|$$

$$= \left| \int_0^x G_x'(x, y)h(y)f(\varphi(y))\mathrm{d}y + \int_x^1 G_x'(x, y)h(y)f(\varphi(y))\mathrm{d}y \right|$$

$$\leqslant C_1(1 - x)^{n-k-1} \int_0^x y^{n-k}h(y)f(\varphi(y))\mathrm{d}y + C_2 x^{k-1} \int_x^1 (1 - y)^k h(y)f(\varphi(y))\mathrm{d}y$$

$$\leqslant C_1 \frac{(1 - x)^{n-k-1}}{(1 - x)^{k-1}} \int_0^x y^{n-k-1}(1 - x)^{k-1}h(y)f(\varphi(y))\mathrm{d}y$$

$$+ C_2 \frac{x^{k-1}}{x^{n-k-1}} \int_x^1 x^{n-k-1}(1 - y)^{k-1}h(y)f(\varphi(y))\mathrm{d}y$$

$$\leqslant C_1 \Big( \max_{x \in [\delta_1, 1-\delta_1]} (1-x)^{n-2k} \Big) \Big( \max_{0 \leqslant u \leqslant L} f(u) \Big) \int_0^x y^{n-k-1}(1-y)^{k-1} h(y) \mathrm{d}y$$

$$+ C_2 \Big( \max_{x \in [\delta_1, 1-\delta_1]} x^{2k-n} \Big) \Big( \max_{0 \leqslant u \leqslant L} f(u) \Big) \int_x^1 y^{n-k-1}(1-y)^{k-1} h(y) \mathrm{d}y$$

$$\leqslant \widetilde{L} \Big( \max_{0 \leqslant u \leqslant L} f(u) \Big)(k-1)!(n-k-1)! \int_0^1 p(y)h(y)\mathrm{d}y + 1$$

$$\triangleq L_1,$$

其中

$$\widetilde{L} = \max \Big\{ C_1 \max_{x \in [\delta_1, 1-\delta_1]} (1-x)^{n-2k},\ C_2 \max_{x \in [\delta_1, 1-\delta_1]} x^{2k-n} \Big\}.$$

令 $\delta_2 = \varepsilon/L_1$, 于是对 $x_1, x_2 \in [\delta_1, 1-\delta_1]$, $|x_1 - x_2| < \delta_2$ 和 $\varphi \in Q$, 可得

$$|(A_1\varphi)(x_1) - (A_1\varphi)(x_2)| \leqslant L_1 |x_1 - x_2| < \varepsilon. \tag{3.7.5}$$

记 $\delta = \min\{\delta_1, \delta_2\}$, 由 (3.7.4) 和 (3.7.5) 就可以得到, 当 $x_1, x_2 \in [0,1]$, $|x_1 - x_2| < \delta$ 和 $\varphi \in Q$ 时, 有

$$|(A_1\varphi)(x_1) - (A_1\varphi)(x_2)| < \varepsilon.$$

根据 Arzela-Ascoli 定理, $A_1$ 是全连续算子, 所以 $A$ 也是全连续算子. ∎

**注 3.7.1**　使用引理 3.3.2 证明中的算子逼近方法也可以证明引理 3.7.1.

在 $(\mathbf{A_1})$ 和 $(\mathbf{A_2})$ 条件下, 容易证明 $T : C[0,1] \to C[0,1]$ 是全连续线性算子, 并且 $T(P) \subset P$. 与引理 3.3.4 类似, 我们有

**引理 3.7.2**　设 $(\mathbf{A_1})$ 和 $(\mathbf{A_2})$ 满足, 则对由 (3.7.3) 定义的算子 $T$, 其谱半径 $r(T) > 0$, 而且 $T$ 存在对应其最小正本征值 $\lambda_1 = (r(T))^{-1}$ 的正本征函数.

**引理 3.7.3**　假设 $(\mathbf{A_1})$—$(\mathbf{A_3})$ 满足, 则边值问题 (3.7.1) 存在解 $\varphi \in P \bigcap C^n(0,1)$ 等价于 $\varphi \in P$ 是算子 $A$ 的不动点, 即

$$\varphi(x) = \int_0^1 G_1(x,y)h(y)f(\varphi(y))\mathrm{d}y, \quad x \in [0,1], \tag{3.7.6}$$

其中 $G_1(x,y)$ 为 (3.6.11) 的 Green 函数 (3.6.15).

**证明**　首先证明如果 $\varphi \in P$ 是算子 $A$ 的不动点, 那么 $\varphi \in P \bigcap C^n(0,1)$, 并且它是边值问题 (3.7.1) 的解.

由 (3.7.2) 和 (3.6.15) 可见, 对于 $x \in [0,1]$, 有

$$\varphi(x) = \int_0^x G(x,y)h(y)f(\varphi(y))\mathrm{d}y + \int_x^1 G(x,y)h(y)f(\varphi(y))\mathrm{d}y$$
$$+ \Phi_1(x) \int_0^1 k_1(y)h(y)f(\varphi(y))\mathrm{d}y. \tag{3.7.7}$$

于是根据 (3.6.3), 对于 $x \in (0,1)$(首先假定下面出现的积分均收敛), 有

$$\varphi'(x) = \int_0^x \frac{\partial G(x,y)}{\partial x} h(y) f(\varphi(y)) \mathrm{d}y + \int_x^1 \frac{\partial G(x,y)}{\partial x} h(y) f(\varphi(y)) \mathrm{d}y$$
$$+ \Phi_1'(x) \int_0^1 k_1(y) h(y) f(\varphi(y)) \mathrm{d}y,$$

$$\varphi^{(j)}(x) = \int_0^x \frac{\partial^j G(x,y)}{\partial x^j} h(y) f(\varphi(y)) \mathrm{d}y + \int_x^1 \frac{\partial^j G(x,y)}{\partial x^j} h(y) f(\varphi(y)) \mathrm{d}y \qquad (3.7.8)$$
$$+ \Phi_1^{(j)}(x) \int_0^1 k_1(y) h(y) f(\varphi(y)) \mathrm{d}y, \quad 2 \leqslant j \leqslant n-1.$$

现在我们说明上面出现的积分均收敛. 根据 (3.6.17) 和 (3.6.7) 可知

$$\int_0^1 k_1(y) h(y) f(\varphi(y)) \mathrm{d}y$$

收敛. 由 (3.6.10) 知, 当 $0 \leqslant y \leqslant x$ 时, $G(x,y)$ 是 $1-x, 1-y$ 和 $y$ 各自幂及其系数的乘积之和, 每一项的 $1-x$ 的幂与 $1-y$ 的幂之和为 $n-1$, 含有 $1-x$ 的最高次幂为 $n-1$, 含有 $y$ 的最低次幂为 $n-k$, 所以存在常数 $C_1 > 0$, 使得

$$\left| \frac{\partial^j G(x,y)}{\partial x^j} \right| \leqslant C_1 (1-y)^{n-1-j} y^{n-k}, \quad 1 \leqslant j \leqslant n-1, \qquad (3.7.9)$$

于是根据 $(\mathbf{A_2})$ 得

$$\int_0^x \left| \frac{\partial^j G(x,y)}{\partial x^j} \right| h(y) f(\varphi(y)) \mathrm{d}y$$
$$\leqslant C_1 \int_0^x (1-y)^{n-1-j} y^{n-k} h(y) f(\varphi(y)) \mathrm{d}y$$
$$\leqslant C_1 \int_0^x (1-y)^{n-k-j} y^{n-k-1} (1-y)^{k-1} h(y) f(\varphi(y)) \mathrm{d}y$$
$$< +\infty, \quad 1 \leqslant j \leqslant n-1.$$

由 (3.6.10) 知, 当 $x \leqslant y \leqslant 1$ 时, $G(x,y)$ 是 $x, 1-y$ 和 $y$ 各自幂及其系数的乘积之和, 每一项的 $x$ 的幂与 $y$ 的幂之和为 $n-1$, 含有 $x$ 的最高次幂为 $n-1$, 含有 $1-y$ 的最低次幂为 $k$, 所以存在常数 $C_2 > 0$, 使得

$$\left| \frac{\partial^j G(x,y)}{\partial x^j} \right| \leqslant C_2 y^{n-1-j} (1-y)^k, \quad 1 \leqslant j \leqslant n-1, \qquad (3.7.10)$$

于是根据 $(\mathbf{A_2})$ 得

$$\int_x^1 \left| \frac{\partial^j G(x,y)}{\partial x^j} \right| h(y) f(\varphi(y)) \mathrm{d}y$$

$$\leqslant C_2 \int_x^1 y^{n-1-j}(1-y)^k h(y) f(\varphi(y)) \mathrm{d}y$$

$$\leqslant C_2 \int_x^1 y^{k-j} y^{n-k-1}(1-y)^{k-1} h(y) f(\varphi(y)) \mathrm{d}y$$

$$< +\infty, \quad 1 \leqslant j \leqslant n-1.$$

根据 (3.7.8) 和 (3.6.3) 有

$$\varphi^{(n-1)}(x) = \int_0^x \left( \frac{\partial^{n-1} G_0(x,y)}{\partial x^{n-1}} + (-1)^{n-k} \right) h(y) f(\varphi(y)) \mathrm{d}y$$

$$+ \int_x^1 \frac{\partial^{n-1} G_0(x,y)}{\partial x^{n-1}} h(y) f(\varphi(y)) \mathrm{d}y$$

$$+ \Phi_1^{(n-1)}(x) \int_0^1 k_1(y) h(y) f(\varphi(y)) \mathrm{d}y,$$

而 $G_0(x,y)$ 和 $\Phi_1(x)$ 中关于 $x$ 的最高次幂都是 $n-1$, 所以对于 $x \in (0,1)$,

$$\varphi^{(n)}(x) = (-1)^{n-k} h(x) f(\varphi(x)),$$

并且 $\varphi \in P \bigcap C^n(0,1)$.

下面讨论边值条件. 由 (3.7.7) 可知

$$\varphi(\xi_i) = \int_0^1 G(\xi_i, y) h(y) f(\varphi(y)) \mathrm{d}y$$

$$+ \Phi_1(\xi_i) \int_0^1 k_1(y) h(y) f(\varphi(y)) \mathrm{d}y, \quad 1 \leqslant i \leqslant m-2,$$

从而根据 (3.6.17), 有

$$\sum_{i=1}^{m-2} a_i \varphi(\xi_i)$$

$$= \int_0^1 \left( \sum_{i=1}^{m-2} a_i G(\xi_i, y) \right) h(y) f(\varphi(y)) \mathrm{d}y$$

$$+ \left( \sum_{i=1}^{m-2} a_i \Phi_1(\xi_i) \right) \int_0^1 k_1(y) h(y) f(\varphi(y)) \mathrm{d}y$$

$$= \int_0^1 \left( 1 - \sum_{i=1}^{m-2} a_i \Phi_1(\xi_i) \right) k_1(y) h(y) f(\varphi(y)) \mathrm{d}y$$

$$+ \left( \sum_{i=1}^{m-2} a_i \Phi_1(\xi_i) \right) \int_0^1 k_1(y) h(y) f(\varphi(y)) \mathrm{d}y$$

$$= \int_0^1 k_1(y) h(y) f(\varphi(y)) \mathrm{d}y,$$

再根据 (3.7.7), 有

$$\varphi(0) = \int_0^1 G(0,y)h(y)f(\varphi(y))\mathrm{d}y + \Phi_1(0)\int_0^1 k_1(y)h(y)f(\varphi(y))\mathrm{d}y$$

$$= \int_0^1 k_1(y)h(y)f(\varphi(y))\mathrm{d}y,$$

从而 $\varphi(0) = \sum_{i=1}^{m-2} a_i\varphi(\xi_i)$.

由 (3.6.10) 可见, 当 $0 < x \leqslant y \leqslant 1$ 时, $G(x,y)$ 含有 $x$ 的最低次幂为 $k$, 再由导出 (3.7.10) 的理由可知

$$\left|\frac{\partial^i G(x,y)}{\partial x^i}\right| \leqslant C_2 xy^{n-k-1}(1-y)^k \leqslant C_2 xy^{n-k-1}(1-y)^{k-1}, \quad 1 \leqslant i \leqslant k-1.$$

又因为 $\Phi_1^{(i)}(0) = 0(0 \leqslant i \leqslant k-1)$, 所以根据 (3.7.8) 和 $(\mathbf{A_2})$, 当 $1 \leqslant i \leqslant k-1$ 时, 有

$$|\varphi^{(i)}(0)| \leqslant \lim_{x\to 0}\int_x^1 \left|\frac{\partial^i G(x,y)}{\partial x^i}\right| h(y)f(\varphi(y))\mathrm{d}y$$

$$\leqslant C_2 \lim_{x\to 0} x \int_x^1 y^{n-k-1}(1-y)^{k-1}h(y)f(\varphi(y))\mathrm{d}y = 0.$$

由 (3.6.10) 可见, 当 $0 \leqslant y \leqslant x < 1$ 时, $G(x,y)$ 含有 $1-x$ 的最低次幂为 $n-k$, 再由导出 (3.7.9) 的理由可知

$$\left|\frac{\partial^j G(x,y)}{\partial x^j}\right| \leqslant C_1(1-x)y^{n-k}(1-y)^{k-1} \leqslant C_1(1-x)y^{n-k-1}(1-y)^{k-1}, \quad 0 \leqslant j \leqslant n-k-1.$$

因为 $\Phi_1^{(j)}(1) = 0(0 \leqslant j \leqslant n-k-1)$, 所以根据 (3.7.8) 和 $(\mathbf{A_2})$, 当 $0 \leqslant j \leqslant n-k-1$ 时, 有

$$|\varphi^{(j)}(1)| \leqslant \lim_{x\to 1}\int_0^x \left|\frac{\partial^j G(x,y)}{\partial x^j}\right| h(y)f(\varphi(y))\mathrm{d}y$$

$$\leqslant C_1 \lim_{x\to 1}(1-x)\int_0^x y^{n-k-1}(1-y)^{k-1}h(y)f(\varphi(y))\mathrm{d}y = 0.$$

最后证明如果 $\varphi \in P\bigcap C^n(0,1)$ 是边值问题 (3.7.1) 的解, 那么 $\varphi \in P$ 是算子 $A$ 的不动点.

如果 $\psi \in C[0,1]\bigcap C^n(0,1)$ 是 (3.6.11) 的解, 由 (3.1.10) 和 (3.1.11) 以及边值条件可知

$$\psi(x) = (1-x)^{n-k}\sum_{r=0}^{k-1}\binom{n-k+r-1}{r}x^r\left(\sum_{i=1}^{m-2} a_i\psi(\xi_i)\right), \quad x \in [0,1]. \qquad (3.7.11)$$

对于由 (3.6.13) 给出的 $\Phi_1(x)$, 因为 $\Phi_1^{(n)}(x) = 0 (x \in [0,1])$, 并且

$$\Phi_1^{(i)}(0) = \Phi_1^{(j)}(1) = 0, \quad 1 \leqslant i \leqslant k-1, \quad 0 \leqslant j \leqslant n-k-1,$$

所以由 (3.1.10) 和 (3.1.11) 可知

$$\Phi_1(x) = (1-x)^{n-k} \sum_{r=0}^{k-1} \binom{n-k+r-1}{r} x^r, \quad x \in [0,1]. \tag{3.7.12}$$

由 (3.7.11) 和 (3.7.12) 得

$$\psi(x) = \Phi_1(x) \sum_{i=1}^{m-2} a_i \psi(\xi_i),$$

所以

$$\sum_{i=1}^{m-2} a_i \psi(\xi_i) = \Big( \sum_{i=1}^{m-2} a_i \Phi_1(x) \Big) \Big( \sum_{i=1}^{m-2} a_i \psi(\xi_i) \Big),$$

根据 $(\mathbf{A_1})$, 有

$$\sum_{i=1}^{m-2} a_i \psi(\xi_i) = 0,$$

因此由 (3.7.11) 可见 (3.6.11) 只有零解.

设 $\varphi_0 \in P \bigcap C^n(0,1)$ 是 (3.7.1) 的解, 于是与前面的证明类似可知, 函数

$$\varphi(x) = \int_0^1 G_1(x,y) h(y) f(\varphi_0(y)) \mathrm{d}y, \quad x \in [0,1] \tag{3.7.13}$$

是线性问题

$$\begin{cases} (-1)^{n-k} \varphi^{(n)}(x) = h(x) f(\varphi_0(x)), & x \in (0,1), \quad n \geqslant 2, \quad 0 < k < n, \\ \varphi(0) = \sum_{i=1}^{m-2} a_i \varphi(\xi_i), \quad \varphi^{(i)}(0) = \varphi^{(j)}(1) = 0, \quad 1 \leqslant i \leqslant k-1, \quad 0 \leqslant j \leqslant n-k-1 \end{cases} \tag{3.7.14}$$

的解. 当然 $\varphi_0$ 本身也是 (3.7.14) 的解, 于是 $\widetilde{\varphi} = \varphi - \varphi_0$ 是齐次方程 (3.6.11) 的解, 从而是零解, 即 $\varphi = \varphi_0$, 故由 (3.7.13) 可知 $\varphi_0$ 是算子 $A$ 的不动点. ■

$\varphi$ 叫做 (3.7.1) 的正解, 如果 $\varphi \in C[0,1] \bigcap C^n(0,1), \varphi(x) > 0 (x \in (0,1))$ 且满足 (3.7.1).

**引理 3.7.4**　假设 $(\mathbf{A_1})$—$(\mathbf{A_3})$ 满足. 如果 $A$ 在 $P$ 中有不动点 $\varphi \neq \theta$, 则 $\varphi$ 是 (3.7.1) 的正解.

**证明** 设 $\varphi \in P$ 是 $A$ 的不动点, 显然 $\varphi \in C[0,1] \bigcap C^n(0,1)$. 记

$$\varphi_1(x) = \int_0^1 G(x,y)h(y)f(\varphi(y))\mathrm{d}y,$$

这里 $G(x,y)$ 由 (3.6.2) 给出, 于是

$$\varphi(x) = \varphi_1(x) + \Phi_1(x)\int_0^1 k_1(y)h(y)f(\varphi(y))\mathrm{d}y, \quad x \in [0,1], \tag{3.7.15}$$

其中 $k_1(y)$ 由 (3.6.17) 给出. 根据引理 3.7.3 可得 $\varphi(x)$ 满足 (3.7.1).

如果 $\varphi_1(x) \equiv 0$, 由 $\varphi \neq \theta$ 可知

$$\int_0^1 k_1(y)h(y)f(\varphi(y))\mathrm{d}y > 0,$$

于是由 (3.7.15) 得

$$\varphi(x) = \Phi_1(x)\int_0^1 k_1(y)h(y)f(\varphi(y))\mathrm{d}y > 0, \quad x \in (0,1).$$

如果 $\varphi_1(x) \not\equiv 0$, 由引理 3.6.2 可知

$$\varphi_1(x) \geqslant (n-1)^{-1}q(x)\int_0^1 G(z,y)h(y)f(\varphi(y))\mathrm{d}y = (n-1)^{-1}q(x)\varphi_1(z), \quad x,z \in [0,1],$$

故

$$\varphi_1(x) \geqslant (n-1)^{-1}q(x)\|\varphi_1\| > 0, \quad x \in (0,1).$$

因此由 (3.7.15) 得 $\varphi(x) > 0(x \in (0,1))$. ∎

**定理 3.7.1** 设 $(\mathbf{A_1})$—$(\mathbf{A_3})$ 满足. 如果 (3.3.17) 和 (3.3.18) 成立, 其中 $\lambda_1$ 是由 (3.7.3) 定义的算子 $T$ 的最小正本征值, 则 (3.7.1) 至少存在一个正解.

我们用两种方法来证明定理 3.7.1, 方法一需要引入下面的算子和引理. 对 $\tau \in (0,1/2)$, 定义

$$(T_\tau \varphi)(x) = \int_\tau^{1-\tau} G_1(x,y)h(y)\varphi(y)\mathrm{d}y, \quad x \in [0,1]. \tag{3.7.16}$$

如果 $(\mathbf{A_1})$ 和 $(\mathbf{A_2})$ 满足, 易证 $T_\tau : C[0,1] \to C[0,1]$ 是全连续线性算子, 而且 $T_\tau(P) \subset P$.

**引理 3.7.5** 假设 $(\mathbf{A_1})$ 和 $(\mathbf{A_2})$ 满足, 则对充分小的 $\tau > 0$, 由 (3.7.16) 定义的算子 $T_\tau$ 的谱半径 $r(T_\tau) > 0$, $T_\tau$ 存在对应其最小正本征值 $\lambda_\tau = (r(T_\tau))^{-1}$ 的正本征函数, 并且当 $\tau \to 0^+$ 时, $\lambda_\tau \to \lambda_1$, 其中 $\lambda_1$ 是由 (3.7.3) 定义的算子 $T$ 的最小正本征值.

**证明**   类似于引理 3.3.6 的证明, 对充分小的 $\tau > 0$, $T_\tau$ 的谱半径 $r(T_\tau) > 0$, $T_\tau$ 存在对应其最小正本征值 $\lambda_\tau = (r(T_\tau))^{-1}$ 的正本征函数, 并且当 $\tau \to 0^+$ 时, $\lambda_\tau \to \widetilde{\lambda}_1$, 其中 $\widetilde{\lambda}_1$ 是 $T$ 具有正本征函数的正本征值. 下面证明 $\widetilde{\lambda}_1 = \lambda_1$.

当 $a_i > 0 (i = 1, 2, \cdots, m - 2)$ 时, 由 (3.6.15), (3.6.8) 的右边不等式和 (3.7.12) 可知

$$\Phi_1(x) k_1(y) \leqslant G_1(x, y) \leqslant \Phi_1(x)(p(y) + k_1(y)), \quad x, y \in [0, 1],$$

于是 $\forall \varphi \in P \backslash \{\theta\}$, 有

$$\Phi_1(x) \int_0^1 k_1(y) \varphi(y) \mathrm{d}y \leqslant (T\varphi)(x) \leqslant \Phi_1(x) \int_0^1 (p(y) + k_1(y)) \varphi(y) \mathrm{d}y, \quad x \in [0, 1],$$

显然

$$\int_0^1 k_1(y) \varphi(y) \mathrm{d}y > 0, \quad \int_0^1 (p(y) + k_1(y)) \varphi(y) \mathrm{d}y > 0, \quad \Phi_1 \in P \backslash \{\theta\},$$

于是 $T$ 是 $\Phi_1$ 正的 (见定义 2.5.1), 由定理 2.5.1 有 $\widetilde{\lambda}_1 = \lambda_1$.

当 $a_i = 0 (i = 1, 2, \cdots, m - 2)$ 时, $G_1(x, y) = G(x, y)$, 由 (3.6.8) 可知, $\forall \varphi \in P \backslash \{\theta\}$, 有

$$q(x)(n - 1)^{-1} \int_0^1 y(1 - y) p(y) \varphi(y) \mathrm{d}y \leqslant (T\varphi)(x) \leqslant q(x) \int_0^1 p(y) \varphi(y) \mathrm{d}y, \quad x \in [0, 1],$$

显然

$$(n - 1)^{-1} \int_0^1 y(1 - y) p(y) \varphi(y) \mathrm{d}y > 0, \quad \int_0^1 p(y) \varphi(y) \mathrm{d}y > 0, \quad q \in P \backslash \{\theta\},$$

于是 $T$ 是 $q$ 正的, 由定理 2.5.1 仍有 $\widetilde{\lambda}_1 = \lambda_1$. ∎

**定理 3.7.1 证明**(方法一)   由 (3.3.18) 和引理 3.7.5 可知, 存在充分小的 $\tau \in (0, 1/2)$, 使得

$$\liminf_{u \to +\infty} \frac{f(u)}{u} > \lambda_\tau, \tag{3.7.17}$$

其中 $\lambda_\tau$ 是 $T_\tau$ 的最小正本征值, 并且当 $x \in (\tau, 1 - \tau)$ 时, $h(x) \not\equiv 0$.

由 (3.7.12) 可知 $\Phi_1(x) \geqslant (n - 1)^{-1} q(x), x \in [0, 1]$, 于是由 (3.6.15) 和 (3.6.9) 有

$$G_1(x, y) \geqslant (n - 1)^{-1} q(x)(G(z, y) + k_1(y)) \geqslant (n - 1)^{-1} q(x) G_1(z, y), \quad \forall x, y, z \in [0, 1]. \tag{3.7.18}$$

令 $D(\tau) = (n - 1)^{-1} \min_{\tau \leqslant x \leqslant 1 - \tau} q(x)$, 故 $0 < D(\tau) \leqslant 1$, 并且

$$G_1(x, y) \geqslant D(\tau) G_1(z, y), \quad \forall x \in [\tau, 1 - \tau],\ y, z \in [0, 1]. \tag{3.7.19}$$

定义

$$P_1 = \{\varphi \in P \mid \varphi(x) \geqslant D(\tau)\|\varphi\|, \ x \in [\tau, 1-\tau]\}. \tag{3.7.20}$$

容易验证 $P_1$ 是 $C[0,1]$ 中的锥. 由 (3.7.19) 可推出, 对任意的 $\varphi \in P$ 和 $x \in [\tau, 1-\tau]$, 有

$$(A\varphi)(x) \geqslant D(\tau)\int_0^1 G_1(z,y)h(y)f(\varphi(y))\mathrm{d}y, \quad z \in [0,1],$$

所以 $(A\varphi)(x) \geqslant D(\tau)\|A\varphi\|$, 即 $A(P) \subset P_1$.

由 (3.7.17) 和 (3.3.17), 其余部分的证明与定理 3.3.1 的证明方法一相同. ■

**定理 3.7.1 证明**(方法二) 定义

$$P_2 = \{\varphi \in P \mid \varphi(x) \geqslant (n-1)^{-1}q(x)\|\varphi\|, \ \forall x \in [0,1]\}, \tag{3.7.21}$$

其中 $q(x)$ 见引理 3.6.2, 显然 $P_2$ 是 $C[0,1]$ 中的锥. $\forall \varphi \in P$, 取 $x_0 \in [0,1]$, 使得

$$(A\varphi)(x_0) = \|A\varphi\|.$$

由 (3.6.9) 得

$$G(x,y) \geqslant (n-1)^{-1}q(x)G(x_0,y), \quad \forall x,y \in [0,1].$$

因此由 (3.6.15) 和 (3.7.12) 有

$$\begin{aligned}
&(A\varphi)(x)\\
&= \int_0^1 G(x,y)h(y)f(\varphi(y))\mathrm{d}y + \int_0^1 \Phi_1(x)k_1(y)h(y)f(\varphi(y))\mathrm{d}y\\
&\geqslant \int_0^1 (n-1)^{-1}q(x)G(x_0,y)h(y)f(\varphi(y))\mathrm{d}y + (n-1)^{-1}q(x)\int_0^1 k_1(y)h(y)f(\varphi(y))\mathrm{d}y\\
&\geqslant (n-1)^{-1}q(x)\Big(\int_0^1 G(x_0,y)h(y)f(\varphi(y))\mathrm{d}y + \int_0^1 \Phi_1(x_0)k_1(y)h(y)f(\varphi(y))\mathrm{d}y\Big)\\
&= (n-1)^{-1}q(x)(A\varphi)(x_0) = (n-1)^{-1}q(x)\|A\varphi\|, \quad x \in [0,1],
\end{aligned}$$

于是 $A(P) \subset P_2$. 类似可得 $T(P) \subset P_2$.

由 (3.3.18) 可知, 存在 $\varepsilon > 0$, 使得当 $u$ 充分大时, $f(u) \geqslant (\lambda_1+\varepsilon)u$. 由 $(\mathbf{A_3})$ 可知, 存在 $b \geqslant 0$, 使得

$$f(u) \geqslant (\lambda_1+\varepsilon)u - b, \quad 0 \leqslant u < +\infty. \tag{3.7.22}$$

当 $a_i > 0 (i=1,2,\cdots,m-2)$ 时, 取

$$R > \max\left\{\frac{b\int_0^1 p(y)h(y)\mathrm{d}y}{\varepsilon\int_0^1 (n-1)^{-2}G(y,y)h(y)q(y)\mathrm{d}y}, \frac{b\int_0^1 k_1(y)h(y)\mathrm{d}y}{\varepsilon\int_0^1 (n-1)^{-1}k_1(y)h(y)q(y)\mathrm{d}y}\right\}; \tag{3.7.23}$$

当 $a_i = 0(i = 1, 2, \cdots, m - 2)$ 时, 取

$$R > \frac{b \int_0^1 p(y)h(y)\mathrm{d}y}{\varepsilon \int_0^1 (n-1)^{-2} G(y,y)h(y)q(y)\Phi_1(y)\mathrm{d}y}. \tag{3.7.24}$$

不妨设 $A$ 在 $P_2 \bigcap \partial B_R$ 上没有不动点 (否则定理得证). $\forall \varphi \in P_2 \bigcap \partial B_R$, 根据 (3.7.22), (3.6.15), 引理 3.6.2, (3.7.21), (3.7.23) 或 (3.7.24) 可得

$$(A\varphi)(x)$$
$$\geqslant (\lambda_1 + \varepsilon) \int_0^1 G_1(x,y)h(y)\varphi(y)\mathrm{d}y - b \int_0^1 G_1(x,y)h(y)\mathrm{d}y$$
$$= \lambda_1 T(\varphi)(x) + \varepsilon \int_0^1 G(x,y)h(y)\varphi(y)\mathrm{d}y - b \int_0^1 G(x,y)h(y)\mathrm{d}y$$
$$+ \varepsilon\Phi_1(x) \int_0^1 k_1(y)h(y)\varphi(y)\mathrm{d}y - b\Phi_1(x) \int_0^1 k_1(y)h(y)\mathrm{d}y$$
$$\geqslant \lambda_1 T(\varphi)(x) + \varepsilon \int_0^1 (n-1)^{-1} q(x)G(y,y)h(y)\varphi(y)\mathrm{d}y - b \int_0^1 q(x)p(y)h(y)\mathrm{d}y$$
$$+ \varepsilon\Phi_1(x) \int_0^1 k_1(y)h(y)\varphi(y)\mathrm{d}y - b\Phi_1(x) \int_0^1 k_1(y)h(y)\mathrm{d}y$$
$$\geqslant \lambda_1 T(\varphi)(x) + q(x)\left(\varepsilon \int_0^1 (n-1)^{-2} G(y,y)h(y)q(y)\|\varphi\|\mathrm{d}y - b \int_0^1 p(y)h(y)\mathrm{d}y\right)$$
$$+ \Phi_1(x)\left(\varepsilon \int_0^1 (n-1)^{-1} k_1(y)h(y)q(y)\|\varphi\|\mathrm{d}y - b \int_0^1 k_1(y)h(y)\mathrm{d}y\right)$$
$$\geqslant \lambda_1 T(\varphi)(x),$$

从而在由锥 $P$ 导出的半序下, $A\varphi \geqslant \lambda_1 T\varphi$. 设 $\varphi_1^*$ 是 $T$ 对应其最小正本征值 $\lambda_1$ 的正本征函数, 于是 $\varphi_1^* = \lambda_1 T\varphi_1^*$. 令 $T_1 = \lambda_1 T$, 根据定理 2.3.8(其中 $u_0 = \varphi_1^*$), 得

$$i(A, P_2 \bigcap B_R, P_2) = 0. \tag{3.7.25}$$

由 (3.3.17), 其余部分与定理 3.3.1 的证明方法二相同. ∎

**定理 3.7.2**　设 $(A_1)$—$(A_3)$ 满足. 如果 (3.3.36) 和 (3.3.37) 成立, 其中 $\lambda_1$ 是由 (3.7.3) 定义的算子 $T$ 的最小正本征值, 则 (3.7.1) 至少存在一个正解.

**证明**　与定理 3.3.2 证明类似. ∎

设 $(A_2)$ 满足, 取 $\tau \in (0, 1/2)$, 使得 $h(x) \not\equiv 0(x \in [\tau, 1 - \tau])$. 记

$$h_0 = \int_0^1 p(x)h(x)\mathrm{d}x, \quad h_\tau = \int_\tau^{1-\tau} p(x)h(x)\mathrm{d}x$$

(其中 $p(x)$ 由引理 3.6.2 给出), 显然 $h_0 > 0$, $h_\tau > 0$. 令

$$N = (n-1)^{-1} \tau(1-\tau) \min_{x \in [\tau, 1-\tau]} q(x), \tag{3.7.26}$$

$$M = \max_{x \in [0,1]} q(x) + \left(1 - \sum_{i=1}^{m-2} a_i \Phi_1(\xi_i)\right)^{-1} \sum_{i=1}^{m-2} a_i q(\xi_i), \tag{3.7.27}$$

显然 $M > 0$, $N > 0$. 记

$$c = (n-1)^{-1} \min_{\tau \leqslant x \leqslant 1-\tau} q(x), \quad d = (n-1)^{-1} \max_{\tau \leqslant x \leqslant 1-\tau} q(x),$$

易见 $0 < c \leqslant d \leqslant 1$.

**定理 3.7.3** 设 $(\mathbf{A_1})$—$(\mathbf{A_3})$ 满足. 如果 (3.3.36) 和 (3.3.18) 成立, 其中 $\lambda_1$ 是由 (3.7.3) 定义的算子 $T$ 的最小正本征值, 并且存在 $r_0 > 0$, 使得

$$f(u) < M^{-1} h_0^{-1} r_0, \quad \forall u \in [0, r_0], \tag{3.7.28}$$

则 (3.7.1) 至少存在两个正解.

**证明** 由 (3.3.36) 可知, 存在 $r_1 \in (0, r_0)$, 使得

$$r_1 < \lambda_1^{-1} M^{-1} h_0^{-1} r_0,$$

并且 (3.3.38) 成立. 由 (3.3.18), 根据定理 3.7.1 的证明方法二, 可取 $r_2 > r_0$, 并且大于 (3.7.23) 或 (3.7.24) 右边的常数. 不妨设 $A$ 在 $P_2 \bigcap \partial B_{r_1}$ 和 $P_2 \bigcap \partial B_{r_2}$ 上没有不动点. 因为 $A(P) \subset P_2$, 根据定理 3.7.2 的证明和不动点指数的保持性可得

$$i(A, P_2 \bigcap B_{r_1}, P_2) = 0.$$

再根据定理 3.7.1 的证明方法二可得

$$i(A, P_2 \bigcap B_{r_2}, P_2) = 0.$$

根据引理 3.6.2 和 (3.6.15), 由 (3.7.28) 和 (3.7.27) 可知, $\forall \varphi \in P_2 \bigcap \partial B_{r_0}$, 有

$$(A\varphi)(x) \leqslant \int_0^1 Mp(y)h(y)f(\varphi(y))\mathrm{d}y < \int_0^1 Mp(y)h(y)M^{-1}h_0^{-1}r_0\mathrm{d}y = r_0, \quad x \in [0,1].$$

于是 $\|A\varphi\| < \|\varphi\|$, $\forall \varphi \in P_2 \bigcap \partial B_{r_0}$, 故根据推论 2.3.2(i) 得

$$i(A, P_2 \bigcap B_{r_0}, P_2) = 1.$$

从而

$$i(A, P_2 \bigcap (B_{r_0} \backslash \overline{B}_{r_1}), P_2) = i(A, P_2 \bigcap B_{r_0}, P_2) - i(A, P_2 \bigcap B_{r_1}, P_2) = 1,$$

$$i(A, P_2 \bigcap (B_{r_2} \backslash \overline{B}_{r_0}), P_2) = i(A, P_2 \bigcap B_{r_2}, P_2) - i(A, P_2 \bigcap B_{r_0}, P_2) = -1,$$

于是 (3.7.1) 至少存在两个正解. ∎

**定理 3.7.4**　设 $(\mathbf{A_1})$—$(\mathbf{A_3})$ 满足. 如果 (3.3.17) 和 (3.3.37) 成立, 其中 $\lambda_1$ 是由 (3.7.3) 定义的算子 $T$ 的最小正本征值, 并且存在 $r_0 > 0$, 使得

$$f(u) > N^{-1}h_\tau^{-1}r_0, \quad \forall u \in [cr_0, r_0], \tag{3.7.29}$$

则 (3.7.1) 至少存在两个正解.

**证明**　由 (3.3.17) 可知, 存在 $r_1 \in (0, cr_0)$ 使得当 $0 \leqslant u \leqslant r_1$ 时 (3.3.31) 成立. 由 (3.3.37), 存在 $r_2 > r_0$ 和 $\sigma \in (0,1)$, 使得 (3.3.41) 成立. 不妨设 $A$ 在 $P_2 \bigcap \partial B_{r_1}$ 上没有不动点. 根据定理 3.7.1 的证明方法二可得

$$i(A, P_2 \bigcap B_{r_1}, P_2) = 1.$$

又因为 $A(P) \subset P_2$, 根据定理 3.7.2 的证明和不动点指数的保持性可知, 存在 $r_3 > r_2$, 使得

$$i(A, P_2 \bigcap B_{r_3}, P_2) = 1.$$

因为 $\forall \varphi \in P_2 \bigcap \partial B_{r_0}$, 由 (3.7.21) 有

$$cr_0 \leqslant \varphi(x) \leqslant r_0, \quad x \in [\tau, 1-\tau],$$

所以根据引理 3.6.2 和 (3.6.15), 由 (3.7.26) 和 (3.7.29) 可知

$$(A\varphi)(x) \geqslant \int_\tau^{1-\tau} G(x,y)h(y)f(\varphi(y))\mathrm{d}y$$

$$> \int_\tau^{1-\tau} Np(y)h(y)N^{-1}h_\tau^{-1}r_0\mathrm{d}y = r_0, \quad x \in [\tau, 1-\tau].$$

于是 $\|A\varphi\| > \|\varphi\|$, $\forall \varphi \in P_2 \bigcap \partial B_{r_0}$, 故根据推论 2.3.4(i) 得

$$i(A, P_2 \bigcap B_{r_0}, P_2) = 0.$$

从而

$$i(A, P_2 \bigcap (B_{r_0} \backslash \overline{B}_{r_1}), P_2) = i(A, P_2 \bigcap B_{r_0}, P_2) - i(A, P_2 \bigcap B_{r_1}, P_2) = -1,$$

$$i(A, P_2 \bigcap (B_{r_3} \backslash \overline{B}_{r_0}), P_2) = i(A, P_2 \bigcap B_{r_3}, P_2) - i(A, P_2 \bigcap B_{r_0}, P_2) = 1,$$

于是 (3.7.1) 至少存在两个正解. ∎

**定理 3.7.5** 设 $(A_1)$—$(A_3)$ 满足. 如果存在常数 $a$ 和 $b$, $0 < a < b$, 满足下面条件之一:

(i) $a < cdb$, 并且当 $0 \leqslant u \leqslant d^{-1}a$ 时, $f(u) \leqslant M^{-1}h_0^{-1}a$; 当 $cb \leqslant u \leqslant b$ 时, $f(u) \geqslant N^{-1}h_\tau^{-1}b$;

(ii) $a < c^2b$, 并且当 $0 \leqslant u \leqslant c^{-1}a$ 时, $f(u) \leqslant M^{-1}h_0^{-1}a$; 当 $cb \leqslant u \leqslant c^{-1}b$ 时, $f(u) \geqslant N^{-1}h_\tau^{-1}b$;

(iii) $b \geqslant MN^{-1}h_0 h_\tau^{-1}a$, 并且当 $0 \leqslant u \leqslant d^{-1}b$ 时, $f(u) \leqslant M^{-1}h_0^{-1}b$; 当 $ca \leqslant u \leqslant a$ 时, $f(u) \geqslant N^{-1}h_\tau^{-1}a$,

则 (3.7.1) 至少存在一个正解.

**证明** 定义

$$\alpha(\varphi) = \max_{\tau \leqslant x \leqslant 1-\tau} \varphi(x), \quad \beta(\varphi) = \min_{\tau \leqslant x \leqslant 1-\tau} \varphi(x), \quad \forall \varphi \in P.$$

类似于例 2.1.3 和例 1.3.2 的证明, 可知 $\alpha$ 和 $\beta$ 是连续的, 并且对 (3.7.21) 定义的锥 $P_2$, 有 $\alpha, \beta : P_2 \to [0, +\infty)$ 满足 (2.3.2)(其中 $X = P_2$). 令

$$U_1 = \{\varphi \in P_2 \mid \alpha(\varphi) < a\}, \quad U_2 = \{\varphi \in P_2 \mid \alpha(\varphi) < b\},$$

$$U_3 = \{\varphi \in P_2 \mid \beta(\varphi) < a\}, \quad U_4 = \{\varphi \in P_2 \mid \beta(\varphi) < b\}.$$

显然 $U_i(i=1,2,3,4)$ 是 $P_2$ 中的开集, $\partial U_i$ 和 $\overline{U}_i$ 分别表示 $U_i$ 在 $P_2$ 中的相对边界和相对闭包.

如果 $\varphi \in U_1$, 那么

$$a > \max_{\tau \leqslant x \leqslant 1-\tau} \varphi(x) \geqslant d\|\varphi\|,$$

因此 $U_1$ 是有界的, 并且 $\forall \varphi \in \overline{U}_1$, $\|\varphi\| \leqslant d^{-1}a$. 同理 $U_2$ 也是有界的, 并且 $\forall \varphi \in \overline{U}_2$, $\|\varphi\| \leqslant d^{-1}b$. 如果 $\varphi \in U_3$, 那么

$$a > \min_{\tau \leqslant x \leqslant 1-\tau} \varphi(x) \geqslant c\|\varphi\|,$$

因此 $U_3$ 是有界的, 并且 $\forall \varphi \in \overline{U}_3$, $\|\varphi\| \leqslant c^{-1}a$. 同理 $U_4$ 也是有界的, 并且 $\forall \varphi \in \overline{U}_4$, $\|\varphi\| \leqslant c^{-1}b$.

设条件 (i) 满足, 显然 $\theta \in U_1$, $\overline{U}_1 \subset U_2$. 若 $\varphi \in \partial U_1$, 则 $\alpha(\varphi) = a$, 从而 $\|\varphi\| \leqslant d^{-1}a$, 故根据引理 3.6.2 和 (3.6.15), 由 (3.7.27) 可知

$$\alpha(A\varphi) = \max_{\tau \leqslant x \leqslant 1-\tau} \int_0^1 G_1(x,y)h(y)f(\varphi(y))\mathrm{d}y$$

$$\leqslant \int_0^1 Mp(y)h(y)M^{-1}h_0^{-1}a\mathrm{d}y = a = \alpha(\varphi).$$

若 $\varphi \in \partial U_2$, 则 $\alpha(\varphi) = b$, 从而 $\inf_{\varphi \in \partial U_2} \alpha(\varphi) = b > 0 = \alpha(\theta)$, 并且当 $x \in [\tau, 1-\tau]$ 时, 有

$$cb \leqslant (n-1)^{-1}q(x)b = (n-1)^{-1}q(x)\max_{\tau \leqslant x \leqslant 1-\tau}\varphi(x)$$
$$\leqslant (n-1)^{-1}q(x)\|\varphi\| \leqslant \varphi(x)$$
$$\leqslant \max_{\tau \leqslant x \leqslant 1-\tau}\varphi(x) = \alpha(\varphi) = b,$$

故根据引理 3.6.2 和 (3.6.15), 由 (3.7.26) 可知

$$\alpha(A\varphi) = \max_{\tau \leqslant x \leqslant 1-\tau}\int_0^1 G_1(x,y)h(y)f(\varphi(y))\mathrm{d}y \geqslant \max_{\tau \leqslant x \leqslant 1-\tau}\int_0^1 G(x,y)h(y)f(\varphi(y))\mathrm{d}y$$
$$\geqslant \max_{\tau \leqslant x \leqslant 1-\tau}\int_\tau^{1-\tau} G(x,y)h(y)f(\varphi(y))\mathrm{d}y \geqslant \int_\tau^{1-\tau} Np(y)h(y)N^{-1}h_\tau^{-1}b\mathrm{d}y$$
$$= b = \alpha(\varphi).$$

不妨设 $A$ 在 $\partial U_1 \bigcup \partial U_2$ 上没有不动点 (否则定理得证), 根据 $A(P) \subset P_2$ 以及定理 2.3.3(ii) 和定理 2.3.6(i) 可得

$$i(A, U_1, P_2) = 1, \quad i(A, U_2, P_2) = 0.$$

利用不动点指数的可加性可知 (3.7.1) 至少存在一个正解.

设条件 (ii) 满足, 显然 $\theta \in U_3$, $\overline{U}_3 \subset U_4$. 若 $\varphi \in \partial U_3$, 则 $\beta(\varphi) = a$, 从而 $\|\varphi\| \leqslant c^{-1}a$, 故根据引理 3.6.2 和 (3.6.15), 由 (3.7.27) 可知

$$\beta(A\varphi) = \min_{\tau \leqslant x \leqslant 1-\tau}\int_0^1 G_1(x,y)h(y)f(\varphi(y))\mathrm{d}y$$
$$\leqslant \int_0^1 Mp(y)h(y)M^{-1}h_0^{-1}a\mathrm{d}y = a = \beta(\varphi).$$

若 $\varphi \in \partial U_4$, 则 $\beta(\varphi) = b$, 从而 $\inf_{\varphi \in \partial U_4} \beta(\varphi) = b > 0 = \beta(\theta)$, 并且当 $x \in [\tau, 1-\tau]$ 时, 有

$$cb \leqslant (n-1)^{-1}q(x)b = (n-1)^{-1}q(x)\min_{\tau \leqslant x \leqslant 1-\tau}\varphi(x)$$
$$\leqslant (n-1)^{-1}q(x)\|\varphi\| \leqslant \varphi(x)$$
$$\leqslant \|\varphi\| \leqslant c^{-1}b,$$

故根据引理 3.6.2 和 (3.6.15), 由 (3.7.26) 可知

$$\beta(A\varphi) = \min_{\tau \leqslant x \leqslant 1-\tau}\int_0^1 G_1(x,y)h(y)f(\varphi(y))\mathrm{d}y \geqslant \min_{\tau \leqslant x \leqslant 1-\tau}\int_0^1 G(x,y)h(y)f(\varphi(y))\mathrm{d}y$$
$$\geqslant \min_{\tau \leqslant x \leqslant 1-\tau}\int_\tau^{1-\tau} G(x,y)h(y)f(\varphi(y))\mathrm{d}y \geqslant \int_\tau^{1-\tau} Np(y)h(y)N^{-1}h_\tau^{-1}b\mathrm{d}y$$
$$= b = \beta(\varphi).$$

不妨设 $A$ 在 $\partial U_3 \bigcup \partial U_4$ 上没有不动点 (否则定理得证), 根据 $A(P) \subset P_2$ 以及定理 2.3.3(ii) 和定理 2.3.6(i) 可得

$$i(A, U_3, P_2) = 1, \quad i(A, U_4, P_2) = 0,$$

利用不动点指数的可加性可知 (3.7.1) 至少存在一个正解.

设条件 (iii) 满足. 若 $\varphi \in \partial U_1$, 则 $\alpha(\varphi) = a$, 从而 $\inf_{\varphi \in \partial U_1} \alpha(\varphi) = a > 0 = \alpha(\theta)$, 并且当 $x \in [\tau, 1-\tau]$ 时, 有

$$\begin{aligned} ca &\leqslant (n-1)^{-1} q(x) a = (n-1)^{-1} q(x) \max_{\tau \leqslant x \leqslant 1-\tau} \varphi(x) \\ &\leqslant (n-1)^{-1} q(x) \|\varphi\| \leqslant \varphi(x) \\ &\leqslant \max_{\tau \leqslant x \leqslant 1-\tau} \varphi(x) = \alpha(\varphi) = a, \end{aligned}$$

故根据引理 3.6.2 和 (3.6.15), 由 (3.7.26) 可知

$$\begin{aligned} \alpha(A\varphi) &= \max_{\tau \leqslant x \leqslant 1-\tau} \int_0^1 G_1(x, y) h(y) f(\varphi(y)) \mathrm{d}y \geqslant \max_{\tau \leqslant x \leqslant 1-\tau} \int_0^1 G(x, y) h(y) f(\varphi(y)) \mathrm{d}y \\ &\geqslant \max_{\tau \leqslant x \leqslant 1-\tau} \int_\tau^{1-\tau} G(x, y) h(y) f(\varphi(y)) \mathrm{d}y \geqslant \int_\tau^{1-\tau} N p(y) h(y) N^{-1} h_\tau^{-1} a \mathrm{d}y \\ &= a = \alpha(\varphi). \end{aligned}$$

若 $\varphi \in \partial U_2$, 则 $\alpha(\varphi) = b$, 从而 $\|\varphi\| \leqslant d^{-1}b$, 故根据引理 3.6.2 和 (3.6.15), 由 (3.7.27) 可知

$$\alpha(A\varphi) = \max_{\tau \leqslant x \leqslant 1-\tau} \int_0^1 G_1(x, y) h(y) f(\varphi(y)) \mathrm{d}y \leqslant \int_0^1 M p(y) h(y) M^{-1} h_0^{-1} b \mathrm{d}y = b = \alpha(\varphi).$$

不妨设 $A$ 在 $\partial U_1 \bigcup \partial U_2$ 上没有不动点 (否则定理得证), 根据 $A(P) \subset P_2$ 以及定理 2.3.6(i) 和定理 2.3.3(ii) 可得

$$i(A, U_1, P_2) = 0, \quad i(A, U_2, P_2) = 1,$$

利用不动点指数的可加性可知 (3.7.1) 至少存在一个正解. ∎

作下面假设:

($\mathbf{A}_3'$) 存在 $b_0 \geqslant 0$ 使得 $f: (-\infty, +\infty) \to [-b_0, +\infty)$ 连续.

**引理 3.7.6** 设 ($\mathbf{A}_1$), ($\mathbf{A}_2$) 和 ($\mathbf{A}_3'$) 满足, 则由 (3.7.2) 定义的 $A: C[0,1] \to C[0,1]$ 是全连续算子, 并且 (3.7.1) 存在解 $\varphi \in C[0,1] \bigcap C^n(0,1)$ 等价于 $\varphi$ 是算子 $A$ 的不动点.

**证明** 由 (3.6.15) 和引理 3.6.2 可知, 当 $x \in [0,1]$ 时, $\forall \varphi \in C[0,1]$, 有

$$\begin{aligned} |(A\varphi)(x)| &\leqslant \int_0^1 G_1(x, y) h(y) |f(\varphi(y))| \mathrm{d}y \\ &\leqslant \left( \max_{-\|\varphi\| \leqslant u \leqslant \|\varphi\|} |f(u)| \right) \int_0^1 (q(x) p(y) + \Phi_1(x) k_1(y)) h(y) \mathrm{d}y < +\infty, \end{aligned}$$

因此 $A : C[0,1] \to C[0,1]$.

类似引理 3.7.1 可证 $A$ 全连续. 与引理 3.7.3 的证明相同, 可证 (3.7.1) 存在解 $\varphi \in C[0,1] \bigcap C^n(0,1)$ 等价于 $\varphi$ 是算子 $A$ 的不动点. ∎

**定理 3.7.6**   设 $(\mathbf{A_1})$, $(\mathbf{A_2})$ 和 $(\mathbf{A_3'})$ 满足. 如果 (3.3.18) 和 (3.3.46) 成立, 其中 $\lambda_1$ 是由 (3.7.3) 定义的算子 $T$ 的最小正本征值, 则 (3.7.1) 至少存在一个非平凡解.

**证明**   记

$$\widetilde{\varphi}(x) = b_0 \int_0^1 G_1(x,y)h(y)\mathrm{d}y,$$

定义

$$\widetilde{A}\varphi = A(\varphi - \widetilde{\varphi}) + \widetilde{\varphi}, \quad \forall \varphi \in C[0,1].$$

对于由 (3.7.21) 给出的锥 $P_2$, 根据 $(\mathbf{A_3'})$ 可知 $\widetilde{A} : C[0,1] \to P_2$ 全连续. 事实上, $\forall \varphi \in C[0,1]$, 有

$$(\widetilde{A}\varphi)(x) = \int_0^1 G_1(x,y)h(y)f(\varphi(y) - \widetilde{\varphi}(y))\mathrm{d}y$$

$$+ b_0 \int_0^1 G_1(x,y)h(y)\mathrm{d}y \geqslant 0, \quad x \in [0,1],$$

于是 $\widetilde{A}\varphi \in P$, 再由 (3.7.18) 可知, $\forall x,z \in [0,1]$, 有

$$(\widetilde{A}\varphi)(x) \geqslant (n-1)^{-1}q(x)\int_0^1 G_1(z,y)h(y)(f(\varphi(y)-\widetilde{\varphi}(y))+b_0)\mathrm{d}y \geqslant (n-1)^{-1}q(x)(\widetilde{A}\varphi)(z),$$

因此 $(\widetilde{A}\varphi)(x) \geqslant (n-1)^{-1}q(x)\|\widetilde{A}\varphi\|$, 即 $\widetilde{A}(C[0,1]) \subset P_2$.

由 (3.3.18) 可知, 存在 $\varepsilon > 0$, 使得当 $u$ 充分大时, $f(u) \geqslant (\lambda_1 + \varepsilon)u$. 由 $(\mathbf{A_3'})$ 又可知存在 $b \geqslant 0$, 使得

$$f(u) \geqslant (\lambda_1 + \varepsilon)u - b, \quad -\infty < u < +\infty. \tag{3.7.30}$$

取 $R > \|\widetilde{\varphi}\|$, 并且当 $a_i > 0 (i = 1, 2, \cdots, m-2)$ 时, 有

$$R > \max \left\{ \frac{(\lambda_1 + \varepsilon)\displaystyle\int_0^1 p(y)h(y)\widetilde{\varphi}(y)\mathrm{d}y + b\displaystyle\int_0^1 p(y)h(y)\mathrm{d}y}{\dfrac{\varepsilon}{(n-1)^2}\displaystyle\int_0^1 G(y,y)h(y)q(y)\mathrm{d}y}, \right.$$

$$\left. \frac{(\lambda_1 + \varepsilon)\displaystyle\int_0^1 k_1(y)h(y)\widetilde{\varphi}(y)\mathrm{d}y + b\displaystyle\int_0^1 k_1(y)h(y)\mathrm{d}y}{\dfrac{\varepsilon}{n-1}\displaystyle\int_0^1 k_1(y)h(y)q(y)\mathrm{d}y} \right\}; \tag{3.7.31}$$

当 $a_i = 0 (i = 1, 2, \cdots, m-2)$ 时, 有

$$R > \frac{(\lambda_1 + \varepsilon) \int_0^1 p(y)h(y)\widetilde{\varphi}(y)\mathrm{d}y + b \int_0^1 p(y)h(y)\mathrm{d}y}{\frac{\varepsilon}{(n-1)^2} \int_0^1 G(y,y)h(y)q(y)\mathrm{d}y}. \tag{3.7.32}$$

如果 $\widetilde{A}$ 存在不动点 $\varphi_0 \in P_2 \bigcap \partial B_R$, 则 $\varphi_0 - \widetilde{\varphi}$ 是 $A$ 的不动点, 而 $\|\varphi_0 - \widetilde{\varphi}\| > 0$, 故结论得证. 下面不妨设 $\widetilde{A}$ 在 $P_2 \bigcap \partial B_R$ 上没有不动点. $\forall \varphi \in P_2 \bigcap \partial B_R$, 根据 (3.7.30), (3.6.15), 引理 3.6.2, (3.7.21), (3.7.31) 或 (3.7.32) 可得

$$(\widetilde{A}\varphi)(x)$$
$$\geqslant (\lambda_1 + \varepsilon) \int_0^1 G_1(x,y)h(y)(\varphi(y) - \widetilde{\varphi}(y))\mathrm{d}y - b \int_0^1 G_1(x,y)h(y)\mathrm{d}y$$
$$\quad + b_0 \int_0^1 G_1(x,y)h(y)\mathrm{d}y$$
$$\geqslant (\lambda_1 + \varepsilon) \int_0^1 G_1(x,y)h(y)\varphi(y)\mathrm{d}y - (\lambda_1 + \varepsilon) \int_0^1 G_1(x,y)h(y)\widetilde{\varphi}(y)\mathrm{d}y$$
$$\quad - b \int_0^1 G_1(x,y)h(y)\mathrm{d}y$$
$$= \lambda_1(T\varphi)(x) + \varepsilon \int_0^1 G(x,y)h(y)\varphi(y)\mathrm{d}y - (\lambda_1 + \varepsilon) \int_0^1 G(x,y)h(y)\widetilde{\varphi}(y)\mathrm{d}y$$
$$\quad - b \int_0^1 G(x,y)h(y)\mathrm{d}y$$
$$\quad + \Phi_1(x)\Big(\varepsilon \int_0^1 k_1(y)h(y)\varphi(y)\mathrm{d}y - (\lambda_1 + \varepsilon) \int_0^1 k_1(y)h(y)\widetilde{\varphi}(y)\mathrm{d}y$$
$$\quad - b \int_0^1 k_1(y)h(y)\mathrm{d}y\Big)$$
$$\geqslant \lambda_1(T\varphi)(x)$$
$$\quad + q(x)\Big(\frac{\varepsilon}{n-1} \int_0^1 G(y,y)h(y)\varphi(y)\mathrm{d}y - (\lambda_1 + \varepsilon) \int_0^1 p(y)h(y)\widetilde{\varphi}(y)\mathrm{d}y$$
$$\quad - b \int_0^1 p(y)h(y)\mathrm{d}y\Big)$$
$$\quad + \Phi_1(x)\Big(\varepsilon \int_0^1 k_1(y)h(y)\varphi(y)\mathrm{d}y - (\lambda_1 + \varepsilon) \int_0^1 k_1(y)h(y)\widetilde{\varphi}(y)\mathrm{d}y$$
$$\quad - b \int_0^1 k_1(y)h(y)\mathrm{d}y\Big)$$

$$\geqslant \lambda_1 (T\varphi)(x)$$

$$+ q(x)\Big( \frac{\varepsilon}{(n-1)^2} \int_0^1 G(y,y)h(y)q(y)\|\varphi\| \mathrm{d}y - (\lambda_1 + \varepsilon) \int_0^1 p(y)h(y)\widetilde{\varphi}(y)\mathrm{d}y$$

$$- b \int_0^1 p(y)h(y)\mathrm{d}y \Big)$$

$$+ \Phi_1(x)\Big( \frac{\varepsilon}{n-1} \int_0^1 k_1(y)h(y)q(y)\|\varphi\| \mathrm{d}y - (\lambda_1 + \varepsilon) \int_0^1 k_1(y)h(y)\widetilde{\varphi}(y)\mathrm{d}y$$

$$- b \int_0^1 k_1(y)h(y)\mathrm{d}y \Big)$$

$$\geqslant \lambda_1 (T\varphi)(x),$$

从而在由锥 $P$ 导出的半序下, $\widetilde{A}\varphi \geqslant \lambda_1 T\varphi$.

设 $\varphi^*$ 是 $T$ 对应其最小正本征值 $\lambda_1$ 的正本征函数, 于是 $\varphi^* = \lambda_1 T\varphi^*$. 令 $T_1 = \lambda_1 T$, 根据定理 2.3.8 (其中 $u_0 = \varphi^*$), 有

$$i(\widetilde{A}, P_2 \bigcap B_R, P_2) = 0.$$

而 $\widetilde{A}(C[0,1]) \subset P_2$, 根据不动点指数的保持性, 有

$$\deg(I - \widetilde{A}, B_R, \theta) = 0. \tag{3.7.33}$$

定义 $H(t,\varphi) = A(\varphi - t\widetilde{\varphi}) + t\widetilde{\varphi}$, $(t,\varphi) \in [0,1] \times \overline{B}_R$. 由 $(\mathbf{A}_3')$ 易证 $A$ 在 $C[0,1]$ 的任意有界集上一致连续, 因此根据注 2.3.2(i), 可知 $H(t,\varphi)$ 是全连续同伦. 如果存在 $(t_1, \varphi_1) \in [0,1] \times \partial B_R$, 使得 $H(t_1, \varphi_1) = \varphi_1$, 那么 $A(\varphi_1 - t_1\widetilde{\varphi}) = \varphi_1 - t_1\widetilde{\varphi}$, 于是 $\varphi_1 - t_1\widetilde{\varphi}$ 是 $A$ 的不动点, 而 $\|\varphi_1 - t_1\widetilde{\varphi}\| \geqslant \|\varphi_1\| - \|\widetilde{\varphi}\| > 0$, 故结论得证. 否则由拓扑度的同伦不变性及 (3.7.33) 得

$$\deg(I - A, B_R, \theta) = \deg(I - \widetilde{A}, B_R, \theta) = 0. \tag{3.7.34}$$

由 (3.3.46) 可知, 存在 $r \in (0, R)$ 使得 $|f(u)| \leqslant \lambda_1 |u|$, $\forall |u| \leqslant r$. 与定理 3.3.6 相应部分的证明相同, 如果 $A$ 在 $\partial B_r$ 上没有不动点, 那么

$$\deg(I - A, B_r, \theta) = 1. \tag{3.7.35}$$

由 (3.7.34) 和 (3.7.35) 可知 (3.7.1) 至少存在一个非平凡解. ∎

**定理 3.7.7**　设 $(\mathbf{A}_1)$, $(\mathbf{A}_2)$ 和 $(\mathbf{A}_3')$ 满足. 如果 (3.3.37) 和 (3.3.60) 成立, 其中 $\lambda_1$ 是由 (3.7.3) 定义的算子 $T$ 的最小正本征值, 则 (3.7.1) 至少存在一个非平凡解.

**证明**　与定理 3.3.7 的证明类似. ∎

对于下面 $(k, n-k)$ 多点边值问题 (3.7.36) 也有与前面类似的结论.

$$
\begin{cases}
(-1)^{n-k}\varphi^{(n)}(x) = h(x)f(\varphi(x)), & x \in [0,1], \quad n \geqslant 2, \quad 0 < k < n, \\
\varphi(1) = \displaystyle\sum_{i=1}^{m-2} a_i\varphi(\xi_i), \quad \varphi^{(i)}(0) = \varphi^{(j)}(1) = 0, & 0 \leqslant i \leqslant k-1, \quad 1 \leqslant j \leqslant n-k-1,
\end{cases}
$$

$$(3.7.36)$$

其中 $n, k, m, i, j$ 均为整数, $m > 2$, $0 < \xi_1 < \xi_2 < \cdots < \xi_{m-2} < 1$, $a_i \in [0, \infty)$.

## 3.8 本章内容的注释

关于最大值原理的主要内容, 3.1 节可参见文献 [60], 定理 3.1.2 见文献 [61]. 常微分方程的基本知识可参考教材 [15], [91]. 3.2 节的内容主要取自 [29], [30], 3.4 节的内容取自 [105] 并可参见文献 [50], [51], [52], [53], 3.6 节的内容取自 [38], [40], [102], 关于边值问题 Green 函数的内容也可参见文献 [23]. 3.3 节的主要部分取自文献 [70], [84], 3.5 节的内容取自文献 [105], [10], 3.7 节的内容主要取自文献 [9], [102], [104], 也可参考文献 [47], [83], [90], [97], [101], [103], [106], [107] 等. 更一般的边值条件具有 Stieltjes 积分的内容可见文献 [31], [73]—[78], [80]—[82] 和 [85], [86], 它们包含了一些两点和多点边值问题作为特殊情况.

# 第 4 章　非紧性测度与非紧算子的不动点

## 4.1　非紧性测度

设 $E$ 是实 Banach 空间. 如果 $E$ 中的有界集 $S$ 不是相对紧的, 则存在 $\varepsilon > 0$, $S$ 不存在有限 $\varepsilon$ 网, 当然对于 $0 < \delta < \varepsilon$, $S$ 也不存在直径为 $\delta$ 的有限覆盖, 这里 $S$ 的直径为 $d(S) = \sup_{x,y \in S} \|x - y\|$. 为了刻画有界集 $S$ 的非紧程度, 引入下面 Kuratowski 非紧性测度的概念.

**定义 4.1.1**　设 $S$ 是 $E$ 中的有界集. 令

$$\alpha(S) = \inf \left\{ \delta > 0 \mid S\text{可表示为有限个集合的并} S = \bigcup_{i=1}^{m} S_i, \text{使得每个} S_i \text{的直径} d(S_i) \leqslant \delta \right\},$$

则称 $\alpha(S)$ 为 $S$ 的非紧性测度. 显然 $0 \leqslant \alpha(S) < +\infty$.

**引理 4.1.1**　设 $T$ 是 $E$ 中的有界集, 则直径 $d(\mathrm{co}T) = d(T)$.

**证明**　只需证明 $d(\mathrm{co}T) \leqslant d(T)$. 如果 $d(\mathrm{co}T) > d(T)$, 则存在 $x_0, y_0 \in \mathrm{co}T$, 使得

$$\|x_0 - y_0\| > d(T).$$

令

$$S_0 = \{x \in E \mid \|x - x_0\| \leqslant d(T)\},$$

于是 $y_0 \notin S_0$, 可知 $T \not\subset S_0$, 否则 $\mathrm{co}T \subset S_0$, $y_0 \in S_0$, 矛盾. 于是存在 $z_0 \in T \backslash S_0$, 令

$$S^* = \{x \in E \mid \|x - z_0\| \leqslant d(T)\},$$

显然 $T \subset S^*$, 从而 $\mathrm{co}T \subset S^*$. 但是 $\|z_0 - x_0\| > d(T)$, 故 $x_0 \notin S^*$, 而 $x_0 \in \mathrm{co}T$, 这与 $\mathrm{co}T \subset S^*$ 矛盾.　∎

**定理 4.1.1**　非紧性测度具有下列性质, 其中 $S$ 和 $T$ 是 $E$ 中的有界集, $\lambda$ 是实数.

(i) $\alpha(S) = 0 \Leftrightarrow S$ 是相对紧集;

(ii) $S \subset T \Rightarrow \alpha(S) \leqslant \alpha(T)$;

(iii) $\alpha(\overline{S}) = \alpha(S)$;

(iv) $\alpha(S \bigcup T) = \max\{\alpha(S), \alpha(T)\}$;

(v) $\alpha(\lambda S) = |\lambda| \alpha(S)$;

(vi) $\alpha(S + T) \leqslant \alpha(S) + \alpha(T)$;

(vii) $\alpha(\overline{\mathrm{co}}S) = \alpha(S)$;

(viii) $|\alpha(S) - \alpha(T)| \leqslant 2\rho_H(S,T)$, 其中 $\rho_H(S,T) = \max\{\sup_{x\in S}\rho(x,T),$ $\sup_{y\in T}\rho(y,S)\}$ 称为集合 $S$ 和 $T$ 的 Hausdorff 距离 (见文献 [36]), $\rho$ 表示通常的距离.

**证明** (i) 设 $\overline{S}$ 是紧集. $\forall x \in \overline{S}$, $\forall \varepsilon > 0$, 取球 $B_\varepsilon(x)$, 则 $\overline{S} \subset \bigcup_{x\in\overline{S}} B_\varepsilon(x)$, 因为 $\overline{S}$ 是紧集, 所以存在有限覆盖 $\overline{S} \subset \bigcup_{i=1}^{m} B_\varepsilon(x_i)$. 于是 $S = \bigcup_{i=1}^{m}(S\bigcap B_\varepsilon(x_i))$, 而直径 $d(S\bigcap B_\varepsilon(x_i)) \leqslant 2\varepsilon$, 故 $\alpha(S) \leqslant 2\varepsilon$. 由 $\varepsilon$ 的任意性可知 $\alpha(S) = 0$.

反之, 设 $\alpha(S) = 0$, 则 $\forall \varepsilon > 0$, 存在分解 $S = \bigcup_{i=1}^{m} S_i$, 使得直径 $d(S_i) \leqslant \dfrac{\varepsilon}{2} < \varepsilon$. 取 $x_i \in S_i (i=1,2,\cdots,m)$, 则 $x_1, x_2, \cdots, x_m$ 是 $S$ 的有限 $\varepsilon$ 网, 由空间完备性可知, $S$ 是相对紧集.

(ii) $\forall \varepsilon > 0$, 存在 $\delta > 0$, 使得 $\alpha(T) < \delta < \alpha(T) + \varepsilon$, 以及分解 $T = \bigcup_{i=1}^{m} T_i$, 并且直径 $d(T_i) \leqslant \delta$. 由于 $S = \bigcup_{i=1}^{m}(S\bigcap T_i)$, 而直径

$$d(S\bigcap T_i) \leqslant d(T_i) < \alpha(T) + \varepsilon,$$

所以 $\alpha(S) \leqslant \alpha(T) + \varepsilon$, 由 $\varepsilon$ 的任意性可知 $\alpha(S) \leqslant \alpha(T)$.

(iii) 由 $S \subset \overline{S}$ 以及 (ii) 可知 $\alpha(S) \leqslant \alpha(\overline{S})$. 另一方面, $\forall \varepsilon > 0$, 存在分解 $S = \bigcup_{i=1}^{m} S_i$, 使得直径

$$d(S_i) < \alpha(S) + \varepsilon, \quad i = 1, 2, \cdots, m.$$

由于

$$d(\overline{S}_i) = d(S_i) < \alpha(S) + \varepsilon,$$

而 $\overline{S} = \bigcup_{i=1}^{m} \overline{S}_i$, 故 $\alpha(\overline{S}) \leqslant \alpha(S) + \varepsilon$, 根据 $\varepsilon$ 的任意性可知 $\alpha(\overline{S}) \leqslant \alpha(S)$.

(iv) 令 $\eta = \max\{\alpha(S), \alpha(T)\}$, 由 (ii) 可知 $\eta \leqslant \alpha(S\bigcup T)$. 另一方面, $\forall \varepsilon > 0$, 存在分解 $S = \bigcup_{i=1}^{m} S_i$ 和 $T = \bigcup_{j=1}^{n} T_j$, 使得直径

$$d(S_i) < \alpha(S) + \varepsilon \leqslant \eta + \varepsilon, \quad i = 1, 2, \cdots, m,$$

$$d(T_j) < \alpha(T) + \varepsilon \leqslant \eta + \varepsilon, \quad j = 1, 2, \cdots, n.$$

由于

$$S\bigcup T = \left(\bigcup_{i=1}^{m} S_i\right) \cup \left(\bigcup_{j=1}^{n} T_j\right),$$

因此 $\alpha(S\bigcup T) \leqslant \eta + \varepsilon$, 根据 $\varepsilon$ 的任意性可知 $\alpha(S\bigcup T) \leqslant \eta$.

(v) 当 $\lambda = 0$ 时, 结论成立. 设 $\lambda \neq 0$. $\forall \varepsilon > 0$, 存在分解 $S = \bigcup\limits_{i=1}^{m} S_i$, 使得直径

$$d(S_i) < \alpha(S) + \varepsilon, \quad i = 1, 2, \cdots, m.$$

因为 $\lambda S = \bigcup\limits_{i=1}^{m} (\lambda S_i)$, 而

$$d(\lambda S_i) = |\lambda| d(S_i) < |\lambda| \alpha(S) + |\lambda| \varepsilon,$$

所以

$$\alpha(\lambda S) \leqslant |\lambda| \alpha(S) + |\lambda| \varepsilon.$$

再根据 $\varepsilon$ 的任意性可知 $\alpha(\lambda S) \leqslant |\lambda| \alpha(S)$. 反之,

$$\alpha(S) = \alpha((1/\lambda)\lambda S) \leqslant (1/|\lambda|)\alpha(\lambda S),$$

于是 $\alpha(\lambda S) \geqslant |\lambda| \alpha(S)$. 因此 $\alpha(\lambda S) = |\lambda| \alpha(S)$.

　(vi) $\forall \varepsilon > 0$, 存在分解 $S = \bigcup\limits_{i=1}^{m} S_i$ 和 $T = \bigcup\limits_{j=1}^{n} T_j$, 使得直径

$$d(S_i) < \alpha(S) + \varepsilon, \quad i = 1, 2, \cdots, m,$$

$$d(T_j) < \alpha(T) + \varepsilon, \quad j = 1, 2, \cdots, n.$$

令 $V_{ij} = \{x \mid x = y + z, y \in S_i, z \in T_j\}$, 显然

$$S + T = \bigcup\limits_{i,j} V_{ij}, \quad d(V_{ij}) \leqslant d(S_i) + d(T_j) < \alpha(S) + \alpha(T) + 2\varepsilon,$$

故

$$\alpha(S + T) \leqslant \alpha(S) + \alpha(T) + 2\varepsilon,$$

再由 $\varepsilon$ 的任意性得

$$\alpha(S + T) \leqslant \alpha(S) + \alpha(T).$$

　(vii) 根据 (ii) 和 (iii), 只需证明 $\alpha(\mathrm{co}S) \leqslant \alpha(S)$.
　$\forall \varepsilon > 0$, 存在分解 $S = \bigcup\limits_{i=1}^{m} S_i$, 使得直径

$$d(S_i) < \alpha(S) + \varepsilon, \quad i = 1, 2, \cdots, m.$$

记 $\beta_1 = \alpha(S) + \varepsilon$, 再取 $0 < \beta_2 < \beta_1$, 使得 $d(S_i) < \beta_2 (i = 1, 2, \cdots, m)$. 由引理 4.1.1 可知

$$d(\mathrm{co}S_i) = d(S_i) < \beta_2, \quad i = 1, 2, \cdots, m. \tag{4.1.1}$$

令

$$D = \left\{ \lambda = (\lambda_1, \lambda_2, \cdots, \lambda_m) \in \mathbf{R}^m \mid \sum_{i=1}^m \lambda_i = 1, \ \lambda_i \geqslant 0 (i = 1, 2, \cdots, m) \right\},$$

则 $D$ 是 $\mathbf{R}^m$ 中有界闭集. 对于 $\lambda \in D$, 定义

$$X(\lambda) = \left\{ x \in E \mid x = \sum_{i=1}^m \lambda_i x_i, \ x_i \in \mathrm{co}S_i (i = 1, 2, \cdots, m) \right\}.$$

$\forall x = \sum_{i=1}^m \lambda_i x_i, \ y = \sum_{i=1}^m \lambda_i y_i \in X(\lambda)$, 由 (4.1.1) 知

$$\|x - y\| \leqslant \sum_{i=1}^m \lambda_i \|x_i - y_i\| \leqslant \sum_{i=1}^m \lambda_i d(\mathrm{co}S_i) < \beta_2 \sum_{i=1}^m \lambda_i = \beta_2,$$

由此可知

$$d(X(\lambda)) \leqslant \beta_2, \quad \forall \lambda \in D. \tag{4.1.2}$$

令 $X(D) = \bigcup_{\lambda \in D} X(\lambda)$, 下面证明

$$X(D) = \mathrm{co}S. \tag{4.1.3}$$

显然 $S \subset X(D) \subset \mathrm{co}S$, 因此只需证明 $X(D)$ 是凸集即可. 设 $x, y \in X(D)$, 则

$$x = \sum_{i=1}^m \lambda_i x_i, \quad y = \sum_{i=1}^m \mu_i y_i,$$

其中

$$\lambda = (\lambda_1, \lambda_2, \cdots, \lambda_m), \quad \mu = (\mu_1, \mu_2, \cdots, \mu_m) \in D, \quad x_i, y_i \in \mathrm{co}S_i.$$

记 $z = tx + (1-t)y(t \in (0, 1))$, 易见 $z = \sum_{i=1}^m \tau_i z_i$, 其中

$$\tau_i = t\lambda_i + (1-t)\mu_i, \quad z_i = \frac{t\lambda_i}{\tau_i} x_i + \frac{(1-t)\mu_i}{\tau_i} y_i, \quad i = 1, 2, \cdots, m.$$

显然 $\tau = (\tau_1, \tau_2, \cdots, \tau_m) \in D$, $z_i \in \mathrm{co}S_i$, 故 $z \in X(D)$. 因此 $X(D)$ 是凸集.

令 $\eta = \dfrac{1}{3}(\beta_1 - \beta_2) > 0$, 对于 $\lambda \in D$, 用 $X_\eta(\lambda)$ 表示 $X(\lambda)$ 的 $\eta$ 邻域, 即

$$X_\eta(\lambda) = \left\{ x \in E \mid \rho(x, X(\lambda)) = \inf_{z \in X(\lambda)} \|x - z\| < \eta \right\},$$

其中 $\rho$ 表示距离. 由于 $S$ 有界, 从而 $\mathrm{co}S$ 有界, 故存在常数 $M > 0$, 使得

$$\sup_{x \in \mathrm{co}S} \|x\| \leqslant M.$$

下证存在 $\delta > 0$, 使得

$$X(\mu) \subset X_\eta(\lambda), \quad \forall \lambda, \mu \in D, \ \|\mu - \lambda\| < \delta, \tag{4.1.4}$$

并且直径

$$d(X_\eta(\lambda)) \leqslant d(X(\lambda)) + 2\eta. \tag{4.1.5}$$

事实上, 任取 $x \in X(\mu)$, $x = \sum_{i=1}^{m} \mu_i x_i$, $x_i \in \mathrm{co}S_i (i = 1, 2, \cdots, m)$, 则 $y = \sum_{i=1}^{m} \lambda_i x_i \in X(\lambda)$. 于是

$$\rho(x, X(\lambda)) \leqslant \|x - y\| \leqslant \sum_{i=1}^{m} |\mu_i - \lambda_i| \|x_i\| \leqslant M \sum_{i=1}^{m} |\mu_i - \lambda_i| \leqslant mM \|\mu - \lambda\|.$$

取 $\delta = \dfrac{\eta}{mM}$, 可知当 $\|\mu - \lambda\| < \delta$ 时, $\rho(x, X(\lambda)) < \eta$, 即 (4.1.4) 成立. 另一方面, 任取 $x, y \in X_\eta(\lambda)$, 根据下确界的定义, 存在 $z_1, z_2 \in X(\lambda)$, 使得

$$\|x - z_1\| < \eta, \quad \|y - z_2\| < \eta.$$

于是

$$\|x - y\| \leqslant \|x - z_1\| + \|z_1 - z_2\| + \|y - z_2\| \leqslant d(X(\lambda)) + 2\eta,$$

故 (4.1.5) 成立.

因为 $D$ 是 $\mathbf{R}^m$ 中的紧集, 所以存在分解 $D = \bigcup\limits_{j=1}^{n} D_j$, 使得直径 $d(D_j) < \delta (j = 1, 2, \cdots, n)$. 任取 $\lambda_j \in D_j$, 由 (4.1.4) 可知

$$X(\lambda) \subset X_\eta(\lambda_j), \quad \forall \lambda \in D_j, j = 1, 2, \cdots, n. \tag{4.1.6}$$

令 $X(D_j) = \bigcup\limits_{\lambda \in D_j} X(\lambda)$, 由 (4.1.6) 知

$$X(D_j) \subset X_\eta(\lambda_j), \quad j = 1, 2, \cdots, n, \tag{4.1.7}$$

再由 (4.1.3) 知 $\mathrm{co}S = \bigcup\limits_{j=1}^{n} X(D_j)$. 根据 (4.1.7), (4.1.5) 和 (4.1.2) 可得

$$d(X(D_j)) \leqslant d(X_\eta(\lambda_j)) \leqslant d(X(\lambda_j)) + 2\eta \leqslant \beta_2 + 2\eta = \beta_1 - \eta < \beta_1 = \alpha(S) + \varepsilon,$$

因此 $\alpha(\mathrm{co}S) \leqslant \alpha(S) + \varepsilon$, 再由 $\varepsilon$ 的任意性即知 $\alpha(\mathrm{co}S) \leqslant \alpha(S)$.

(viii) $\forall \varepsilon > 0$, 存在分解 $S = \bigcup\limits_{i=1}^{m} S_i$, 使得

$$d(S_i) < \alpha(S) + \varepsilon, \quad i = 1, 2, \cdots, m.$$

令 $\eta = \rho_H(S,T) + \varepsilon$, 以及

$$T_i = \{y \in T \mid \text{存在} x \in S_i, \text{使得} \|x - y\| < \eta\}, \quad i = 1, 2, \cdots, m.$$

因为 $\rho_H(S,T) < \eta$, 所以 $T = \bigcup\limits_{i=1}^{m} T_i$. 事实上, 如果 $y \in T$, 那么存在 $x \in S$, 使得 $\|x - y\| < \eta$(否则 $\sup_{y \in T} \rho(y, S) \geqslant \eta$, 矛盾), 而 $x$ 属于某一个 $S_i$, 从而 $y \in T_i$.

另一方面,

$$d(T_i) \leqslant 2\eta + d(S_i) < 2\rho_H(S,T) + \alpha(S) + 3\varepsilon, \quad i = 1, 2, \cdots, m,$$

所以

$$\alpha(T) < 2\rho_H(S,T) + \alpha(S) + 3\varepsilon.$$

同理

$$\alpha(S) < 2\rho_H(S,T) + \alpha(T) + 3\varepsilon,$$

于是

$$|\alpha(S) - \alpha(T)| < 2\rho_H(S,T) + 3\varepsilon,$$

根据 $\varepsilon$ 的任意性可得

$$|\alpha(S) - \alpha(T)| \leqslant 2\rho_H(S,T),$$

这表明非紧性测度关于 Hausdorff 集合距离是一致连续的. ∎

**推论 4.1.1** 设 $S$ 是 $E$ 中的有界集, $\Lambda$ 是有界实数集, 则

$$\alpha(\Lambda S) = (\sup_{\lambda \in \Lambda} |\lambda|)\alpha(S),$$

其中 $\Lambda S = \{\lambda x \mid \lambda \in \Lambda, x \in S\}$.

**证明** $\forall \lambda \in \Lambda$, 有 $\lambda S \subset \Lambda S$, 则

$$|\lambda|\alpha(S) = \alpha(\lambda S) \leqslant \alpha(\Lambda S),$$

故

$$\left(\sup_{\lambda \in \Lambda} |\lambda|\right)\alpha(S) \leqslant \alpha(\Lambda S).$$

另一方面, 令 $\sup_{x \in S} \|x\| \leqslant M$, $\Lambda \subset [a,b]$. $\forall \varepsilon > 0$, 存在分解 $S = \bigcup\limits_{i=1}^{m} S_i$, 使得

$$d(S_i) < \alpha(S) + \varepsilon, \quad i = 1, 2, \cdots, m.$$

同时存在正整数 $n$, 使得 $\dfrac{b-a}{n} < \varepsilon$, 可见存在分解 $\Lambda = \bigcup\limits_{j=1}^{n} \Lambda_j$, 使得

$$d(\Lambda_j) < \varepsilon, \quad j = 1, 2, \cdots, n.$$

显然 $\Lambda S = \bigcup\limits_{j=1}^{n} \bigcup\limits_{i=1}^{m} \Lambda_j S_i$, 任取 $\lambda_1, \lambda_2 \in \Lambda_j$ 和 $x_1, x_2 \in S_i$, 则

$$\|\lambda_1 x_1 - \lambda_2 x_2\| \leqslant |\lambda_1|\|x_1 - x_2\| + |\lambda_1 - \lambda_2|\|x_2\| \leqslant (\sup_{\lambda \in \Lambda} |\lambda|)d(S_i) + \varepsilon M,$$

故

$$d(\Lambda_j S_i) \leqslant (\sup_{\lambda \in \Lambda} |\lambda|)\alpha(S) + (\sup_{\lambda \in \Lambda} |\lambda|)\varepsilon + \varepsilon M.$$

所以

$$\alpha(\Lambda S) \leqslant (\sup_{\lambda \in \Lambda} |\lambda|)\alpha(S) + (\sup_{\lambda \in \Lambda} |\lambda|)\varepsilon + \varepsilon M,$$

由 $\varepsilon$ 的任意性可知

$$\alpha(\Lambda S) \leqslant (\sup_{\lambda \in \Lambda} |\lambda|)\alpha(S). \qquad \blacksquare$$

**例 4.1.1**    设 $E$ 是无穷维的, $B_1 = \{x \in E \mid \|x\| < 1\}$ 和 $S_1 = \{x \in E \mid \|x\| = 1\}$ 分别是 $E$ 中的单位球和单位球面, 则 $\alpha(B_1) = \alpha(S_1) = 2$(见文献 [3], [13], [25]).

**定理 4.1.2**    设 $\{S_n\}$ 是 $E$ 中的一列非空有界闭集, $S_1 \supset S_2 \supset \cdots \supset S_n \supset \cdots$. 如果 $\alpha_n = \alpha(S_n) \to 0(n \to \infty)$, 则 $S = \bigcap\limits_{n=1}^{\infty} S_n$ 是 $E$ 中的非空紧集.

**证明**    只需证明 $\forall x_n \in S_n(n = 1, 2, \cdots)$, 存在 $\{x_n\}$ 的收敛子列 $x_{n_i} \to x_0 \in S$ 即可. 事实上, 由于 $x_0 \in S$, 故 $S \neq \varnothing$, 而 $\alpha(S) \leqslant \alpha(S_n) \to 0$, 故 $S$ 是相对紧的闭集 即紧集.

显然存在分解 $S_n = \bigcup\limits_{i=1}^{i_n} S_i^{(n)}$, 其中直径

$$d(S_i^{(n)}) < \alpha(S_n) + \frac{1}{n}, \quad i = 1, 2, \cdots, i_n.$$

因为 $\{x_n\} \subset S_1$, 所以存在 $\{x_n\}$ 的子列 $\{x_n^{(1)}\}$ 在某个 $S_i^{(1)}$ 中, 从而

$$d(\{x_n^{(1)}\}) < \alpha(S_1) + 1;$$

由于 $\{x_2^{(1)}, x_3^{(1)}, \cdots, x_n^{(1)}, \cdots\} \subset S_2$, 故存在 $\{x_n^{(1)}\}(n > 1)$ 的子列 $\{x_n^{(2)}\}$ 在某个 $S_i^{(2)}$ 中, 从而

$$d(\{x_n^{(2)}\}) < \alpha(S_2) + \frac{1}{2};$$

同样由于 $\{x_2^{(2)}, x_3^{(2)}, \cdots, x_n^{(2)}, \cdots\} \subset S_3$, 故存在 $\{x_n^{(2)}\}(n > 1)$ 的子列 $\{x_n^{(3)}\}$ 在某个 $S_i^{(3)}$ 中, 从而

$$d(\{x_n^{(3)}\}) < \alpha(S_3) + \frac{1}{3};$$

依此下去, 其对角线序列 $\{x_n^{(n)}\}$ 收敛. 事实上, 当 $m > n$ 时,

$$\|x_m^{(m)} - x_n^{(n)}\| < \alpha(S_n) + \frac{1}{n} \to 0, \quad n \to \infty,$$

即知 $\{x_n^{(n)}\}$ 是 $E$ 中的 Cauchy 列, 从而 $x_n^{(n)} \to x_0 \in E$. 由于当 $m \geqslant n$ 时, $x_m^{(m)} \in S_n$, 而 $S_n$ 是闭集, 故 $x_0 \in S_n(n = 1, 2, \cdots)$, 即 $x_0 \in S$. ∎

令 $I = [a, b]$, Banach 空间 $C[I, E]$ 中的范数为

$$\|x\| = \max_{t \in [a,b]} \|x(t)\|, \quad \forall x \in C[I, E],$$

其中 $C[I, E]$ 和 $E$ 中的范数均用 $\|\cdot\|$ 表示. 如果 $H \subset C[I, E]$, 记

$$H(t) = \{x(t) \in E \mid x \in H\} \subset E, \quad t \in I,$$

$$H(I) = \bigcup_{t \in I} H(t) \subset E.$$

$C[I, E]$ 和 $E$ 中的非紧性测度分别用 $\alpha_c$ 和 $\alpha$ 表示.

**定理 4.1.3** 如果 $H$ 是 $C[I, E]$ 中有界和等度连续集, 则 $\alpha(H(t))$ 在 $I$ 上连续, 并且

$$\alpha\left(\left\{\int_I x(t)\mathrm{d}t \mid x \in H\right\}\right) \leqslant \int_I \alpha(H(t))\mathrm{d}t. \tag{4.1.8}$$

**证明** 因为 $H$ 是 $C[I, E]$ 中有界集, 而 $\forall x \in H$,

$$\|x(t)\| \leqslant \|x\|, \quad \left\|\int_I x(t)\mathrm{d}t\right\| \leqslant \int_I \|x(t)\|\mathrm{d}t \leqslant (b-a)\|x\|,$$

所以 $H(t)(t \in I)$ 和 $\left\{\int_I x(t)\mathrm{d}t \mid x \in H\right\}$ 都是 $E$ 中的有界集.

根据 $H$ 的等度连续性, 对任意的 $\varepsilon > 0$, 存在 $\delta > 0$, 使得当 $|t - t'| < \delta$ 时,

$$\|x(t) - x(t')\| < \varepsilon, \quad \forall x \in H.$$

于是当 $|t - t'| < \delta$ 时, Hausdorff 距离

$$\rho_H(H(t), H(t')) \leqslant \varepsilon.$$

由定理 4.1.1(viii) 可知, 当 $|t - t'| < \delta$ 时,

$$|\alpha(H(t)) - \alpha(H(t'))| \leqslant 2\varepsilon,$$

即 $\alpha(H(t))$ 在 $I$ 上连续, 从而在 $I$ 上可积.

为了证明 (4.1.8), 记 $a = t_0 < t_1 < \cdots < t_i < \cdots < t_m = b$ 为 $m$ 等分 $I$ 的分点, 即

$$t_i = a + i\Delta t, \quad i = 0, 1, 2, \cdots, m, \ \Delta t = \frac{b-a}{m}.$$

根据 $H$ 的等度连续性, $\forall \varepsilon > 0$, 存在正整数 $N$, 使得当 $m > N$ 时,

$$\|x(t_i) - x(t)\| < \varepsilon, \quad \forall x \in H, \ t \in I_i = [t_{i-1}, t_i], i = 1, 2, \cdots, m.$$

于是 $\forall x \in H, \ m > N$,

$$\left\| \sum_{i=1}^{m} x(t_i)\Delta t - \int_I x(t)\mathrm{d}t \right\| = \left\| \sum_{i=1}^{m} \int_{I_i} (x(t_i) - x(t))\mathrm{d}t \right\|$$
$$\leqslant \sum_{i=1}^{m} \int_{I_i} \|x(t_i) - x(t)\|\mathrm{d}t < \varepsilon(b-a),$$

从而 Hausdorff 距离

$$\rho_H\left( \left\{ \sum_{i=1}^{m} x(t_i)\Delta t \mid x \in H \right\}, \left\{ \int_I x(t)\mathrm{d}t \mid x \in H \right\} \right) \leqslant \varepsilon(b-a), \quad m > N,$$

由定理 4.1.1 (viii) 可知

$$\left| \alpha\left( \left\{ \sum_{i=1}^{m} x(t_i)\Delta t \mid x \in H \right\} \right) - \alpha\left( \left\{ \int_I x(t)\mathrm{d}t \mid x \in H \right\} \right) \right| \leqslant \varepsilon(b-a), \quad m > N,$$

这意味着

$$\lim_{m \to \infty} \alpha\left( \left\{ \sum_{i=1}^{m} x(t_i)\Delta t \mid x \in H \right\} \right) = \alpha\left( \left\{ \int_I x(t)\mathrm{d}t \mid x \in H \right\} \right). \tag{4.1.9}$$

另一方面, 由定理 4.1.1 的 (v) 和 (vi) 可知

$$\alpha\left( \left\{ \sum_{i=1}^{m} x(t_i)\Delta t \mid x \in H \right\} \right) \leqslant \Delta t \sum_{i=1}^{m} \alpha(\{x(t_i) \mid x \in H\}) = \Delta t \sum_{i=1}^{m} \alpha(H(t_i)).$$
$$\tag{4.1.10}$$

又因为 $\alpha(H(t))$ 在 $I$ 上连续, 所以

$$\lim_{m \to \infty} \sum_{i=1}^{m} \alpha(H(t_i))\Delta t = \int_I \alpha(H(t))\mathrm{d}t. \tag{4.1.11}$$

由 (4.1.9)—(4.1.11) 即得 (4.1.8). ■

**定理 4.1.4** 如果 $H$ 是 $C[I, E]$ 中有界集, 则 $\alpha(H(I)) \leqslant 2\alpha_c(H)$.

**证明** 因为 $H$ 是 $C[I, E]$ 中有界集, 而 $\forall x \in H$, $\forall t \in I$, $\|x(t)\| \leqslant \|x\|$, 所以 $H(I)$ 是 $E$ 中的有界集.

$\forall \varepsilon > 0$, 存在分解 $H = \bigcup\limits_{i=1}^{m} H_i$, 使得直径

$$d(H_i) < \alpha_c(H) + \varepsilon,$$

取 $x_i \in H_i (i = 1, 2, \cdots, m)$. 由有限个 $x_i(t)$ 在 $I$ 上的一致连续性, 可以将 $I$ 划分为有限个闭子区间 $I_j (j = 1, 2, \cdots, n)$, 使得

$$\|x_i(t) - x_i(t')\| < \varepsilon, \quad \forall t, t' \in I_j, i = 1, 2, \cdots, m, j = 1, 2, \cdots, n. \tag{4.1.12}$$

取定互不相同的 $t_j \in I_j (j = 1, 2, \cdots, n)$, 令

$$S_{ij} = \{x(t) \in H_i(I_j) \mid \|x(t) - x_i(t_j)\| < \alpha_c(H) + 2\varepsilon\}.$$

对于 $x \in H$, $t \in I$, 存在 $i$ 和 $j$ 使得 $x \in H_i$, $t \in I_j$, 根据 (4.1.12), 得

$$\|x(t) - x_i(t_j)\| \leqslant \|x(t) - x_i(t)\| + \|x_i(t) - x_i(t_j)\| \leqslant \|x - x_i\| + \varepsilon < \alpha_c(H) + 2\varepsilon,$$

因此 $x(t) \in S_{ij}$, 即 $H(I) = \bigcup\limits_{i=1}^{m} \bigcup\limits_{j=1}^{n} S_{ij}$. 对任意的 $x(t)$, $y(t') \in S_{ij}$, 有

$$\|x(t) - y(t')\| \leqslant \|x(t) - x_i(t)\| + \|x_i(t) - x_i(t_j)\| + \|x_i(t_j) - y(t')\| < 2\alpha_c(H) + 4\varepsilon,$$

从而直径

$$d(S_{ij}) \leqslant 2\alpha_c(H) + 4\varepsilon, \quad i = 1, 2, \cdots, m, j = 1, 2, \cdots, n,$$

于是

$$\alpha(H(I)) \leqslant 2\alpha_c(H) + 4\varepsilon,$$

即 $\alpha(H(I)) \leqslant 2\alpha_c(H)$. ■

**定理 4.1.5** 如果 $H$ 是 $C[I, E]$ 中有界和等度连续集, 则 $\alpha_c(H) = \alpha(H(I)) = \max_{t \in I} \alpha(H(t))$.

**证明** 首先证明 $\alpha(H(I)) \leqslant \alpha_c(H)$. $\forall \varepsilon > 0$, 存在分解 $H = \bigcup\limits_{i=1}^{m} H_i$, 使得直径

$$d(H_i) < \alpha_c(H) + \varepsilon, \quad i = 1, 2, \cdots, m. \tag{4.1.13}$$

根据 $H$ 的等度连续性, 可以将 $I$ 划分为有限个闭子区间 $I_j (j = 1, 2, \cdots, n)$, 使得

$$\|x(t) - x(t')\| < \varepsilon, \quad \forall x \in H, t, t' \in I_j, j = 1, 2, \cdots, n. \tag{4.1.14}$$

令

$$S_{ij} = \{x(t) \mid x \in H_i, t \in I_j\},$$

则 $H(I) = \bigcup\limits_{i=1}^{m} \bigcup\limits_{j=1}^{n} S_{ij}$. $\forall x, y \in H_i$, $t, t' \in I_j$, 由 (4.1.14) 和 (4.1.13) 可知

$$\|x(t) - y(t')\| \leqslant \|x(t) - y(t)\| + \|y(t) - y(t')\| \leqslant \|x - y\| + \varepsilon \leqslant d(H_i) + \varepsilon < \alpha_c(H) + 2\varepsilon,$$

因此

$$d(S_{ij}) \leqslant \alpha_c(H) + 2\varepsilon, \quad i = 1, 2, \cdots, m, j = 1, 2, \cdots, n,$$

从而

$$\alpha(H(I)) \leqslant \alpha_c(H) + 2\varepsilon,$$

故由 $\varepsilon$ 的任意性可得 $\alpha(H(I)) \leqslant \alpha_c(H)$.

下面证明 $\alpha_c(H) \leqslant \alpha(H(I))$. $\forall \varepsilon > 0$, 存在分解 $H(I) = \bigcup\limits_{i=1}^{m} T_i$, 使得直径

$$d(T_i) < \alpha(H(I)) + \varepsilon, \quad i = 1, 2, \cdots, m. \tag{4.1.15}$$

根据 $H$ 的等度连续性, 可以将 $I$ 划分为有限个闭子区间 $I_j(j = 1, 2, \cdots, n)$, 使得 (4.1.14) 成立, 取定互不相同的 $t_j \in I_j(j = 1, 2, \cdots, n)$. 令

$$P = \{\mu \mid \mu : \{1, 2, \cdots, n\} \to \{1, 2, \cdots, m\}\},$$

显然映射集合 $P$ 是有限的. 记

$$L_\mu = \{x \in H \mid x(t_j) \in T_{\mu(j)}, j = 1, 2, \cdots, n\}, \quad \mu \in P,$$

于是 $H = \bigcup\limits_{\mu \in P} L_\mu$, 并且这是有限个集合的并. $\forall x, y \in L_\mu$, $t \in I$, 因为存在某个 $j$ 使得 $t \in I_j$, 所以根据 (4.1.14) 和 (4.1.15) 得

$$\|x(t) - x(t_j)\| < \varepsilon, \quad \|y(t) - y(t_j)\| < \varepsilon, \quad \|x(t_j) - y(t_j)\| < \alpha(H(I)) + \varepsilon,$$

从而

$$\|x(t) - y(t)\| \leqslant \|x(t) - x(t_j)\| + \|x(t_j) - y(t_j)\| + \|y(t_j) - y(t)\| < \alpha(H(I)) + 3\varepsilon,$$

故

$$\|x - y\| \leqslant \alpha(H(I)) + 3\varepsilon,$$

并且直径

$$d(L_\mu) \leqslant \alpha(H(I)) + 3\varepsilon,$$

即 $\alpha_c(H) \leqslant \alpha(H(I))$.

因此 $\alpha_c(H) = \alpha(H(I))$. 最后证明 $\alpha(H(I)) = \max_{t \in I} \alpha(H(t))$.

一方面, 根据定理 4.1.3, $\alpha(H(t))$ 在 $I$ 上连续, 故 $\max_{t \in I} \alpha(H(t))$ 存在. 因为 $\forall t \in I$, $H(t) \subset H(I)$, 所以 $\max_{t \in I} \alpha(H(t)) \leqslant \alpha(H(I))$.

另一方面, $\forall \varepsilon > 0$, 根据 $H$ 的等度连续性, 可以将 $I$ 划分为有限个闭子区间 $I_j(j = 1, 2, \cdots, n)$, 使得 (4.1.14) 成立, 取定互不相同的 $t_j \in I_j(j = 1, 2, \cdots, n)$. 同时对任意的 $j(j = 1, 2, \cdots, n)$, 存在分解 $H(t_j) = \bigcup_{i=1}^{m} S_i^{(j)}$(其中某些 $S_i^{(j)}$ 是空集, 使得 $m$ 不依赖于 $j$), 使得直径

$$d(S_i^{(j)}) < \alpha(H(t_j)) + \varepsilon, \quad i = 1, 2, \cdots, m \tag{4.1.16}$$

(其中空集的直径看做 0). 记 $H_i^{(j)} = \{x \in H \mid x(t_j) \in S_i^{(j)}\}$, 则 $H = \bigcup_{i=1}^{m} H_i^{(j)}$, 并且 $S_i^{(j)} = H_i^{(j)}(t_j)$.

事实上, 当 $S_i^{(j)} \neq \varnothing$ 时, $\forall y \in S_i^{(j)}$, 因为 $y \in H(t_j)$, 所以存在 $x \in H$ 使得 $x(t_j) = y \in S_i^{(j)}$, 故 $x \in H_i^{(j)}$, 从而 $y \in H_i^{(j)}(t_j)$, 即 $S_i^{(j)} \subset H_i^{(j)}(t_j)$; 反之, 当 $H_i^{(j)}(t_j) \neq \varnothing$ 时, $\forall y \in H_i^{(j)}(t_j)$, 存在 $x \in H_i^{(j)}$, 使得 $y = x(t_j) \in S_i^{(j)}$, 即 $H_i^{(j)}(t_j) \subset S_i^{(j)}$.

令 $B_{ij} = H_i^{(j)}(I_j)$, 于是 $H(I) = \bigcup_{i=1}^{m} \bigcup_{j=1}^{n} B_{ij}$. 对任意的 $x, y \in H_i^{(j)}$ 和 $t, t' \in I_j$, 由 (4.1.14) 可知

$$\|x(t) - y(t')\| \leqslant \|x(t) - x(t_j)\| + \|x(t_j) - y(t_j)\| + \|y(t_j) - y(t')\| < d(H_i^{(j)}(t_j)) + 2\varepsilon,$$

再由 (4.1.16) 得

$$\|x(t) - y(t')\| < \alpha(H(t_j)) + 3\varepsilon,$$

从而

$$d(B_{ij}) \leqslant \alpha(H(t_j)) + 3\varepsilon \leqslant \max_{t \in I} \alpha(H(t)) + 3\varepsilon.$$

因此

$$\alpha(H(I)) \leqslant \max_{t \in I} \alpha(H(t)) + 3\varepsilon,$$

根据 $\varepsilon$ 的任意性知

$$\alpha(H(I)) \leqslant \max_{t \in I} \alpha(H(t)).$$

∎

**推论 4.1.2** 设 $D$ 是 $E$ 中的有界集, $f : I \times D \to E$ 是有界映射. 如果 $f(\cdot, x)$ 关于 $x \in D$ 一致的连续, 则 $\alpha(f(I \times D)) = \max_{t \in I} \alpha(f(t, D))$.

**证明**　令 $\varphi_x(t) = f(t, x)$ 和 $H = \{\varphi_x \mid x \in D\}$, 则 $H \subset C[I, E]$. 因为 $f$ 是有界映射和 $D$ 是有界集, 所以 $\forall x \in D$, 有

$$\|\varphi_x\| = \max_{t \in I} \|\varphi_x(t)\| \leqslant \sup_{(t,x) \in I \times D} \|f(t, x)\|,$$

可见 $H$ 是有界的. 又因为 $f(\cdot, x)$ 关于 $x \in D$ 一致的连续, 则 $\forall \varepsilon > 0$, 存在 $\delta > 0$, 使得当 $|t - t'| < \delta$ 时,

$$\|f(t, x) - f(t', x)\| < \varepsilon, \quad \forall x \in D,$$

即

$$\|\varphi_x(t) - \varphi_x(t')\| < \varepsilon, \quad \forall x \in D,$$

可见 $H$ 等度连续. 根据定理 4.1.5, 有

$$\alpha(H(I)) = \max_{t \in I} \alpha(H(t)),$$

就是

$$\alpha(f(I \times D)) = \max_{t \in I} \alpha(f(t, D)). \qquad \blacksquare$$

**推论 4.1.3**(Arzela-Ascoli 定理)　$H$ 是 $C[I, E]$ 中相对紧集当且仅当 $H$ 等度连续, 并且 $\forall t \in I$, $H(t)$ 是 $E$ 中的相对紧集.

**证明**　设 $H$ 是 $C[I, E]$ 中相对紧集, 显然 $\forall t \in I$, $H(t)$ 是 $E$ 中的相对紧集. $\forall \varepsilon > 0$, 根据 Hausdorff 定理, $H$ 存在有限 $\varepsilon$ 网, 即存在有限集 $H_0 = \{x_1, x_2, \cdots, x_m\} \subset H$, 使得 $\forall x \in H$, 存在 $x_i \in H_0$ 满足 $\|x - x_i\| < \varepsilon$. 因为 $x_i(t) (i = 1, 2, \cdots, m)$ 在 $I$ 上一致连续, 所以存在 $\delta > 0$, 使得当 $|t - t'| < \delta$ 时,

$$\|x_i(t) - x_i(t')\| < \varepsilon, \quad i = 1, 2, \cdots, m.$$

因此当 $|t - t'| < \delta$ 时, 对任意的 $x \in H$, 取 $x_i \in H_0$ 使得 $\|x - x_i\| < \varepsilon$, 于是

$$\|x(t) - x(t')\| \leqslant \|x(t) - x_i(t)\| + \|x_i(t) - x_i(t')\| + \|x_i(t') - x(t')\| < 3\varepsilon,$$

即 $H$ 等度连续.

反之, 设 $H$ 等度连续, 并且 $\forall t \in I$, $H(t)$ 是 $E$ 中的相对紧集, 下证 $H$ 有界. 由 $H$ 等度连续, 对于给定的 $\varepsilon_0 > 0$, 可以将 $I$ 划分为有限个闭子区间 $I_j (j = 1, 2, \cdots, n)$, 使得

$$\|x(t) - x(t')\| < \varepsilon_0, \quad \forall x \in H, \ t, t' \in I_j, j = 1, 2, \cdots, n. \tag{4.1.17}$$

取定互不相同的 $t_j \in I_j (j = 1, 2, \cdots, n)$. 又因为 $H(t_j)(j = 1, 2, \cdots, n)$ 相对紧, 所以 $\bigcup_{j=1}^{n} H(t_j)$ 有界, 即存在常数 $M > 0$, 使得 $\forall x \in H$,

$$\|x(t_j)\| \leqslant M, \quad j = 1, 2, \cdots, n.$$

从而 $\forall x \in H$, $t \in I$, 存在某个 $j$ 使得 $t \in I_j$, 于是根据 (4.1.17), 有

$$\|x(t)\| \leqslant \|x(t) - x(t_j)\| + \|x(t_j)\| < \varepsilon_0 + M,$$

故 $\|x\| \leqslant \varepsilon_0 + M$.

最后根据定理 4.1.5, $\alpha_c(H) = \max_{t \in I} \alpha(H(t)) = 0$, 因此 $H$ 是 $C[I, E]$ 中相对紧集. ∎

## 4.2 非紧算子及其不动点

**定义 4.2.1** 设 $D \subset E$, 算子 $A : D \to E$ 是连续有界的.

(i) 如果存在常数 $k \geqslant 0$, 使得对任意的有界集 $S \subset D$, 都有 $\alpha(A(S)) \leqslant k\alpha(S)$, 则称 $A$ 是 $k$ 集压缩算子(或称集 Lipschitz 算子), 当 $k < 1$ 时, 称其为严格集压缩算子;

(ii) 如果对任意非相对紧的有界集 $S \subset D$, 都有 $\alpha(A(S)) < \alpha(S)$, 则称 $A$ 是凝聚算子.

显然全连续算子是严格集压缩的 $(k = 0)$, 严格集压缩算子是凝聚的, 而凝聚算子是 1 集压缩的.

**例 4.2.1** 设 $E$ 是无穷维的, $\overline{B}_1 = \{x \in E \mid \|x\| \leqslant 1\}$, $\varphi : [0, 1] \to [0, 1]$ 是严格单调减少的连续函数, $\varphi(0) = 1$. 定义 $Ax = \varphi(\|x\|)x$, $\forall x \in \overline{B}_1$, 则 $A$ 是凝聚算子, 不是严格集压缩算子.

**证明** 由 $\varphi : [0, 1] \to [0, 1]$ 严格单调减少可知 $\varphi(r) > 0, \forall r \in (0, 1)$. 对于 $r \in (0, 1)$, 有 $\partial B_{r\varphi(r)} \subset A(\overline{B}_r)$. 事实上, 设 $x \in \partial B_{r\varphi(r)}$, 令 $y = \dfrac{x}{\varphi(r)}$, 则 $\|y\| = r$, $y \in \overline{B}_r$, 而

$$Ay = \varphi(\|y\|)y = \varphi(r)\frac{x}{\varphi(r)} = x,$$

故 $x \in A(\overline{B}_r)$.

根据例 4.1.1, 有

$$\alpha(A(\overline{B}_r)) \geqslant \alpha(\partial B_{r\varphi(r)}) = 2r\varphi(r) = \varphi(r)\alpha(\overline{B}_r), \quad \forall r \in (0, 1).$$

如果 $A$ 是严格集压缩算子, 则存在常数 $k \in [0, 1)$, 使得

$$\varphi(r)\alpha(\overline{B}_r) \leqslant \alpha(A(\overline{B}_r)) \leqslant k\alpha(\overline{B}_r), \quad \forall r \in (0, 1),$$

即 $\varphi(r) \leqslant k$, 令 $r \to 0$ 与 $\varphi(0) = 1$ 矛盾.

对任意的非相对紧集 $S \subset \overline{B}_1$, 记 $\alpha(S) = d > 0$, 令 $r \in (0,1)$ 且 $r < d/2$. 设 $S_1 = S \bigcap \overline{B}_r$, $S_2 = S \backslash \overline{B}_r$, 于是

$$\alpha(A(S_1)) \leqslant \alpha(\overline{B}_r) = 2r < \alpha(S),$$

并且

$$\alpha(A(S_2)) \leqslant \alpha\left(\{\lambda x \mid 0 \leqslant \lambda \leqslant \varphi(r), \ x \in S_2\}\right) \leqslant \alpha\left(\mathrm{co}\{\varphi(r)S, \theta\}\right) = \varphi(r)\alpha(S) < \alpha(S),$$

因此

$$\alpha(A(S)) = \alpha(A(S_1) \bigcup A(S_2)) = \max\{\alpha(A(S_1)), \alpha(A(S_2))\} < \alpha(S),$$

即 $A$ 是凝聚算子. ∎

**引理 4.2.1**    (i) 如果 $A, B : D \to E$ 分别是 $k_1$ 和 $k_2$ 集压缩算子, 则 $A + B$ 是 $(k_1 + k_2)$ 集压缩算子;

(ii) 如果 $A : D \to E$ 是常数为 $L \geqslant 0$ 的 Lipschitz 算子, 即 $\|Ax - Ay\| \leqslant L\|x - y\| (\forall x, y \in D)$, 则 $A$ 是 $L$ 集压缩算子, 特别地, 压缩算子 (即常数 $L < 1$ 的 Lipschitz 算子) 是严格集压缩的, 非扩展算子(即常数 $L = 1$ 的 Lipschitz 算子) 是 1 集压缩的;

(iii) 如果 $A : D \to E$ 是 $k_1$ 集压缩算子, $A(D) \subset G \subset E$, 如果 $B : G \to E$ 是 $k_2$ 集压缩算子, 则 $BA : D \to E$ 是 $(k_1 k_2)$ 集压缩算子.

**证明**    (i) 对任意的有界集 $S \subset D$, 由于 $(A + B)(S) \subset A(S) + B(S)$, 根据定理 4.1.1 的 (ii) 和 (vi), 可得

$$\alpha((A + B)(S)) \leqslant \alpha(A(S) + B(S)) \leqslant \alpha(A(S)) + \alpha(B(S)) \leqslant (k_1 + k_2)\alpha(S).$$

(ii) 显然 Lipschitz 算子连续有界. 设 $S$ 是 $D$ 中的有界集, $\forall \varepsilon > 0$, 存在分解 $S = \bigcup\limits_{i=1}^{m} S_i$, 使得直径

$$d(S_i) < \alpha(S) + \varepsilon, \quad i = 1, 2, \cdots, m.$$

显然 $A(S) = \bigcup\limits_{i=1}^{m} A(S_i)$, 因为

$$d(A(S_i)) \leqslant Ld(S_i) < L\alpha(S) + L\varepsilon, \quad i = 1, 2, \cdots, m,$$

所以 $\alpha(A(S)) \leqslant L\alpha(S) + L\varepsilon$, 再根据 $\varepsilon$ 的任意性可得 $\alpha(A(S)) \leqslant L\alpha(S)$.

(iii) 对 $D$ 中的有界集 $S$, 由

$$\alpha((BA)(S)) = \alpha(B(A(S))) \leqslant k_2\alpha(A(S)) \leqslant k_1 k_2\alpha(S)$$

可得结论. ∎

**推论 4.2.1** 设 $A : D \to E$ 是全连续算子, $B : D \to E$ 是压缩算子, 则 $A + B$ 是严格集压缩的.

**例 4.2.2** 考察例 2.1.1 中的保核收缩 $P : E \to \overline{B}_1$, 即

$$P(x) = \begin{cases} x, & x \in \overline{B}_1, \\ \dfrac{x}{\|x\|}, & x \in E \backslash \overline{B}_1. \end{cases}$$

保核收缩 $P$ 是常数为 2 的 Lipschitz 算子, 即

$$\|P(x) - P(y)\| \leqslant 2\|x - y\|, \quad \forall x, y \in E.$$

事实上, 当 $x, y \in \overline{B}_1$ 时, 有

$$\|P(x) - P(y)\| = \|x - y\| \leqslant 2\|x - y\|;$$

当 $x \in \overline{B}_1, y \in E \backslash \overline{B}_1$ 时, 有

$$\begin{aligned} \|P(x) - P(y)\| &= \left\| x - \frac{y}{\|y\|} \right\| \leqslant \|x - y\| + \left\| y - \frac{y}{\|y\|} \right\| \\ &= \|x - y\| + \left( 1 - \frac{1}{\|y\|} \right) \|y\| \\ &= \|x - y\| + \|y\| - 1 \\ &\leqslant \|x - y\| + \|y\| - \|x\| \leqslant 2\|x - y\|; \end{aligned}$$

当 $x, y \in E \backslash \overline{B}_1$ 时, 有

$$\begin{aligned} &\|P(x) - P(y)\| \\ &= \left\| \frac{x}{\|x\|} - \frac{y}{\|y\|} \right\| \leqslant \left\| \frac{x}{\|x\|} - \frac{y}{\|x\|} \right\| + \left\| \frac{y}{\|x\|} - \frac{y}{\|y\|} \right\| \\ &= \frac{1}{\|x\|} \|x - y\| + \left| \frac{1}{\|x\|} - \frac{1}{\|y\|} \right| \|y\| = \frac{1}{\|x\|} \|x - y\| + \frac{1}{\|x\|} \big| \|y\| - \|x\| \big| \\ &\leqslant 2\|x - y\|. \end{aligned}$$

对于 $E$ 中的有界集 $S$, 有 $P(S) \subset \operatorname{co}\{S, \theta\}$. 事实上, 如果 $x \in S \bigcap \overline{B}_1$, 则 $P(x) = x \in S$; 如果 $x \in S \backslash \overline{B}_1$, 则 $\|x\| > 1$, 于是

$$P(x) = \frac{x}{\|x\|} = \left( \frac{1}{\|x\|} \right) x + \left( 1 - \frac{1}{\|x\|} \right) \theta \in \operatorname{co}\{S, \theta\}.$$

因此

$$\alpha(P(S)) \leqslant \alpha(\operatorname{co}\{S, \theta\}) = \alpha(S),$$

可见 $P$ 是 1 集压缩算子.

**例 4.2.3**　设 $A : D \to E$ 是严格非扩展算子, 即

$$\|Ax - Ay\| < \|x - y\|, \quad \forall x, y \in D, x \neq y.$$

严格非扩展算子是非扩展算子, 从而是 1 集压缩的, 但不一定是凝聚的. 例如, 取 Banach 空间 $E = c_0$ (见例 1.3.4), 定义 $A : c_0 \to c_0$ 为

$$Ax = \left( \frac{1}{2} x_1, \frac{2}{3} x_2, \cdots, \frac{n}{n+1} x_n, \cdots \right), \quad \forall x = (x_1, x_2, \cdots, x_n, \cdots) \in c_0.$$

首先说明 $A$ 是严格非扩展的, 从而连续有界. 设 $x = (x_1, x_2, \cdots, x_n, \cdots), y = (y_1, y_2, \cdots, y_n, \cdots) \in c_0$, 并且 $x \neq y$. 因为

$$\lim_{n \to \infty} \frac{n}{n+1} (x_n - y_n) = 0,$$

所以存在正整数 $n_0$, 使得

$$\|Ax - Ay\| = \sup_{n \geqslant 1} \left| \frac{n}{n+1} (x_n - y_n) \right| = \frac{n_0}{n_0 + 1} |x_{n_0} - y_{n_0}| < |x_{n_0} - y_{n_0}| \leqslant \|x - y\|,$$

因此 $A$ 是严格非扩展的, 但是 $n_0$ 与 $x, y$ 有关, 不能得到 $A$ 是压缩映射.

其次说明 $A$ 不是凝聚的. 取

$$S = \{ x = (x_1, x_2, \cdots, x_n, \cdots) \in c_0 \mid 0 \leqslant x_n \leqslant 1, n = 1, 2, \cdots \},$$

易见直径 $d(S) = 1$, 故 $\alpha(S) \leqslant 1$. 另一方面 $\alpha(A(S)) \geqslant 1$. 否则 $\alpha(A(S)) < 1$, 于是存在分解 $A(S) = \bigcup_{i=1}^{m} T_i$, 使得直径 $d(T_i) < 1 (i = 1, 2, \cdots, m)$. 令 $e^{(n)} = (0, \cdots, 0, 1, 0, \cdots) \in S (n = 1, 2, \cdots)$, 则存在某一个 $T_i$ 包含 $\{A(e^{(n)})\}$ 的无穷子列

$$A(e^{(n_k)}) = \left\{ 0, \cdots, 0, \frac{n_k}{n_k + 1}, 0, \cdots \right\}, \quad k = 1, 2, \cdots.$$

但是直径 $d(\{A(e^{(n_k)})\}) = 1$, 矛盾. 因此 $\alpha(A(S)) \geqslant 1$, 以及 $S$ 是非相对紧的, 并且 $\alpha(A(S)) \geqslant \alpha(S)$, 可见 $A$ 不是凝聚的.

**定义 4.2.2**　设 $D \subset E$, $x_0 \in D$, 算子 $A : D \to E$ 连续. 如果对任意满足 $C \subset \overline{\text{co}}\{A(C), x_0\}$ 的可数集 $C \subset D$ 是相对紧的, 则称 $A$ 是关于 $x_0$ 的 Mönch 算子.

显然, 如果 $D$ 有界, 那么 $\forall x_0 \in D$, 凝聚算子 $A : D \to E$ 是关于 $x_0$ 的 Mönch 算子.

**定理 4.2.1**(Mönch 不动点定理)　设 $D$ 是 $E$ 中的凸闭集, $x_0 \in D$. 如果 $A : D \to D$ 是关于 $x_0$ 的 Mönch 算子, 则 $A$ 在 $D$ 中存在不动点.

**证明** 令 $D_0 = \{x_0\}$, $D_n = \mathrm{co}\{A(D_{n-1}), x_0\}(n = 1, 2, \cdots)$. 由于 $D_0$ 是相对紧集, 而连续映射将相对紧集映成相对紧集, Banach 空间中相对紧集的凸包也是相对紧的 (见文献 [87]), 于是 $D_1 = \mathrm{co}\{A(D_0), x_0\}$ 也是相对紧的, 另外 $D_0 \subset D_1$. 从而 $D_2 = \mathrm{co}\{A(D_1), x_0\}$ 也是相对紧的, 并且由 $A(D_0) \subset A(D_1)$ 可知 $D_1 \subset D_2$. 依此可得相对紧的集列 $\{D_n\}$ 满足

$$D_0 \subset D_1 \subset \cdots \subset D_n \subset \cdots \subset D. \tag{4.2.1}$$

因为相对紧集 $D_n(n = 1, 2, \cdots)$ 是可分的, 所以存在可数集的集列 $\{C_n\}$, 使得 $\overline{C}_n = \overline{D}_n(n = 1, 2, \cdots)$. 记 $D^* = \bigcup\limits_{n=1}^{\infty} D_n$ 和 $C = \bigcup\limits_{n=1}^{\infty} C_n$, 由 (4.2.1) 可得

$$D^* = \bigcup_{n=1}^{\infty} D_n = \bigcup_{n=1}^{\infty} \mathrm{co}\{A(D_{n-1}), x_0\} = \mathrm{co}\{A(D^*), x_0\}. \tag{4.2.2}$$

因为

$$\overline{\bigcup_{n=1}^{\infty} \overline{D}_n} = \overline{\bigcup_{n=1}^{\infty} D_n} = \overline{D^*}, \quad \overline{\bigcup_{n=1}^{\infty} \overline{D}_n} = \overline{\bigcup_{n=1}^{\infty} \overline{C}_n} = \overline{\bigcup_{n=1}^{\infty} C_n} = \overline{C}, \tag{4.2.3}$$

所以根据 (4.2.3) 和 (4.2.2) 以及 $A$ 的连续性, 有

$$C \subset \overline{C} = \overline{D^*} = \overline{\mathrm{co}}\{A(D^*), x_0\} = \overline{\mathrm{co}}\{A(\overline{D^*}), x_0\} = \overline{\mathrm{co}}\{A(\overline{C}), x_0\} = \overline{\mathrm{co}}\{A(C), x_0\}. \tag{4.2.4}$$

事实上, 显然

$$\overline{\mathrm{co}}\{A(D^*), x_0\} \subset \overline{\mathrm{co}}\{A(\overline{D^*}), x_0\},$$

而 $\forall y \in A(\overline{D^*})$, 存在 $x_n \in D^*$, 使得

$$y = Ax, \quad x_n \to x \in \overline{D^*},$$

再由 $Ax_n \in \overline{\mathrm{co}}\{A(D^*), x_0\}$, 以及 $Ax_n \to Ax = y \in \overline{\mathrm{co}}\{A(D^*), x_0\}$, 可知

$$\overline{\mathrm{co}}\{A(D^*), x_0\} \supset \overline{\mathrm{co}}\{A(\overline{D^*}), x_0\}.$$

同样可得

$$\overline{\mathrm{co}}\{A(\overline{C}), x_0\} = \overline{\mathrm{co}}\{A(C), x_0\}.$$

因为 $C$ 是可数集, 由 (4.2.4) 可知 $\overline{C}$ 是紧集, 所以 $\overline{D^*}$ 也是紧集. 由 (4.2.4) 又可知

$$A(\overline{D^*}) \subset \overline{D^*} = \overline{\mathrm{co}}\{A(\overline{D^*}), x_0\},$$

于是根据 Schauder 不动点定理 (推论 2.3.3), $A$ 在 $\overline{D^*} \subset D$ 中存在不动点. ■

**推论 4.2.2**(Daher 不动点定理)　设 $D$ 是 $E$ 中的非空有界凸闭集, 算子 $A$ : $D \to D$ 连续. 如果对任意非相对紧的可数集 $C \subset D$, 都有 $\alpha(A(C)) < \alpha(C)$, 则 $A$ 在 $D$ 中存在不动点.

**证明**　设 $x_0 \in D$. 对任意满足 $C \subset \overline{\mathrm{co}}\{A(C), x_0\}$ 的可数集 $C \subset D$, 如果 $C$ 非相对紧, 那么

$$\alpha(C) \leqslant \alpha(\overline{\mathrm{co}}\{A(C), x_0\}) = \alpha(A(C)) < \alpha(C),$$

矛盾. 因此 $A : D \to D$ 是关于 $x_0$ 的 Mönch 算子, 根据定理 4.2.1, $A$ 在 $D$ 中存在不动点. ∎

**推论 4.2.3**(Sadovskii 不动点定理)　设 $D$ 是 $E$ 中的非空有界凸闭集, 算子 $A : D \to D$ 是凝聚算子, 则 $A$ 在 $D$ 中存在不动点.

**推论 4.2.4**(Darbo 不动点定理)　设 $D$ 是 $E$ 中的非空有界凸闭集, 算子 $A$ : $D \to D$ 是严格集压缩算子, 则 $A$ 在 $D$ 中存在不动点.

**推论 4.2.5**(Krasnoselskii 不动点定理)　设 $D$ 是 $E$ 中的非空有界凸闭集, $A$ : $D \to E$ 是全连续算子, $B : D \to E$ 是压缩算子. 如果 $A(D) + B(D) \subset D$, 则 $A + B$ 在 $D$ 中存在不动点.

**证明**　由推论 4.2.1 知, $A + B$ 是严格集压缩的. 再由条件 $A(D) + B(D) \subset D$ 可知, $(A + B)(D) \subset D$, 于是根据 Darbo 不动点定理 (推论 4.2.4), $A + B$ 在 $D$ 中存在不动点. ∎

**例 4.2.4**　取 Banach 空间 $E = l^2$, $\overline{B}_1 = \{x \in E \mid \|x\| \leqslant 1\}$ 是 $l^2$ 中的单位闭球. 定义 $A : \overline{B}_1 \to \overline{B}_1$ 为 $Ax = (\sqrt{1 - \|x\|^2}, x_1, x_2, \cdots, x_{n-1}, \cdots)$, $\forall x = (x_1, x_2, \cdots, x_n, \cdots) \in \overline{B}_1$.

令 $A_1$, $A_2 : \overline{B}_1 \to \overline{B}_1$ 为

$$A_1 x = (\sqrt{1 - \|x\|^2}, 0, 0, \cdots, 0, \cdots), \quad A_2 x = (0, x_1, x_2, \cdots, x_{n-1}, \cdots),$$

$$\forall x = (x_1, x_2, \cdots, x_n, \cdots) \in \overline{B}_1,$$

于是 $A_1$ 是连续有界的有限维算子 (见注 2.2.2), 从而是全连续的, 而 $A_2$ 是等距算子. 因此对 $\overline{B}_1$ 中的任意有界集 $S$, 有

$$\alpha(A(S)) \leqslant \alpha(A_1(S) + A_2(S)) \leqslant 0 + \alpha(S) = \alpha(S),$$

这说明 $A$ 是 1 集压缩算子. 显然 $A$ 在 $\overline{B}_1$ 没有不动点, 根据 Sadovskii 不动点定理 (推论 4.2.3) 可知, $A$ 不是凝聚算子.

**定理 4.2.2**　设 $X$ 是 $E$ 中的凸闭集, $U$ 是 $X$ 中的非空开集, $x_0 \in U$. 如果 $A : \overline{U} \to X$ 是关于 $x_0$ 的 Mönch 算子, 并且满足 Leray-Schauder 条件

$$(1 - \lambda)x_0 + \lambda Ax \neq x, \quad \forall \lambda \in [0, 1], \ x \in \partial U, \tag{4.2.5}$$

其中 $\partial U$ 是 $U$ 在 $X$ 中的相对边界, 则 $A$ 在 $U$ 中存在不动点.

**证明**　如果 $U = X$, 由定理 4.2.1 即得.

如果 $U \neq X$, 那么 $\partial U \neq \varnothing$. 令 $D_0 = \{x_0\}$, $D_n = \mathrm{co}\{A(D_{n-1} \bigcap U), x_0\}(n = 1, 2, \cdots)$, 类似于定理 4.2.1 的证明可知, 得到相对紧的集列 $\{D_n\}$ 满足 $D_0 \subset D_1 \subset \cdots \subset D_n \subset \cdots \subset X$, 并且存在可数集 $C_n \subset D_n \bigcap U$, 使得 $\overline{C_n} = \overline{D_n \bigcap U}(n = 1, 2, \cdots)$. 记 $D = \bigcup\limits_{n=1}^{\infty} D_n$ 和 $C = \bigcup\limits_{n=1}^{\infty} C_n$, 于是

$$D = \bigcup\limits_{n=1}^{\infty} D_n = \bigcup\limits_{n=1}^{\infty} \mathrm{co}\{A(D_{n-1} \bigcap U), x_0\} = \mathrm{co}\{A(D \bigcap U), x_0\}. \tag{4.2.6}$$

类似 (4.2.3), 由 (4.2.6) 和 $A$ 的连续性, 有

$$C \subset \overline{\bigcup\limits_{n=1}^{\infty} C_n} = \overline{\bigcup\limits_{n=1}^{\infty}(D_n \bigcap U)} \subset \overline{D} = \overline{\mathrm{co}}\{A(D \bigcap U), x_0\} = \overline{\mathrm{co}}\{A(C), x_0\}. \tag{4.2.7}$$

事实上, 显然

$$\overline{\mathrm{co}}\{A(D \bigcap U), x_0)\} \supset \overline{\mathrm{co}}\{A(C), x_0\};$$

而 $\forall y \in A(D \bigcap U)$, 存在 $x \in D \bigcap U$ 使得 $y = Ax$, 于是存在正整数 $n$, 有

$$x \in D_n \bigcap U \subset \overline{D_n \bigcap U} = \overline{C}_n,$$

因此存在 $\{x_m\} \subset C_n \subset C$, 使得 $x_m \to x(m \to \infty)$, 由于 $Ax_m \in A(C) \subset \overline{\mathrm{co}}\{A(C), x_0\}$, 故

$$Ax_m \to Ax = y \in \overline{\mathrm{co}}\{A(C), x_0\},$$

从而 $A(D \bigcap U) \subset \overline{\mathrm{co}}\{A(C), x_0\}$, 所以 $\overline{\mathrm{co}}\{A(D \bigcap U), x_0\} \subset \overline{\mathrm{co}}\{A(C), x_0\}$.

由于 $C \subset \overline{U}$, 由 (4.2.7) 可知 $C$ 是相对紧集, 从而 $\overline{D} = \overline{\mathrm{co}}\{A(C), x_0\}$ 是紧集. 令

$$M = \bigcup\limits_{\lambda \in [0,1]} \{x \in \overline{U} \mid (1 - \lambda)x_0 + \lambda Ax = x\},$$

则 $M$ 是非空闭集, 事实上, $x_0 \in M$, 另外设 $x_n \in M$, $x_n \to x$, 则存在 $\lambda_n \in [0,1]$, 使得

$$(1 - \lambda_n)x_0 + \lambda_n Ax_n = x_n,$$

因为存在子列 $\lambda_{n_k} \to \lambda \in [0,1]$, 所以根据

$$(1 - \lambda_{n_k})x_0 + \lambda_{n_k} Ax_{n_k} = x_{n_k}$$

以及 $A$ 的连续性, 有

$$(1 - \lambda)x_0 + \lambda Ax = x,$$

即 $x \in M$. 再由 (4.2.5) 可知 $M \bigcap \partial U = \varnothing$, 并且 $M \subset U$.

考虑度量空间 $\overline{D} \subset X$. 如果 $\partial_{\overline{D}}(\overline{D} \bigcap U) = \varnothing$(其中 $\partial_{\overline{D}}$ 表示相对于 $\overline{D}$ 的边界), 那么 $\overline{D} \bigcap U$ 是 $\overline{D}$ 中的闭集, 显然 $\overline{D} \bigcap U$ 也是 $\overline{D}$ 中的开集. 由 (4.2.6) 知 $\overline{D}$ 是凸集, 所以是连通的, 而 $\overline{D} \bigcap U \neq \varnothing (x_0 \in \overline{D} \bigcap U)$, 因此 $\overline{D} \bigcap U = \overline{D}$, 从而 $\overline{D} \subset U$. 因为 $\forall y \in A(\overline{D})$, 存在 $x_n \in D$ 使得 $x_n \to x$, 并且 $Ax_n \to Ax = y$, 而 $Ax_n \in \mathrm{co}\{A(D \bigcap U), x_0\}$, 所以根据 (4.2.6), 有 $y \in \overline{D}$, 从而 $A(\overline{D}) \subset \overline{D}$. 由 Schauder 不动点定理 (推论 2.3.3), $A$ 在 $\overline{D} \subset U$ 中存在不动点.

如果 $\partial_{\overline{D}}(\overline{D} \bigcap U) \neq \varnothing$, 因为

$$\partial_{\overline{D}}(\overline{D} \bigcap U) = \overline{\overline{D} \bigcap U}^{(\overline{D})} \backslash (\overline{D} \bigcap U) \subset (\overline{\overline{D} \bigcap U}) \backslash (\overline{D} \bigcap U) = \overline{D} \bigcap (\overline{U} \backslash U) = \overline{D} \bigcap \partial U,$$

其中 $\overline{\overline{D} \bigcap U}^{(\overline{D})}$ 表示 $\overline{D} \bigcap U$ 相对于 $\overline{D}$ 的闭包, 所以

$$(M \bigcap \overline{D}) \bigcap (\partial_{\overline{D}}(\overline{D} \bigcap U)) \subset M \bigcap \partial U = \varnothing,$$

即 $M \bigcap \overline{D}$ 和 $\partial_{\overline{D}}(\overline{D} \bigcap U)$ 是 $\overline{D}$ 中非空 $(x_0 \in M \bigcap \overline{D})$ 不相交的闭集. 根据 Urysohn 引理(见文献 [19], [88]), 存在连续映射 $\mu : \overline{D} \to [0,1]$, 使得 $\mu(M \bigcap \overline{D}) = \{1\}$ 和 $\mu(\partial_{\overline{D}}(\overline{D} \bigcap U)) = \{0\}$. 定义

$$G(x) = \begin{cases} (1 - \mu(x))x_0 + \mu(x)Ax, & x \in \overline{\overline{D} \bigcap U}^{(\overline{D})}, \\ x_0, & x \in \overline{D} \backslash U. \end{cases} \tag{4.2.8}$$

易见

$$\overline{D} = \overline{\overline{D} \bigcap U}^{(\overline{D})} \bigcup (\overline{D} \backslash U),$$

并且

$$\overline{\overline{D} \bigcap U}^{(\overline{D})} \bigcap (\overline{D} \backslash U) = \overline{\overline{D} \bigcap U}^{(\overline{D})} \backslash (\overline{D} \bigcap U) = \partial_{\overline{D}}(\overline{D} \bigcap U),$$

于是根据粘结引理 (引理 2.1.2), $G$ 在 $\overline{D}$ 上连续. 下证

$$\overline{\mathrm{co}}\{A(D \bigcap U), x_0\} = \overline{\mathrm{co}}\{A(\overline{D} \bigcap U), x_0\}. \tag{4.2.9}$$

事实上, 显然

$$\overline{\mathrm{co}}\{A(D \bigcap U), x_0\} \subset \overline{\mathrm{co}}\{A(\overline{D} \bigcap U), x_0\}.$$

反之, $\forall y \in A(\overline{D} \bigcap U)$, 则存在 $x \in \overline{D} \bigcap U$ 使得 $y = Ax$, 于是存在 $x_n \in D$ 使得 $x_n \to x$, 又因为 $x \in U$ 是内点, 所以不妨设 $x_n \in U$, 从而 $Ax_n \in A(D \bigcap U)$, 故

$$Ax_n \to Ax = y \in \overline{\mathrm{co}}\{A(D \bigcap U), x_0\},$$

即

$$\overline{\text{co}}\{A(D\textstyle\bigcap U), x_0\} \supset \overline{\text{co}}\{A(\overline{D}\textstyle\bigcap U), x_0\}.$$

再证 $G(\overline{D}) \subset \overline{D}$. 事实上, $\forall x \in \overline{\overline{D}\bigcap U}^{(\overline{D})}$, 存在 $x_n \in \overline{D}\bigcap U$ 使得 $x_n \to x$, 因为

$$(1-\mu(x_n))x_0 + \mu(x_n)Ax_n \in \overline{\text{co}}\{A(\overline{D}\textstyle\bigcap U), x_0\},$$

所以根据 (4.2.9) 和 (4.2.6), 有

$$(1-\mu(x_n))x_0 + \mu(x_n)Ax_n \to (1-\mu(x))x_0 + \mu(x)Ax \in \overline{D}.$$

因此由 Schauder 不动点定理可知 $G$ 存在不动点 $x \in \overline{D}$, 即

$$(1-\mu(x))x_0 + \mu(x)Ax = x \in \overline{\overline{D}\bigcap U}^{(\overline{D})} \subset \overline{U},$$

可见 $x \in M \bigcap \overline{D}$, 故 $Ax = x \in U$. ∎

**推论 4.2.6** 设 $\Omega$ 是 $E$ 中的非空有界凸开集, $x_0 \in \Omega$. 如果 $A : \overline{\Omega} \to E$ 是凝聚算子, 并且满足

$$(1-\lambda)x_0 + \lambda Ax \neq x, \quad \forall \lambda \in [0,1], \ x \in \partial\Omega, \tag{4.2.10}$$

则 $A$ 在 $\Omega$ 中存在不动点.

**定理 4.2.3** 设 $X$ 是 $E$ 中的有界凸闭集, $U$ 是 $X$ 中的非空开集, $\theta \in U$, $A : \overline{U} \to X$ 是凝聚算子, 如果泛函 $\rho : X \to [0, +\infty)$ 满足条件 (2.3.2), 并且 $\rho(Ax) \leqslant \rho(x), \forall x \in \partial U$, 其中 $\partial U$ 是 $U$ 在 $X$ 中的相对边界, 则 $A$ 在 $\overline{U}$ 中存在不动点.

**证明** 如果 $U = X$, 由推论 4.2.3 即得.

如果 $U \neq X$, 那么 $\partial U \neq \varnothing$ (因为凸集 $X$ 是连通的, 如果 $\partial U = \varnothing$, 那么 $U$ 是 $X$ 中既开又闭的真子集, 与 $X$ 连通矛盾). 假设存在 $x_0 \in \partial U$ 和 $\lambda_0 \in [0,1]$, 使得 $\lambda_0 Ax_0 = x_0$, 显然 $\lambda_0 > 0$, $Ax_0 \neq \theta$, 并且不妨设 $\lambda_0 < 1$, 于是

$$\rho(x_0) = \rho(\lambda_0 Ax_0) < \rho(Ax_0) \leqslant \rho(x_0),$$

矛盾. 因此由推论 4.2.6 可得, $A$ 在 $\overline{U}$ 中存在不动点. ∎

**推论 4.2.7** 设 $\Omega$ 是 $E$ 中有界凸开集, $\theta \in \Omega$, $A : \overline{\Omega} \to E$ 是凝聚算子. 如果 $\|Ax\| \leqslant \|x\|, \forall x \in \partial\Omega$, 则 $A$ 在 $\overline{\Omega}$ 中存在不动点.

**引理 4.2.2** [96, 113] 设 $D$ 是 $E$ 中凸集, $\theta \in \mathring{D}$, 则关于 $D$ 的 Minkowski 泛函

$$P(x) = \inf\left\{\lambda > 0 \ \middle|\ \frac{x}{\lambda} \in D\right\}, \quad \forall x \in E \tag{4.2.11}$$

在 $E$ 上非负有界一致连续, 并且

(i) (**正齐性**) $P(\beta x) = \beta P(x)$, $\forall \beta \geqslant 0$;

(ii) (**次可加性**) $P(x + y) \leqslant P(x) + P(y)$, $\forall x, y \in E$;

(iii) $\overset{\circ}{D} = \{x \in E \mid P(x) < 1\}$, $\partial D = \{x \in E \mid P(x) = 1\}$, $E \backslash \overline{D} = \{x \in E \mid P(x) > 1\}$;

(iv) 当 $D$ 有界时, $P(x) = 0 \Leftrightarrow x = \theta$, 若 $D$ 又是对称的, 那么 $P(x)$ 是 $E$ 中的范数.

**证明**　首先证明正齐性. 当 $\beta = 0$ 时, 由 $P(\theta) = 0$ 可知结论成立. 当 $\beta > 0$ 时, 有

$$P(\beta x) = \inf\left\{\lambda > 0 \,\Big|\, \frac{\beta x}{\lambda} \in D\right\} = \beta \inf\left\{\mu > 0 \,\Big|\, \frac{x}{\mu} \in D\right\} = \beta P(x).$$

再证次可加性. 设 $x, y \in E$, 根据 (4.2.11), $\forall \varepsilon > 0$, 存在 $\lambda, \mu > 0$, 使得 $\lambda^{-1}x, \mu^{-1}y \in D$, 并且

$$\lambda < P(x) + \frac{\varepsilon}{2}, \quad \mu < P(y) + \frac{\varepsilon}{2}.$$

因为 $D$ 是凸集, 所以

$$(\lambda + \mu)^{-1}(x + y) = (\lambda + \mu)^{-1}[\lambda(\lambda^{-1}x) + \mu(\mu^{-1}y)] \in D.$$

于是

$$P(x + y) \leqslant \lambda + \mu < P(x) + P(y) + \varepsilon,$$

根据 $\varepsilon$ 的任意性, 可得结论.

现在证明一致连续性. 因为 $\theta \in \overset{\circ}{D}$, 所以可取 $R > 0$, 使得闭球 $\overline{B}(\theta, R) \subset D$. 设 $x \in E \backslash \{\theta\}$, 则 $R\|x\|^{-1}x \in \overline{B}(\theta, R) \subset D$, 故

$$0 \leqslant P(x) \leqslant R^{-1}\|x\|, \tag{4.2.12}$$

从而 $P(x)$ 是有界泛函, 且 (4.2.12) 对 $x = \theta$ 也成立. 根据 $P(x)$ 的次可加性和 (4.2.12) 可得

$$|P(x) - P(y)| \leqslant \max\{P(x - y), P(y - x)\} \leqslant R^{-1}\|x - y\|, \quad \forall x, y \in E,$$

可见 $P(x)$ 一致连续.

然后证明结论 (iii). 显然, 当 $x \in D$ 时, $P(x) \leqslant 1$, 从而根据连续性, 对于 $x \in \overline{D}$ 也有 $P(x) \leqslant 1$. 反之, 设 $x \in E$, $\rho = P(x) \leqslant 1$, 根据 (4.2.11), 存在 $\lambda_n \in (0, +\infty)$, 使得 $\lambda_n^{-1}x \in D(n = 1, 2, \cdots)$, 并且当 $n \to \infty$ 时, $\lambda_n \to \rho$. 如果 $\rho > 0$, 则 $\lambda_n^{-1} \to \rho^{-1}$, 从而 $\rho^{-1}x \in \overline{D}$, 再由 $\overline{D}$ 是凸集 (见文献 [14]), 可得

$$x = \rho(\rho^{-1}x) + (1 - \rho)\theta \in \overline{D};$$

如果 $\rho = 0$, 则对充分大的 $n$ 有 $\lambda_n < 1$, 从而

$$x = \lambda_n(\lambda_n^{-1}x) + (1 - \lambda_n)\theta \in \overline{D}.$$

因此 $x \in \overline{D}$ 当且仅当 $P(x) \leqslant 1$, 等价于 $E\backslash\overline{D} = \{x \in E \mid P(x) > 1\}$.

设 $x \in \mathring{D}$, 则存在 $\varepsilon > 0$, 使得 $(1 + \varepsilon)x \in D$, 由此得

$$P(x) \leqslant (1 + \varepsilon)^{-1} < 1;$$

反之, 设 $P(x) < 1$, 则根据连续性, 存在 $\delta > 0$, 使得当 $\|y - x\| \leqslant \delta$ 时, $P(y) < 1$, 取 $\varepsilon_0 > 0$ 满足 $P(y) + \varepsilon_0 < 1$, 从而由 (4.2.11) 知, 存在 $\lambda_0 < P(y) + \varepsilon_0 < 1$, 使得 $\lambda_0^{-1}y \in D$, 因此

$$y = \lambda_0(\lambda_0^{-1}y) + (1 - \lambda_0)\theta \in D,$$

这说明闭球 $\overline{B}(x, \delta) \subset D$, 即 $x \in \mathring{D}$. 综上所述, $\mathring{D} = \{x \in E \mid P(x) < 1\}$, 同时 $\partial D = \{x \in E \mid P(x) = 1\}$.

最后证明当 $D$ 有界时, $P(x) = 0 \Rightarrow x = \theta$. 因为 $D$ 有界, 所以存在 $R > 0$, 使得开球 $B(\theta, R) \supset D$, 于是 $\forall x \in E\backslash\{\theta\}$, $R\|x\|^{-1}x \notin D$, 从而 $P(x) \geqslant R^{-1}\|x\|$. 如若不然, $P(x) < R^{-1}\|x\|$, 根据 (4.2.11), 存在 $\lambda > 0$ 使得 $\lambda < R^{-1}\|x\|$, 并且 $\lambda^{-1}x \in D$, 于是

$$R\|x\|^{-1}x = R\lambda\|x\|^{-1}(\lambda^{-1}x) + (1 - R\lambda\|x\|^{-1})\theta \in D,$$

矛盾. 因此当 $P(x) = 0$ 时, $x = \theta$. 若 $D$ 又是对称的, 即 $x \in D$ 时, 有 $-x \in D$, 从而

$$P(-x) = \inf\left\{\lambda > 0 \;\middle|\; -\frac{x}{\lambda} \in D\right\} = \inf\left\{\lambda > 0 \;\middle|\; \frac{x}{\lambda} \in D\right\} = P(x),$$

故 $P(x)$ 是 $E$ 中的范数. ∎

**引理 4.2.3** 设 $x_0 \in D \subset E$, $A : D \to E$ 是凝聚算子. 记 $\widetilde{D} = D - x_0$, 定义 $\widetilde{A} : \widetilde{D} \to E$ 为 $\widetilde{A}x = A(x + x_0) - x_0$, 则 $\widetilde{A}$ 是凝聚算子, 并且 $A$ 在 $D$ 中存在不动点当且仅当 $\widetilde{A}$ 在 $\widetilde{D}$ 中存在不动点.

**证明** 显然 $\widetilde{A}$ 是有界连续的. 设有界集 $S \subset \widetilde{D}$ 并且 $\alpha(S) > 0$, 于是 $S + x_0$ 是 $D$ 中的有界集, 同时 $\alpha(S + x_0) = \alpha(S) > 0$, 因此

$$\alpha(\widetilde{A}(S)) = \alpha(A(S + x_0) - x_0) = \alpha(A(S + x_0)) < \alpha(S + x_0) = \alpha(S),$$

从而 $\widetilde{A}$ 是凝聚算子.

如果 $x^* \in \widetilde{D}$ 是 $\widetilde{A}$ 的不动点, 则

$$x^* = \widetilde{A}x^* = A(x^* + x_0) - x_0,$$

于是 $x^* + x_0 \in D$ 是 $A$ 的不动点; 反之, 如果 $x^{**} \in D$ 是 $A$ 的不动点, 则

$$\widetilde{A}(x^{**} - x_0) = A(x^{**} - x_0 + x_0) - x_0 = x^{**} - x_0,$$

于是 $x^{**} - x_0 \in \widetilde{D}$ 是 $\widetilde{A}$ 的不动点. ∎

**定理 4.2.4** (Rothe 不动点定理)　设 $\Omega$ 是 $E$ 中非空有界凸开集, $A : \overline{\Omega} \to E$ 是凝聚算子. 如果 $A(\partial\Omega) \subset \overline{\Omega}$, 则 $A$ 在 $\overline{\Omega}$ 中存在不动点.

**证明**　设 $x_0 \in \Omega$, 显然 $\theta \in \Omega - x_0$. 在 $\overline{\Omega} - x_0$ 上定义 $\widetilde{A}x = A(x + x_0) - x_0$, 根据条件 $A(\partial\Omega) \subset \overline{\Omega}$, 显然有

$$\widetilde{A}\big(\partial(\Omega - x_0)\big) \subset \overline{\Omega} - x_0 = \overline{\Omega - x_0}.$$

由引理 4.2.3 知, $\widetilde{A}$ 是凝聚算子, $A$ 在 $\overline{\Omega}$ 中存在不动点当且仅当 $\widetilde{A}$ 在 $\overline{\Omega} - x_0$ 中存在不动点, 所以不妨设 $\theta \in \Omega$, 并且 $Ax \neq x$, $\forall x \in \partial\Omega$.

设 $P(x)$ 为关于 $\overline{\Omega}$ 的 Minkowski 泛函 (见引理 4.2.2). 如果存在 $x^* \in \partial\Omega$ 和 $\lambda_0 \in [0, 1]$, 使得 $\lambda_0 A x^* = x^*$, 显然 $\lambda_0 \in (0, 1)$. 于是根据 $A(\partial\Omega) \subset \overline{\Omega}$, 有

$$\lambda_0 \geqslant \lambda_0 P(Ax^*) = P(\lambda_0 Ax^*) = P(x^*) = 1,$$

矛盾. 因此由推论 4.2.6 可得, $A$ 在 $\overline{\Omega}$ 中存在不动点. ∎

**定理 4.2.5**　设 $A : E \to E$ 是凝聚算子. 如果集合

$$D = \{x \in E \mid x = \lambda Ax,\ 0 < \lambda < 1\}$$

有界, 则 $A$ 在 $\overline{B}_R = \{x \in E \mid \|x\| \leqslant R\}$ 中存在不动点, 其中 $R = \sup\{\|x\| \mid x \in D\}$, 特别地, 当 $D = \varnothing$ 时, $R$ 可取任意正数.

**证明**　对任意正整数 $k$, 令 $B_k = \left\{x \in E \mid \|x\| < R + \dfrac{1}{k}\right\}$. 显然 $\theta \in B_k$, 并且

$$x \neq \lambda Ax, \quad \forall x \in \partial B_k,\ 0 < \lambda < 1.$$

于是根据推论 4.2.6, $A$ 在 $\overline{B}_k$ 中存在不动点 $x_k$, 即 $x_k = Ax_k$ $(k = 1, 2, \cdots)$. 记 $S = \{x_1, x_2, \cdots, x_k, \cdots\}$, 于是 $S$ 有界, 并且 $A(S) = S$. 如果 $\alpha(S) \neq 0$, 那么 $\alpha(S) = \alpha(A(S)) < \alpha(S)$, 矛盾. 因此 $\alpha(S) = 0$, 于是存在收敛子列 $x_{k_i} \to x^*$. 根据 $A$ 的连续性以及 $\|x_k\| \leqslant R + \dfrac{1}{k}$, 可知 $x^* = Ax^*$ 且 $\|x^*\| \leqslant R$. ∎

**定理 4.2.6** (凝聚算子延拓定理)　设 $D$ 是 $E$ 中的凸集, 其内部集 $\overset{\circ}{D} \neq \varnothing$, $A : \overline{D} \to E$ 是凝聚算子 (集压缩算子), 则 $A$ 存在凝聚 (集压缩) 延拓 $\widetilde{A} : E \to E$, 使得 $\widetilde{A}(E) \subset A(\overline{D})$.

**证明** 设 $A$ 是凝聚算子. 取 $x_0 \in \overset{\circ}{D}$, 记

$$D_1 = D - x_0, \quad A_1 x = A(x + x_0) - x_0, \quad \forall x \in \overline{D}_1 = \overline{D} - x_0,$$

于是 $D_1$ 是凸集, 并且 $\theta \in \overset{\circ}{D}_1$, 易证 $A_1$ 是 $\overline{D}_1$ 上的凝聚算子. 定义

$$r(x) = (\max\{1, P(x)\})^{-1} x, \quad \forall x \in E,$$

其中 $P(x)$ 为关于 $\overline{D}_1$ 的 Minkowski 泛函 (见引理 4.2.2), 于是 $r : E \to \overline{D}_1$ 是一个保核收缩, 并且 $r$ 是 1 集压缩算子. 事实上, 对任意有界集 $S \subset E$, 因为 $\lambda = (\max\{1, P(x)\})^{-1} \in (0, 1]$, 所以 $r(S) = \lambda S \subset \mathrm{co}\{S, \theta\}$, 故

$$\alpha\big(r(S)\big) \leqslant \alpha(\mathrm{co}\{S, \theta\}) = \alpha(S).$$

定义

$$\widetilde{A} x = A_1(r(x - x_0)) + x_0, \quad \forall x \in E,$$

显然 $\widetilde{A}$ 在 $E$ 上连续有界, 同时

$$\widetilde{A}(E) = A_1(r(E - x_0)) + x_0 \subset A_1(\overline{D}_1) + x_0 = A(\overline{D}).$$

现证明 $\widetilde{A}$ 是凝聚的. 对任意非相对紧的有界集 $S \subset E$, 如果 $\alpha(r(S - x_0)) = 0$, 那么

$$\alpha(\widetilde{A}(S)) = \alpha(A_1(r(S - x_0)) + x_0) = 0 < \alpha(S);$$

如果 $\alpha(r(S - x_0)) > 0$, 那么

$$\alpha(\widetilde{A}(S)) = \alpha(A_1(r(S-x_0)) + x_0 = \alpha(A_1(r(S-x_0))) < \alpha(r(S-x_0)) \leqslant \alpha(S-x_0) = \alpha(S).$$

另一方面, $\forall x \in \overline{D}$, 我们有 $x - x_0 \in \overline{D}_1$, 于是

$$\widetilde{A}(x) = A_1(r(x - x_0)) + x_0 = A_1(x - x_0) + x_0 = A(x).$$

这说明 $\widetilde{A}$ 是 $A$ 的延拓. 对于集压缩算子的情形, 类似可证. ■

## 4.3 凝聚算子的不动点指数

现在讨论严格集压缩算子的不动点指数.

**定义 4.3.1** 设 $X$ 是 $E$ 中的凸闭集, $U$ 是 $X$ 中的非空有界开集, $\partial U$ 和 $\overline{U}$ 分别是 $U$ 在 $X$ 中的相对边界和相对闭包, $A : \overline{U} \to X$ 是 $k$ 集压缩算子 $(0 \leqslant k < 1)$. 如果 $A$ 在 $\partial U$ 上没有不动点, 则定义严格集压缩算子的不动点指数如下: 令

$$D_1 = \overline{\mathrm{co}} A(\overline{U}), \quad D_n = \overline{\mathrm{co}} A(D_{n-1} \bigcap \overline{U}), \quad n = 2, 3, \cdots.$$

显然 $D_n \subset X(n = 1, 2, \cdots)$.

(i) 如果存在 $n_0$, 使得 $D_{n_0} \bigcap \overline{U} = \varnothing$, 则当 $n > n_0$ 时, $D_n$ 没有意义, 规定不动点指数

$$i(A, U, X) = 0. \tag{4.3.1}$$

(ii) 设 $D_n \bigcap \overline{U} \neq \varnothing (n = 1, 2, \cdots)$, 于是 $\{D_n \bigcap \overline{U}\}$ 是非空有界闭集列. 记 $D = \bigcap_{n=1}^{\infty} D_n \subset X$, 则 $D$ 与 $D_n$ 都是有界凸闭集, 且 $D_n \neq \varnothing$. 显然 $D_1 \supset D_2$, 若 $D_{k-1} \supset D_k$, 则

$$D_k = \overline{\mathrm{co}}A(D_{k-1}\bigcap\overline{U}) \supset \overline{\mathrm{co}}A(D_k\bigcap\overline{U}) = D_{k+1},$$

于是根据数学归纳法知, $D_{n-1} \supset D_n (n = 2, 3, \cdots)$. 由定理 4.1.1(vii), 有

$$\alpha(D_n) = \alpha(A(D_{n-1}\bigcap\overline{U})) \leqslant k\alpha(D_{n-1}\bigcap\overline{U}) \leqslant k\alpha(D_{n-1}),$$

从而 $\alpha(D_n) \leqslant k^n \alpha(\overline{U})$. 因为 $k < 1$, 所以 $\alpha(D_n) \to 0$. 根据定理 4.1.2 知, $D$ 是非空凸紧集. 同样, 由

$$D_{n-1}\bigcap\overline{U} \supset D_n\bigcap\overline{U}, \quad \alpha(D_n\bigcap\overline{U}) \to 0$$

知, $D\bigcap\overline{U} = \bigcap_{n=1}^{\infty}(D_n\bigcap\overline{U})$ 也是非空紧集. 由于

$$A(D_n\bigcap\overline{U}) \subset \overline{\mathrm{co}}A(D_n\bigcap\overline{U}) = D_{n+1} \subset D_n,$$

故

$$A(D\bigcap\overline{U}) \subset \bigcap_{n=1}^{\infty} A(D_n\bigcap\overline{U}) \subset \bigcap_{n=1}^{\infty} D_n = D.$$

从而 $A : D\bigcap\overline{U} \to D$ 是全连续算子, 根据全连续算子延拓定理 2.2.4, 存在全连续算子 $A_1 : \overline{U} \to D \subset X$, 使得当 $x \in D\bigcap\overline{U}$ 时, 有 $A_1x = Ax$. 因为 $A_1x \neq x, \forall x \in \partial U$(事实上, 若存在 $x_0 \in \partial U$, 使得 $A_1x_0 = x_0$, 则 $x_0 \in D$, 从而 $Ax_0 = A_1x_0 = x_0$, 矛盾), 所以根据定理 2.3.1, 规定不动点指数

$$i(A, U, X) = i(A_1, U, X). \tag{4.3.2}$$

这里 $i(A, U, X)$ 与 $A_1$ 的选择无关. 事实上, 设 $A_2 : \overline{U} \to D$ 是 $A : D\bigcap\overline{U} \to D$ 的另一个全连续延拓, 于是当 $x \in D\bigcap\overline{U}$ 时, 有 $A_2x = Ax$. 令

$$H(t, x) = tA_1x + (1 - t)A_2x, \quad \forall x \in \overline{U}, \ t \in [0, 1],$$

若存在 $t_0 \in [0, 1]$, $x_0 \in \partial U$, 使 $H(t_0, x_0) = x_0$, 即

$$x_0 = t_0A_1x_0 + (1 - t_0)A_2x_0.$$

由 $A_1x_0, A_2x_0 \in D$ 和 $D$ 为凸集知

$$t_0A_1x_0 + (1-t_0)A_2x_0 \in D,$$

所以 $x_0 \in D$, 并且 $x_0 \in D \bigcap \overline{U}$. 因此 $A_1x_0 = A_2x_0 = Ax_0 = x_0$, 矛盾. 于是根据全连续算子不动点指数的同伦不变性 (定理 2.3.1(iii)) 知

$$i(A_1, U, X) = i(A_2, U, X).$$

**注 4.3.1** (i) 如果 $A$ 在 $\overline{U}$ 中有不动点 $x^*$, 那么 $U$ 是定义 4.3.1(ii) 的情形. 事实上, $x^* \in D_n \bigcap \overline{U}(n=1,2,\cdots)$, 于是 $A$ 在 $\overline{U}$ 中的不动点集 $F \subset D \bigcap \overline{U}$.

(ii) 如果凸闭集 $X = E$, 则记 $\deg(I - A, U, \theta) = i(A, U, E)$, 称为 $A$ 在 $U$ 上关于 $\theta$ 的拓扑度, 其中 $I$ 为恒等算子.

**引理 4.3.1** 设 $X$ 是 $E$ 中的凸闭集, $U$ 是 $X$ 中的非空有界开集, $A : \overline{U} \to X$ 是 $k$ 集压缩算子 $(0 \leqslant k < 1)$, $A$ 在 $\partial U$ 上没有不动点. 如果 $U$ 是定义 4.3.1(ii) 的情形, $S$ 是 $X$ 中的紧凸集, 满足 $D \subset S$, $A(S \bigcap \overline{U}) \subset S$, $B : \overline{U} \to S$ 连续 (从而全连续), 并且当 $x \in S \bigcap \overline{U}$ 时, $Bx = Ax$, 则

$$i(A, U, X) = i(B, U, X).$$

**证明** 设 $A_1$ 如定义 4.3.1(ii) 的情形所述, 令

$$H(t, x) = tA_1x + (1-t)Bx, \quad \forall x \in \overline{U}, \ t \in [0, 1].$$

若存在 $x_0 \in \partial U$, $t_0 \in [0, 1]$, 使得 $H(t_0, x_0) = x_0$, 由于 $S$ 是凸集且 $S \supset D$, 于是

$$x_0 = t_0A_1x_0 + (1-t_0)Bx_0 \in S,$$

从而

$$Bx_0 = Ax_0, \quad x_0 = t_0A_1x_0 + (1-t_0)Ax_0.$$

因为 $Ax_0 \in D_1$, $A_1x_0 \in D \subset D_1$, 故

$$x_0 = t_0A_1x_0 + (1-t_0)Ax_0 \in D_1;$$

因此又有 $Ax_0 \in D_2$, $A_1x_0 \in D \subset D_2$, 从而

$$x_0 = t_0A_1x_0 + (1-t_0)Ax_0 \in D_2.$$

依此可知 $x_0 \in D_n(n=1,2,\cdots)$. 所以 $x_0 \in D$. 从而

$$A_1x_0 = Ax_0, \quad x_0 = t_0Ax_0 + (1-t_0)Ax_0 = Ax_0,$$

矛盾. 根据全连续算子不动点指数的同伦不变性 (定理 2.3.1(iii)), 有

$$i(A_1, U, X) = i(B, U, X),$$

再由 (4.3.2) 可得结论. ∎

**定理 4.3.1**　设 $X$ 是 $E$ 中的凸闭集, $U$ 是 $X$ 中的非空有界开集, $A : \overline{U} \to X$ 是 $k$ 集压缩算子 $(0 \leqslant k < 1)$. 如果 $A$ 在 $\partial U$ 上没有不动点, 则 $k$ 集压缩算子 $A$ 的不动点指数 $i(A, U, X)$ 满足

(i) (标准性) 若 $A : \overline{U} \to U$ 是常算子, 即 $Ax \equiv x_0 \in U (\forall x \in \overline{U})$, 那么 $i(A, U, X) = 1$;

(ii) (可加性) 若 $U_1$ 和 $U_2$ 是 $U$ 的互不相交开子集, $A$ 在 $\overline{U} \backslash (U_1 \bigcup U_2)$ 上没有不动点, 那么

$$i(A, U, X) = i(A, U_1, X) + i(A, U_2, X);$$

(iii) (同伦不变性) 若 $H : [0,1] \times \overline{U} \to X$ 是 $k$ 集压缩的 (即 $H$ 连续有界, 并且对任意有界集 $S \subset \overline{U}$, $\alpha(H([0,1] \times S)) \leqslant k\alpha(S)$, 参见后面的引理 4.3.2 和引理 4.3.3), 并且 $H(t, x) \neq x$, $\forall x \in \partial U$, $t \in [0,1]$, 那么 $\forall t \in [0,1]$, $i(H(t, \cdot), U, X) \equiv$ 常数;

(iv) (可解性) 若 $i(A, U, X) \neq 0$, 那么 $A$ 在 $U$ 中存在不动点;

(v) (切除性) 若 $V$ 是 $X$ 中的开集, $V \subset U$, $A$ 在 $\overline{U} \backslash V$ 上没有不动点, 那么 $i(A, U, X) = i(A, V, X)$;

(vi) (保持性) 若 $Y$ 是 $X$ 的一个凸闭集, $A(\overline{U}) \subset Y$, 那么 $i(A, U, X) = i(A, U \bigcap Y, Y)$.

**证明**　(i) 显然在定义 4.3.1 中 $D_n \bigcap \overline{U} = \{x_0\} (n = 1, 2, \cdots)$, 取 $A_1 = A$, 从定理 2.3.1(i) 可得.

(ii) 如果 $U_1$ 与 $U_2$ 都是定义 4.3.1 中 (ii) 的情形, 那么 $U$ 也是定义 4.3.1 中 (ii) 的情形, 于是

$$D^{(1)}\bigcap\overline{U}_1 \neq \varnothing, \quad D^{(2)}\bigcap\overline{U}_2 \neq \varnothing, \quad D\bigcap\overline{U} \neq \varnothing, \ D^{(1)} \subset D, \ D^{(2)} \subset D, \qquad (4.3.3)$$

$$A(D^{(1)}\bigcap\overline{U}_1) \subset D^{(1)}, \quad A(D^{(2)}\bigcap\overline{U}_2) \subset D^{(2)}, \quad A(D\bigcap\overline{U}) \subset D, \qquad (4.3.4)$$

其中 $D^{(1)}$ 与 $D^{(2)}$ 分别表示对于 $U_1$ 与 $U_2$ 按定义 4.3.1(ii) 的情形所作出的 $D$. 令 $A_1 : \overline{U} \to D$ 表示定义 4.3.1(ii) 的情形延拓的全连续算子 (当 $x \in D\bigcap\overline{U}$ 时, 有 $A_1 x = Ax$), 于是 (4.3.2) 成立. 根据引理 4.3.1 以及 (4.3.3) 和 (4.3.4), 可得

$$i(A, U_1, X) = i(A_1, U_1, X), \quad i(A, U_2, X) = i(A_1, U_2, X). \qquad (4.3.5)$$

再根据全连续算子 $A_1$ 不动点指数的可加性 (定理 2.3.1(ii)) 以及 (4.3.2) 和 (4.3.5) 可得结论.

如果 $U_1$ 与 $U_2$ 中有一个 (设为 $U_1$) 是定义 4.3.1(ii) 的情形, 而另一个 (设为 $U_2$) 是定义 4.3.1(i) 的情形, 那么 $U$ 也是定义 4.3.1(ii) 的情形. 于是由 (4.3.1) 知

$$i(A, U_2, X) = 0. \tag{4.3.6}$$

分别根据引理 4.3.1 和定义 4.3.1 知

$$i(A, U_1, X) = i(A_1, U_1, X), \quad i(A, U, X) = i(A_1, U, X). \tag{4.3.7}$$

下证

$$i(A_1, U_2, X) = 0. \tag{4.3.8}$$

事实上, 若 $i(A_1, U_2, X) \neq 0$, 则存在 $x_0 \in U_2$, 使得 $x_0 = A_1 x_0 \in D$, 故 $A_1 x_0 = A x_0 = x_0$. 根据注 4.3.1(i), $U_2$ 是定义 4.3.1(ii) 的情形, 矛盾. 再根据全连续算子 $A_1$ 不动点指数的可加性以及 (4.3.6), (4.3.7) 和 (4.3.8) 可得结论.

如果 $U_1$ 与 $U_2$ 都是定义 4.3.1(i) 的情形, 由注 4.3.1(i) 可知 $A$ 在 $U_1$ 与 $U_2$ 中都没有不动点, 从而 $A$ 在 $\overline{U}$ 中没有不动点, 并且根据定义 4.3.1, 有

$$i(A, U_1, X) = i(A, U_2, X) = 0.$$

于是, 只需证明

$$i(A, U, X) = 0. \tag{4.3.9}$$

当 $U$ 是定义 4.3.1(i) 的情形时, 根据定义 4.3.1 知 (4.3.9) 成立. 故设 $U$ 是定义 4.3.1(ii) 的情形, 于是 (4.3.2) 成立, 其中 $A_1 : \overline{U} \to D$ 表示定义 4.3.1(ii) 的情形延拓的全连续算子. 我们证明

$$A_1 x \neq x, \quad \forall x \in \overline{U}. \tag{4.3.10}$$

事实上, 若存在 $x_0 \in \overline{U}$, 使得 $x_0 = A_1 x_0 \in D$, 从而 $A_1 x_0 = A x_0$, $x_0 = A x_0$, 矛盾. 故 (4.3.10) 成立. 根据全连续算子 $A_1$ 不动点指数的可解性 (定理 2.3.1(vi)) 知

$$i(A_1, U, X) = 0,$$

由此再根据 (4.3.2) 即得 (4.3.9).

(iii) 令

$$D_1^* = \overline{\mathrm{co}} H([0,1] \times \overline{U}), \quad D_n^* = \overline{\mathrm{co}} H([0,1] \times (D_{n-1}^* \textstyle\bigcap \overline{U})), \quad n = 2, 3, \cdots. \tag{4.3.11}$$

对任意的 $t \in [0,1]$, 记

$$D_1(t) = \overline{\mathrm{co}} H(t, \overline{U}), \quad D_n(t) = \overline{\mathrm{co}} H(t, D_{n-1}(t) \textstyle\bigcap \overline{U}), \quad n = 2, 3 \cdots, \tag{4.3.12}$$

显然

$$D_n(t) \subset D_n^*, \quad n = 1, 2, \cdots. \tag{4.3.13}$$

如果存在 $n_0$, 使得 $D_{n_0}^* \bigcap \overline{U} - \varnothing$, 则由 (4.3.13) 知

$$D_{n_0}(t) \bigcap \overline{U} = \varnothing, \quad \forall t \in [0,1].$$

于是根据定义 4.3.1 可知

$$i(H(t,\cdot), U, X) = 0 \equiv 常数, \quad \forall t \in [0,1].$$

如果 $D_n^* \bigcap \overline{U} \neq \varnothing$ $(n = 1, 2, \cdots)$, 那么 $D_n^* \neq \varnothing$ $(n = 1, 2, \cdots)$. 显然 $D_1^* \supset D_2^*$, 若 $D_{k-1}^* \supset D_k^*$, 则

$$D_k^* = \overline{\mathrm{co}}H([0,1] \times (D_{k-1}^* \bigcap \overline{U})) \supset \overline{\mathrm{co}}H([0,1] \times (D_k^* \bigcap \overline{U})) = D_{k+1}^*,$$

根据数学归纳法知 $D_{n-1}^* \supset D_n^*$ $(n = 2, 3, \cdots)$. 又因为

$$\alpha(D_n^*) \leqslant \alpha(H([0,1] \times (D_{n-1}^* \bigcap \overline{U}))) \leqslant k\alpha(D_{n-1}^* \bigcap \overline{U}) \leqslant k\alpha(D_{n-1}^*),$$

所以 $\alpha(D_n^*) \leqslant k^{n-1}\alpha(D_1^*)$, 故 $\alpha(D_n^*) \to 0$. 根据定理 4.1.2 知, $D^* = \bigcap\limits_{n=1}^{\infty} D_n^* \subset X$ 是非空紧凸集. 同理 $D^* \bigcap \overline{U}$ 也是非空紧集. 由于

$$H([0,1] \times (D_n^* \bigcap \overline{U})) \subset \overline{\mathrm{co}}H([0,1] \times (D_n^* \bigcap \overline{U})) = D_{n+1}^* \subset D_n^*,$$

故

$$H([0,1] \times (D^* \bigcap \overline{U})) \subset \bigcap\limits_{n=1}^{\infty} H([0,1] \times (D_n^* \bigcap \overline{U})) \subset \bigcap\limits_{n=1}^{\infty} D_n^* = D^*. \tag{4.3.14}$$

根据全连续算子延拓定理 2.2.4, 存在全连续算子 $G : [0,1] \times \overline{U} \to D^*$, 使得当 $(t,x) \in [0,1] \times (D^* \bigcap \overline{U})$ 时, 有 $G(t,x) = H(t,x)$. 下面证明

$$i(H(t,\cdot), U, X) = i(G(t,\cdot), U, X), \quad \forall t \in [0,1]. \tag{4.3.15}$$

事实上, 对任何固定的 $t \in [0,1]$, 分两种情况讨论:

如果存在 $n_0$, 使得 $D_{n_0}(t) \bigcap \overline{U} = \varnothing$, 于是根据定义 4.3.1 可知

$$i(H(t,\cdot), U, X) = 0. \tag{4.3.16}$$

由注 4.3.1(i) 知, $H(t,\cdot)$ 在 $\overline{U}$ 中没有不动点. 从而 $G(t,\cdot)$ 在 $\overline{U}$ 中也没有不动点 (如果存在 $x_0 \in \overline{U}$, 使得 $G(t,x_0) = x_0$, 则 $x_0 \in D^*$, 那么 $G(t,x_0) = H(t,x_0) = x_0$, 矛盾), 于是根据全连续算子 $G(t,\cdot)$ 不动点指数的可解性 (定理 2.3.1(vi)), 可得

$$i(G(t,\cdot), U, X) = 0. \tag{4.3.17}$$

由 (4.3.16) 和 (4.3.17) 知 (4.3.15) 成立.

如果 $D_n(t)\bigcap\overline{U}\neq\varnothing$ $(n=1,2,\cdots)$, 根据引理 4.3.1 知 (4.3.15) 成立.

若存在 $t_0\in[0,1]$, $x_0\in\partial U$, 使 $G(t_0,x_0)=x_0$, 那么 $x_0\in D^*$, 从而 $G(t_0,x_0)=H(t_0,x_0)=x_0$, 矛盾. 于是根据全连续算子 $G(t,\cdot)$ 不动点指数的同伦不变性 (定理 2.3.1(iii)), 可得

$$i(G(t,\cdot),U,X)\equiv \text{常数}, \quad \forall t\in[0,1].$$

于是, 由 (4.3.15) 即得

$$i(H(t,\cdot),U,X)\equiv \text{常数}, \quad \forall t\in[0,1].$$

(iv) 因为 $i(A,U,X)\neq 0$, 所以 $U$ 是定义 4.3.1(ii) 的情形. 由 (4.3.2) 可知

$$i(A_1,U,X)\neq 0,$$

从而根据全连续算子 $A_1$ 不动点指数的可解性 (定理 2.3.1(vi)) 知, $A_1$ 存在不动点 $x_0\in U$, 而 $x_0=A_1x_0\in D$, 故 $x_0=A_1x_0=Ax_0$.

(v) 设 $U_1=V$, $U_2=U\backslash\overline{V}$, 则 $U_1$ 和 $U_2$ 是 $U$ 的互不相交开子集. 因为 $\overline{U}\backslash(U_1\bigcup U_2)\subset\overline{U}\backslash V$, 所以 $A$ 在 $\overline{U}\backslash(U_1\bigcup U_2)$ 中没有不动点, 根据可加性可得

$$i(A,U,X)=i(A,V,X)+i(A,U\backslash\overline{V},X).$$

由可解性知

$$i(A,U\backslash\overline{V},X)=0,$$

否则 $A$ 在 $U\backslash\overline{V}\subset\overline{U}\backslash V$ 中存在不动点, 矛盾.

(vi) 因为 $\partial_Y(U\bigcap Y)\subset(\partial U)\bigcap Y\subset\partial U$, 其中 $\partial_Y$ 表示关于 $Y$ 的边界, 所以 $A$ 在 $\partial_Y(U\bigcap Y)$ 上没有不动点. 令

$$D_1^{(Y)}=\overline{\text{co}}A(\overline{U}\bigcap Y), \quad D_n^{(Y)}=\overline{\text{co}}A(D_{n-1}^{(Y)}\bigcap\overline{U}\bigcap Y), \quad n=2,3,\cdots,$$

显然 $D_n^{(Y)}\subset Y$, 并且 $D_n^{(Y)}\subset D_n(n=1,2,\cdots)$, 其中 $D_n$ 与定义 4.3.1 中相同.

如果存在 $n_0$, 使得 $D_{n_0}^{(Y)}\bigcap\overline{U}\bigcap Y=\varnothing$, 于是根据定义 4.3.1 可知

$$i(A,U\bigcap Y,Y)=0.$$

假设 $i(A,U,X)\neq 0$, 由可解性知存在 $x_0\in U$, 使得 $x_0=Ax_0\in Y$. 从而 $x_0\in\overline{U}\bigcap Y$, 于是 $x_0=Ax_0\in D_1^{(Y)}$, 并且 $x_0\in D_n^{(Y)}\bigcap\overline{U}\bigcap Y(n=2,3,\cdots)$, 矛盾. 故

$$i(A,U,X)=i(A,U\bigcap Y,Y).$$

如果 $D_n^{(Y)} \bigcap \overline{U} \bigcap Y \neq \varnothing$, 那么 $D_n \bigcap \overline{U} \neq \varnothing (n = 1, 2, \cdots)$. 于是根据定义 4.3.1 可知

$$i(A, U, X) = i(A_1, U, X). \tag{4.3.18}$$

而非空凸紧集 $D^{(Y)} = \bigcap\limits_{n=1}^{\infty} D_n^{(Y)} \subset D = \bigcap\limits_{n=1}^{\infty} D_n \subset Y$, 根据引理 4.3.1 知

$$i(A, U \bigcap Y, Y) = i(A_1, U \bigcap Y, Y), \tag{4.3.19}$$

再由全连续算子 $A_1$ 不动点指数的保持性 (定理 2.3.1(iv)) 以及 (4.3.18) 和 (4.3.19), 结论得证. ∎

**引理 4.3.2**　设 $X$ 是 $E$ 中的凸闭集, $U$ 是 $X$ 中的非空有界开集, 常数 $k \in [0,1)$. 如果 $H : [0,1] \times \overline{U} \to X$ 连续有界, 则对任意的有界集 $W \subset [0,1] \times \overline{U}$, $\alpha(H(W)) \leqslant k\alpha(V)$ 当且仅当对任意的有界集 $S \subset \overline{U}$, $\alpha(H([0,1] \times S)) \leqslant k\alpha(S)$, 其中 $V = \{x \in \overline{U} \mid (t, x) \in W\}$.

**证明**　设对任意的有界集 $W \subset [0,1] \times \overline{U}$, 有

$$\alpha(H(W)) \leqslant k\alpha(V).$$

于是对任意的有界集 $S \subset \overline{U}$, 因为 $[0,1] \times S \subset [0,1] \times \overline{U}$, 并且

$$\{x \in \overline{U} \mid (t, x) \in [0,1] \times S\} = S,$$

所以

$$\alpha(H([0,1] \times S)) \leqslant k\alpha(S).$$

反之, 设对任意的有界集 $S \subset \overline{U}$,

$$\alpha(H([0,1] \times S)) \leqslant k\alpha(S).$$

于是对任意的有界集 $W \subset [0,1] \times \overline{U}$, 因为有界集 $V = \{x \in \overline{U} \mid (t, x) \in W\} \subset \overline{U}$, 所以

$$\alpha(H(W)) \leqslant \alpha(H([0,1] \times V)) \leqslant k\alpha(V).$$

∎

**推论 4.3.1**　设 $X$ 是 $E$ 中的凸闭集, $U$ 是 $X$ 中的非空有界开集, 常数 $k \in [0,1)$, $H : [0,1] \times \overline{U} \to X$ 连续有界. 如果对任意的有界集 $S \subset \overline{U}$, $\alpha(H([0,1] \times S)) \leqslant k\alpha(S)$, 则 $\forall t \in [0,1]$, $H(t, \cdot) : \overline{U} \to X$ 是 $k$ 集压缩算子.

**引理 4.3.3**　设 $X$ 是 $E$ 中的凸闭集, $U$ 是 $X$ 中的非空有界开集, 常数 $k \in [0,1)$. 如果 $H : [0,1] \times \overline{U} \to X$ 连续, 并且 $\forall t \in [0,1]$, $H(t, \cdot) : \overline{U} \to X$ 是 $k$ 集压缩的, 同时 $H(t, x)$ 对于 $t$ 在任意的 $t_0 \in [0,1]$ 处的连续性关于 $x \in \overline{U}$ 是一致的, 则对任意的有界集 $S \subset \overline{U}$, $\alpha(H([0,1] \times S)) \leqslant k\alpha(S)$.

**证明** (i) $H([0,1] \times S)$ 是有界集. 否则存在 $t_n \in [0,1]$ 和 $x_n \in S$, 使得 $\|H((t_n, x_n))\| \to +\infty$, 不妨设 $t_n \to t_0 \in [0,1]$. 因为 $H(t_0, \cdot)$ 是 $k$ 集压缩的, 所以 $\{\|H(t_0, x_n)\|\}$ 是有界的, 再由 $H(t, x)$ 对于 $t$ 在 $t_0 \in [0,1]$ 处的连续性关于 $x \in \overline{U}$ 是一致的, 可知 $\{\|H(t_n, x_n) - H(t_0, x_n)\|\}$ 是有界的. 而

$$\|H(t_n, x_n)\| \leqslant \|H(t_n, x_n) - H(t_0, x_n)\| + \|H(t_0, x_n)\|,$$

故 $\{\|H(t_n, x_n)\|\}$ 有界, 矛盾.

(ii) 对任意的 $t_0 \in [0,1]$, 因为 $H(t_0, \cdot) : \overline{U} \to X$ 是 $k$ 集压缩的, 所以

$$\alpha(H(\{t_0\} \times S)) \leqslant k\alpha(S).$$

$\forall \varepsilon > 0$, 存在分解 $H(\{t_0\} \times S) = \bigcup\limits_{i=1}^{m} W_i$, 使得直径

$$d(W_i) < \alpha(H(\{t_0\} \times S)) + \varepsilon \leqslant k\alpha(S) + \varepsilon.$$

同时存在 $\delta_0 > 0$, 使得当 $|t - t_0| < \delta_0$ 时, 有

$$\|H(t, x) - H(t_0, x)\| < \varepsilon, \tag{4.3.20}$$

对一切 $x \in \overline{U}$ 成立.

(iii) 令 $W_i^{(\varepsilon)} = \{x \in E \mid \rho(x, W_i) < \varepsilon\}$, 其中 $\rho$ 表示距离. 记 $I(t_0, \delta_0) = (t_0 - \delta_0, t_0 + \delta_0) \bigcap [0,1]$, 于是

$$H(I(t_0, \delta_0) \times S) \subset \bigcup\limits_{i=1}^{m} W_i^{(\varepsilon)}. \tag{4.3.21}$$

事实上, 设 $x \in S$, $t \in I(t_0, \delta_0)$, 则存在 $i(1 \leqslant i \leqslant m)$, 使得 $H(t_0, x) \in W_i$, 并且由 (4.3.20), 有

$$\rho(H(t, x), W_i) \leqslant \|H(t, x) - H(t_0, x)\| < \varepsilon.$$

(iv) 直径 $d(W_i^{(\varepsilon)}) \leqslant d(W_i) + 2\varepsilon$. 事实上, $\forall x, y \in W_i^{(\varepsilon)}$, 存在 $u, v \in W_i$, 使得

$$\|x - u\| < \varepsilon, \quad \|y - v\| < \varepsilon,$$

于是

$$\|x - y\| \leqslant \|x - u\| + \|u - v\| + \|v - y\| < d(W_i) + 2\varepsilon.$$

(v) 由步骤 (ii) 和 (iv), 直径

$$d(W_i^{(\varepsilon)}) \leqslant d(W_i) + 2\varepsilon < k\alpha(S) + 3\varepsilon,$$

根据 (4.3.21), 有

$$\alpha(H(I(t_0,\delta_0)\times S)) < k\alpha(S)+3\varepsilon.$$

(vi) 根据有限覆盖定理, 存在有限个 $t_i\in[0,1](i=1,2,\cdots,n)$, 使得 $[0,1]=\bigcup\limits_{i=1}^{n}I(t_i,\delta_i)$, 且由步骤 (v) 可知

$$\alpha(H(I(t_i,\delta_i)\times S)) < k\alpha(S)+3\varepsilon,\quad i=1,2,\cdots,n.$$

从而

$$\alpha(H([0,1]\times S)) = \alpha\left(\bigcup_{i=1}^{n}H(I(t_i,\delta_i)\times S)\right) = \max_{1\leqslant i\leqslant n}\alpha(H(I(t_i,\delta_i)\times S)) < k\alpha(S)+3\varepsilon,$$

故 $\alpha(H([0,1]\times S))\leqslant k\alpha(S)$. ∎

**注 4.3.2**　由引理 4.3.3 知, 定理 4.3.1 同伦不变性中的 $H(t,x)$ 可取为 $H(t,x)=tAx+(1-t)Bx$, 其中 $A,B:\overline{U}\to X$ 是 $k$ 集压缩算子. 事实上, 显然 $H:[0,1]\times\overline{U}\to X$ 连续, 并且 $\forall t\in[0,1]$ 及 $S\subset\overline{U}$, 有 $H(t,S)\subset tA(S)+(1-t)B(S)$, 从而

$$\alpha(H(t,S))\leqslant t\alpha(A(S))+(1-t)\alpha(B(S))\leqslant tk\alpha(S)+(1-t)k\alpha(S)=k\alpha(S),$$

因此 $H(t,\cdot)$ 是 $k$ 集压缩算子. 而

$$\|H(t,x)-H(t_0,x)\|\leqslant M|t-t_0|,$$

其中

$$M=\sup_{x\in\overline{U}}\|Ax\|+\sup_{x\in\overline{U}}\|Bx\|,$$

故 $H(t,x)$ 对于 $t$ 在 $t_0$ 的连续性关于 $x\in\overline{U}$ 是一致的.

为了讨论凝聚算子的不动点指数, 给出下面的引理.

**引理 4.3.4**　设 $\Omega$ 是 $E$ 中有界集, $A:\overline{\Omega}\to E$ 是凝聚算子, 记 $f=I-A$, 其中 $I$ 是恒等算子, 则

(i) $f$ 是固有映射, 即任何紧集 $D\subset E$ 的原像 $f^{-1}(D)$ 是紧集;

(ii) $f$ 是闭映射, 即任何闭集 $S\subset\overline{\Omega}$ 的像 $f(S)$ 是闭集.

**证明**　(i) 令 $D_1=f^{-1}(D)(D_1\subset\overline{\Omega})$, 则 $D_1\subset A(D_1)+D$, 从而

$$\alpha(D_1)\leqslant\alpha(A(D_1))+\alpha(D)=\alpha(A(D_1)),$$

由此可知 $\alpha(D_1)=0$ (若 $\alpha(D_1)>0$, 由 $A$ 是凝聚映像, 有 $\alpha(A(D_1))<\alpha(D_1)$), 从而 $D_1$ 是相对紧集.

再证明 $D_1$ 是闭集. 设 $x_n \in D_1$, $x_n \to x_0 \in \overline{\Omega}$. 令 $y_n = f(x_n)$, 则 $y_n \in D$. 由 $D$ 的紧性可知, 存在子列 $y_{n_i} \to y_0 \in D$. 又由 $f$ 的连续性得 $y_{n_i} = f(x_{n_i}) \to f(x_0)$, 故 $y_0 = f(x_0)$, $x_0 \in f^{-1}(D) = D_1$. 因此 $D_1$ 是闭集. 从而 $D_1$ 是紧集.

(ii) 设 $y_n \in f(S)$, $y_n \to y_0 \in E$, 只需证明 $y_0 \in f(S)$. 设 $y_n = f(x_n)$, $x_n \in S$ $(n = 1, 2, \cdots)$. 令 $D = \{y_0, y_1, y_2, \cdots, y_n, \cdots\}$. 显然 $D$ 是 $E$ 中紧集, 由 (i) 知 $f^{-1}(D)$ 是 $E$ 中紧集. 因为 $x_n \in f^{-1}(D)(n = 1, 2, \cdots)$, 所以存在子列 $x_{n_k} \to x_0 \in E$. 由于 $S$ 是闭集, 故 $x_0 \in S$, 再根据 $f$ 的连续性知 $y_{n_k} = f(x_{n_k}) \to f(x_0)$, 从而 $y_0 = f(x_0)$, $y_0 \in f(S)$. ∎

**定义 4.3.2** 设 $X$ 是 $E$ 中的凸闭集, 并且是星形的 (即当 $x \in X$ 时, 有 $tx \in X$, $\forall t \in [0, 1]$), $U$ 是 $X$ 中的非空有界开集, $\partial U$ 和 $\overline{U}$ 分别是 $U$ 在 $X$ 中的相对边界和相对闭包, $A : \overline{U} \to X$ 是凝聚算子. 如果 $A$ 在 $\partial U$ 上没有不动点, 则定义凝聚算子的不动点指数如下:

根据引理 4.3.4 知 $\tau = \inf_{x \in \partial U} \|x - Ax\| > 0$, 事实上, 如果 $\tau = 0$, 那么存在 $\{x_n\} \subset \partial U$, 使得 $x_n - Ax_n \to \theta$, 而 $(I - A)(\partial U)$ 是闭集, 故 $\theta \in (I - A)(\partial U)$, 即存在 $x_0 \in \partial U$, 使得 $Ax_0 = x_0$, 矛盾.

取严格集压缩映像 $B : \overline{U} \to X$, 使得

$$\|Ax - Bx\| < \frac{\tau}{3}, \quad \forall x \in \overline{U}. \tag{4.3.22}$$

这种 $B$ 是存在的, 例如, 取 $B = kA$, 其中 $k \in [0, 1)$, 满足

$$k > 1 - \frac{\tau}{3(\sup_{x \in \overline{U}} \|Ax\| + 1)},$$

因为 $X$ 是星形的, 所以 $B : \overline{U} \to X$ 是严格集压缩算子.

由于当 $x \in \partial U$ 时, 有

$$\|x - Bx\| \geqslant \|x - Ax\| - \|Ax - Bx\| > \tau - \frac{\tau}{3} = \frac{2\tau}{3} > 0,$$

故按定义 4.3.1 可知, $i(B, U, X)$ 有意义, 于是定义凝聚算子 $A$ 的不动点指数

$$i(A, U, X) = i(B, U, X), \tag{4.3.23}$$

这里 $i(A, U, X)$ 与 $B$ 的选择无关. 事实上, 设 $B_1$ 和 $B_2$ 分别是 $k_1$ 和 $k_2$ 集压缩算子 $(k_1, k_2 \in [0, 1))$, 并且都满足 (4.3.22). 记 $k = \max\{k_1, k_2\} < 1$, 则显然 $B_1$ 和 $B_2$ 都是 $k$ 集压缩算子. 令

$$H(t, x) = tB_1x + (1 - t)B_2x, \quad (t, x) \in [0, 1] \times \overline{U},$$

由 (4.3.22) 可知, 当 $x \in \partial U$, $t \in [0,1]$ 时, 有

$$\|x - H(t,x)\| \geqslant \|x - Ax\| - t\|Ax - B_1 x\| - (1-t)\|Ax - B_2 x\| \geqslant \tau - \frac{t\tau}{3} - \frac{(1-t)\tau}{3} = \frac{2\tau}{3} > 0,$$

根据注 4.3.2 和严格集压缩算子不动点指数的同伦不变性 (定理 4.3.1(iii)), 有

$$i(B_1, U, X) = i(B_2, U, X).$$

**注 4.3.3** 显然 $E$ 中以 $\theta$ 为球心的闭球和锥都是星形的凸闭集.

设 Banach 空间 $\mathbf{R} \times E$ 中的范数为 $\|(t,x)\| = |t| + \|x\|$, $\forall (t,x) \in \mathbf{R} \times E$, 并且其中的非紧性测度仍记为 $\alpha$.

**引理 4.3.5** 设 $S$ 是 $E$ 中有界集, $T \subset [0,1]$, 则 $\alpha(T \times S) = \alpha(S)$.

**证明** $\forall \varepsilon > 0$, 存在分解 $S = \bigcup\limits_{i=1}^{m} S_i$, 使得直径 $d(S_i) < \alpha(S) + \varepsilon$. 取正整数 $n$ 使得 $1/n < \varepsilon$, 对 $[0,1]$ 进行 $n$ 等分, 记 $T_j = \left[\dfrac{j-1}{n}, \dfrac{j}{n}\right]$ $(j = 1,2,\cdots,n)$, 于是 $[0,1] = \bigcup\limits_{j=1}^{n} T_j$. 令 $T'_j = T \bigcap T_j (j = 1,2,\cdots)$, 于是 $T = \bigcup\limits_{i=1}^{m} T'_j$. 因为 $T \times S = \bigcup\limits_{i=1}^{m} \bigcup\limits_{j=1}^{n} (T'_j \times S_i)$, 而直径

$$d(T'_j \times S_i) \leqslant \frac{1}{n} + d(S_i) < \alpha(S) + 2\varepsilon,$$

所以 $\alpha(T \times S) < \alpha(S) + 2\varepsilon$, 即 $\alpha(T \times S) \leqslant \alpha(S)$.

反之, $\forall \varepsilon > 0$, 存在分解 $T \times S = \bigcup\limits_{i=1}^{m} W_i$, 使得直径 $d(W_i) < \alpha(T \times S) + \varepsilon$. 记

$$V_i = \{x \in S \mid (t,x) \in W_i\}, \quad i = 1,2,\cdots m,$$

易见 $S = \bigcup\limits_{i=1}^{m} V_i$. 因为 $\forall x', x'' \in V_i$, 存在 $t', t'' \in T$ 使得 $(t',x'), (t'',x'') \in W_i$, 而

$$\|x' - x''\| \leqslant |t' - t''| + \|x' - x''\| \leqslant d(W_i) < \alpha(T \times S) + \varepsilon,$$

所以直径 $d(V_i) < \alpha(T \times S) + \varepsilon$, 于是 $\alpha(S) < \alpha(T \times S) + \varepsilon$, 即 $\alpha(S) \leqslant \alpha(T \times S)$. ∎

**引理 4.3.6** 设 $X$ 是 $E$ 中的凸闭集, $U$ 是 $X$ 中的非空有界开集. 如果 $H : [0,1] \times \overline{U} \to X$ 连续有界, 则对任意的有界集 $W \subset [0,1] \times \overline{U}$, 若 $\alpha(W) > 0$, 有 $\alpha(H(W)) < \alpha(V)$ 当且仅当对任意的有界集 $S \subset \overline{U}$, 若 $\alpha(S) > 0$, 有 $\alpha(H([0,1] \times S)) < \alpha(S)$, 其中 $V = \{x \in \overline{U} \mid (t,x) \in W\}$.

**证明** 设对任意的有界集 $W \subset [0,1] \times \overline{U}$, 若 $\alpha(W) > 0$, 有 $\alpha(H(W)) < \alpha(V)$. 于是对任意的有界集 $S \subset \overline{U}$, 若 $\alpha(S) > 0$, 由引理 4.3.5 知

$$\alpha([0,1] \times S) = \alpha(S) > 0.$$

因为 $[0,1] \times S \subset [0,1] \times \overline{U}$, 并且 $\{x \in \overline{U} \mid (t,x) \in [0,1] \times S\} = S$, 所以

$$\alpha(H([0,1] \times S)) < \alpha(S).$$

反之, 设对任意的有界集 $S \subset \overline{U}$, 若 $\alpha(S) > 0$, 有

$$\alpha(H([0,1] \times S)) < \alpha(S).$$

于是对任意的有界集 $W \subset [0,1] \times \overline{U}$, 易见有界集 $V = \{x \in \overline{U} \mid (t,x) \in W\} \subset \overline{U}$, 并且 $W \subset [0,1] \times V$. 当 $\alpha(W) > 0$ 时, 由引理 4.3.5 知

$$\alpha(W) \leqslant \alpha([0,1] \times V) = \alpha(V),$$

从而 $\alpha(V) > 0$, 所以

$$\alpha(H(W)) \leqslant \alpha(H([0,1] \times V)) < \alpha(V). \qquad \blacksquare$$

**推论 4.3.2** 设 $X$ 是 $E$ 中的凸闭集, $U$ 是 $X$ 中的非空有界开集, $H: [0,1] \times \overline{U} \to X$ 连续有界. 如果对任意的有界集 $S \subset \overline{U}$, 当 $\alpha(S) > 0$ 时, 有 $\alpha(H([0,1] \times S)) < \alpha(S)$, 则 $\forall t \in [0,1]$, $H(t, \cdot): \overline{U} \to X$ 是凝聚算子.

**定理 4.3.2** 设 $X$ 是 $E$ 中的凸闭集, 并且是星形的, $U$ 是 $X$ 中的非空有界开集, $A: \overline{U} \to X$ 是凝聚算子. 如果 $A$ 在 $\partial U$ 上没有不动点, 则凝聚算子 $A$ 的不动点指数 $i(A, U, X)$ 满足

(i) (标准性) 若 $A: \overline{U} \to U$ 是常算子, 即 $Ax \equiv x_0 \in U(\forall x \in \overline{U})$, 那么 $i(A, U, X) = 1$;

(ii) (可加性) 若 $U_1$ 和 $U_2$ 是 $U$ 的互不相交开子集, $A$ 在 $\overline{U} \backslash (U_1 \bigcup U_2)$ 上没有不动点, 那么

$$i(A, U, X) = i(A, U_1, X) + i(A, U_2, X);$$

(iii) (同伦不变性) 若 $H: [0,1] \times \overline{U} \to X$ 是凝聚的 (即 $H$ 连续有界, 并且对任意有界集 $S \subset \overline{U}$, 当 $\alpha(S) > 0$ 时, $\alpha(H([0,1] \times S)) < \alpha(S)$, 参见引理 4.3.6 和引理 4.3.7), 并且 $H(t,x) \neq x$, $\forall x \in \partial U$, $t \in [0,1]$, 那么

$$i(H(t, \cdot), U, X) \equiv 常数, \quad \forall t \in [0,1];$$

(iv) (可解性) 若 $i(A, U, X) \neq 0$, 那么 $A$ 在 $U$ 中存在不动点;

(v) (切除性) 若 $V$ 是 $X$ 中的开集, $V \subset U$, $A$ 在 $\overline{U} \backslash V$ 上没有不动点, 那么

$$i(A, U, X) = i(A, V, X);$$

(vi) (保持性) 若 $Y$ 是 $X$ 的一个星形凸闭集, $A(\overline{U}) \subset Y$, 那么

$$i(A, U, X) = i(A, U \bigcap Y, Y).$$

**证明**　(i) 在定义 4.3.2 中取 $B = A$, 根据严格集压缩算子不动点指数的标准性 (定理 4.3.1(i)), 可知

$$i(A, U, X) = i(B, U, X) = 1.$$

(ii) 因为 $\overline{U} \backslash (U_1 \bigcup U_2)$ 是 $X$ 中的有界闭集, 所以由引理 4.3.4 知

$$\tau_0 = \inf_{x \in \overline{U} \backslash (U_1 \bigcup U_2)} \|x - Ax\| > 0.$$

取严格集压缩映像 $B : \overline{U} \to X$, 使

$$\|Ax - Bx\| < \frac{\tau_0}{3}, \quad \forall x \in \overline{U},$$

于是根据定义 4.3.2 知

$$i(A, U, X) = i(B, U, X), \quad i(A, U_1, X) = i(B, U_1, X), \quad i(A, U_2, X) = i(B, U_2, X). \tag{4.3.24}$$

当 $x \in \overline{U} \backslash (U_1 \bigcup U_2)$ 时, 有

$$\|x - Bx\| \geqslant \|x - Ax\| - \|Ax - Bx\| \geqslant \tau_0 - \frac{\tau_0}{3} = \frac{2\tau_0}{3} > 0,$$

故 $Bx \neq x$, $\forall x \in \overline{U} \backslash (U_1 \bigcup U_2)$. 于是根据严格集压缩算子不动点指数的可加性 (定理 4.3.1(ii)) 和 (4.3.24), 可得结论.

(iii) $\tau = \inf_{(t,x) \in [0,1] \times \partial U} \|x - H(t, x)\| > 0$. 事实上, 若 $\tau = 0$, 则存在 $(t_n, x_n) \in [0,1] \times \partial U (n = 1, 2, \cdots)$, 使得

$$y_n = x_n - H(t_n, x_n) \to \theta.$$

记 $D = \{y_1, y_2, \cdots\}$, $D_1 = \{x_1, x_2, \cdots\}$, 显然 $D$ 是相对紧集, 并且 $D_1 \subset D + H([0,1] \times D_1)$. 如果 $\alpha(D_1) > 0$, 那么

$$\alpha(D_1) \leqslant \alpha(D) + \alpha(H([0,1] \times D_1)) < \alpha(D_1),$$

矛盾. 从而 $D_1$ 是相对紧集, 不妨设 $x_n \to x_0 \in \partial U$, $t_n \to t_0 \in [0,1]$, 于是根据 $H$ 的连续性可知

$$x_0 - H(t_0, x_0) = \theta,$$

矛盾.

因为由推论 4.3.2 知, $\forall t \in [0,1]$, $H(t, \cdot)$ 是凝聚算子, 所以根据引理 4.3.4 知

$$\tau(t) = \inf_{x \in \partial U} \|x - H(t, x)\| > 0 \quad (\text{见定义 4.3.2 中的叙述}).$$

令 $G(t,x) = kH(t,x)$, 其中 $k \in [0,1)$ 满足

$$k > 1 - \frac{\tau}{3 \left( \sup\limits_{(t,x) \in [0,1] \times \overline{U}} \|H(t,x)\| + 1 \right)},$$

因为 $X$ 是星形的, 所以根据推论 4.3.1 可知, $\forall t \in [0,1]$, $G(t,\cdot) : \overline{U} \to X$ 是严格集压缩算子. 而 $\forall x \in \overline{U}$,

$$\|H(t,x) - G(t,x)\| = (1-k)\|H(t,x)\| \leqslant (1-k) \sup\limits_{(t,x) \in [0,1] \times \overline{U}} \|H(t,x)\| < \frac{\tau}{3} \leqslant \frac{\tau(t)}{3},$$

故由定义 4.3.2 可得

$$i(H(t,\cdot), U, X) = i(G(t,\cdot), U, X), \quad \forall t \in [0,1]. \tag{4.3.25}$$

又因为 $\forall (t,x) \in [0,t] \times \partial U$,

$$\|x - G(t,x)\| \geqslant \|x - H(t,x)\| - \|H(t,x) - G(t,x)\| \geqslant \tau - \frac{\tau}{3} = \frac{2\tau}{3} > 0,$$

即 $G(t,x) \neq x$, $\forall x \in \partial U$, $t \in [01]$, 所以根据 (4.3.25) 和 $k$ 集压缩算子不动点指数的同伦不变性 (定理 4.3.1(iii)) 可得结论.

(iv) 设 $i(A, U, X) \neq 0$. 如果 $Ax \neq x, \forall x \in U$, 那么 $Ax \neq x, \forall x \in \overline{U}$. 由引理 4.3.4 知

$$\tau^* = \inf\limits_{x \in \overline{U}} \|x - Ax\| > 0, \tag{4.3.26}$$

令 $B = kA$, 其中 $k \in [0,1)$ 满足

$$k > 1 - \frac{\tau^*}{3 \left( \sup\limits_{x \in \overline{U}} \|Ax\| + 1 \right)},$$

因为 $X$ 是星形的, 所以 $B : \overline{U} \to X$ 是严格集压缩算子, 并且

$$\|Ax - Bx\| < \frac{\tau^*}{3} \leqslant \frac{\tau}{3}, \quad \forall x \in \overline{U}, \tag{4.3.27}$$

其中 $\tau$ 见定义 4.3.2. 根据定义 4.3.2 得

$$i(A, U, X) = i(B, U, X) \neq 0,$$

由严格集压缩算子不动点指数的可解性 (定理 4.3.1(iv)) 可知, 存在 $x_0 \in U$, 使得 $Bx_0 = x_0$. 但是由 (4.3.26) 和 (4.3.27) 有

$$\|x_0 - Bx_0\| \geqslant \|x_0 - Ax_0\| - \|Ax_0 - Bx_0\| \geqslant \tau^* - \frac{\tau^*}{3} = \frac{2\tau^*}{3} > 0,$$

矛盾.

(v) 与定理 4.3.1(v) 的证明相同, 由可加性和可解性直接可得.

(vi) 因为 $\partial_Y(U\bigcap Y)\subset(\partial U)\bigcap Y\subset\partial U$, 其中 $\partial_Y$ 表示关于 $Y$ 的边界, 所以 $A$ 在 $\partial_Y(U\bigcap Y)$ 上没有不动点. 记

$$\tau^*=\inf_{x\in\partial_Y(U\bigcap Y)}\|x-Ax\|,$$

显然 $\tau\leqslant\tau^*$, 其中 $\tau$ 见定义 4.3.2. 取 $B=kA$, 其中 $k\in[0,1)$, 满足

$$k>1-\frac{\tau}{3(\sup_{x\in\overline U}\|Ax\|+1)},$$

因为 $Y$ 是星形的, 所以 $B:\overline U\to Y$ 是 $k$ 集压缩算子, 当然 $B:\overline U\bigcap Y\to Y$ 也是 $k$ 集压缩算子. 又因为

$$\|Ax-Bx\|<\frac{\tau}{3}\leqslant\frac{\tau^*}{3},\quad\forall x\in\overline U,$$

所以根据定义 4.3.2, 有

$$i(A,U,X)=i(B,U,X),\quad i(A,U\bigcap Y,Y)=i(B,U\bigcap Y,Y),$$

最后由严格集压缩算子不动点指数的保持性 (定理 4.3.1(vi)), 结论得证. ∎

**引理 4.3.7** 设 $X$ 是 $E$ 中的凸闭集, $U$ 是 $X$ 中的非空有界开集. 如果 $H:[0,1]\times\overline U\to X$ 连续, 并且 $\forall t\in[0,1]$, $H(t,\cdot):\overline U\to X$ 是凝聚的, 同时 $H(t,x)$ 对于 $t$ 在任意的 $t_0\in[0,1]$ 处的连续性关于 $x\in\overline U$ 是一致的, 则对任意的有界集 $S\subset\overline U$, 若 $\alpha(S)>0$, $\alpha(H([0,1]\times S))<\alpha(S)$.

**证明** (i) $H([0,1]\times S)$ 是有界集. 否则存在 $t_n\in[0,1]$ 和 $x_n\in S$, 使得 $\|H(t_n,x_n)\|\to+\infty$, 不妨设 $t_n\to t_0\in[0,1]$. 因为 $H(t_0,\cdot)$ 是凝聚的, 所以 $\{\|H(t_0,x_n)\|\}$ 是有界的, 再由 $H(t,x)$ 对于 $t$ 在 $t_0\in[0,1]$ 处的连续性关于 $x\in\overline U$ 是一致的, 可知 $\{\|H(t_n,x_n)-H(t_0,x_n)\|\}$ 是有界的. 而

$$\|H(t_n,x_n)\|\leqslant\|H(t_n,x_n)-H(t_0,x_n)\|+\|H(t_0,x_n)\|,$$

故 $\{\|H(t_n,x_n)\|\}$ 有界, 矛盾.

(ii) 对任意的 $t_0\in[0,1]$, 因为 $H(t_0,\cdot):\overline U\to X$ 是凝聚的, 所以当 $\alpha(S)>0$ 时, $\alpha(H(\{t_0\}\times S))<\alpha(S)$, 取 $k_0$ 满足

$$\frac{\alpha(H(\{t_0\}\times S))}{\alpha(S)}<k_0<1.$$

$\forall\varepsilon>0$, 存在分解 $H(\{t_0\}\times S)=\bigcup_{i=1}^m W_i$, 使得直径

$$d(W_i) < \alpha(H(\{t_0\} \times S)) + \varepsilon < k_0\alpha(S) + \varepsilon.$$

同时存在 $\delta_0 > 0$, 使得当 $|t - t_0| < \delta_0$ 时,

$$\|H(t,x) - H(t_0,x)\| < \varepsilon, \tag{4.3.28}$$

对一切 $x \in \overline{U}$ 成立.

(iii) 令 $W_i^{(\varepsilon)} = \{x \in E \mid \rho(x, W_i) < \varepsilon\}$, 其中 $\rho$ 表示距离. 记 $I(t_0, \delta_0) = (t_0 - \delta_0, t_0 + \delta_0) \bigcap [0,1]$, 于是

$$H(I(t_0, \delta_0) \times S) \subset \bigcup_{i=1}^{m} W_i^{(\varepsilon)}. \tag{4.3.29}$$

事实上, 设 $x \in S$, $t \in I(t_0, \delta_0)$, 则存在 $i(1 \leqslant i \leqslant m)$, 使得 $H(t_0, x) \in W_i$, 并且由 (4.3.28), 有

$$\rho(H(t,x), W_i) \leqslant \|H(t,x) - H(t_0,x)\| < \varepsilon.$$

(iv) 直径 $d(W_i^{(\varepsilon)}) \leqslant d(W_i) + 2\varepsilon$. 事实上, $\forall x, y \in W_i^{(\varepsilon)}$, 存在 $u, v \in W_i$, 使得

$$\|x - u\| < \varepsilon, \quad \|y - v\| < \varepsilon,$$

于是

$$\|x - y\| \leqslant \|x - u\| + \|u - v\| + \|v - y\| < d(W_i) + 2\varepsilon.$$

(v) 由步骤 (ii) 和 (iv), 直径

$$d(W_i^{(\varepsilon)}) \leqslant d(W_i) + 2\varepsilon < k_0\alpha(S) + 3\varepsilon,$$

根据 (4.3.29), 得

$$\alpha(H(I(t_0, \delta_0) \times S)) < k_0\alpha(S) + 3\varepsilon.$$

(vi) 根据有限覆盖定理, 存在有限个 $t_i \in [0,1](i = 1, 2, \cdots, n)$, 使得 $[0,1] = \bigcup_{i=1}^{n} I(t_i, \delta_i)$, 且由步骤 (v) 可知

$$\alpha(H(I(t_i, \delta_i) \times S)) < k_i\alpha(S) + 3\varepsilon, \quad i = 1, 2, \cdots, n.$$

从而

$$\alpha(H([0,1] \times S)) = \alpha\left(\bigcup_{i=1}^{n} H(I(t_i, \delta_i) \times S)\right)$$

$$= \max_{1 \leqslant i \leqslant n} \alpha(H(I(t_i, \delta_i) \times S)) < \left(\max_{1 \leqslant i \leqslant n} k_i\right)\alpha(S) + 3\varepsilon,$$

故

$$\alpha(H([0,1] \times S)) \leqslant (\max_{1 \leqslant i \leqslant n} k_i)\alpha(S) < \alpha(S). \qquad \blacksquare$$

**注 4.3.4**　由引理 4.3.7 知, 定理 4.3.2 同伦不变性中的 $H(t,x)$ 可取为 $H(t,x) = tAx + (1-t)Bx$, 其中 $A, B : \overline{U} \to X$ 是凝聚算子. 事实上, 显然 $H : [0,1] \times \overline{U} \to X$ 连续, 并且 $\forall t \in [0,1]$ 及 $S \subset \overline{U}$, 有

$$H(t,S) \subset tA(S) + (1-t)B(S),$$

从而当 $\alpha(S) > 0$ 时, 有

$$\alpha(H(t,S)) \leqslant t\alpha(A(S)) + (1-t)\alpha(B(S)) < t\alpha(S) + (1-t)\alpha(S) = \alpha(S),$$

因此 $H(t,\cdot)$ 是凝聚的. 而

$$\|H(t,x) - H(t_0,x)\| \leqslant M|t - t_0|,$$

其中

$$M = \sup_{x \in \overline{U}} \|Ax\| + \sup_{x \in \overline{U}} \|Bx\|,$$

故 $H(t,x)$ 对于 $t$ 在 $t_0$ 的连续性关于 $x \in \overline{U}$ 是一致的.

**注 4.3.5**　根据定理 4.3.1 和定理 4.3.2, 对于严格集压缩算子和凝聚算子, 利用同样的证明方法可以得到如下与全连续算子所具有的相同结论: 定理 2.3.2 (小扰动不变性和缺方向性质), 推论 2.3.1 (边界值性质), 定理 2.3.3 (包含了推论 4.2.6 ), 推论 2.3.2 (包含了定理 4.2.3 和推论 4.2.7), 定理 2.3.4, 定理 2.3.7, 定理 2.3.8, 定理 2.3.9 和定理 2.3.10. 当然对于凝聚算子要求 $X$ 是星形的.

## 4.4　本章内容的注释

4.1 节中关于 Kuratowski 非紧性测度概念和性质的内容可参见文献 [3], [13], [25], [26], [28], [35], [46] 等, 相应的 Hausdorff 球非紧性测度见文献 [3], [13].

例 4.2.1 由文献 [56] 给出, 例 4.2.3 和例 4.2.4 分别取自文献 [7] 和 [72]. 定理 4.2.1 (Mönch 不动点定理) 见文献 [4], [26], [28], [55], [59], 推论 4.2.2 (Daher 不动点定理) 见文献 [11], [26], [28], 推论 4.2.3 (Sadovskii 不动点定理) 和推论 4.2.4(Darbo 不动点定理) 见文献 [13], [25], [26], [28] 等, 推论 4.2.5 (Krasnoselskii 不动点定理) 见文献 [42], [62], [113]. 定理 4.2.2 取自文献 [55], [59], 这里给出了详细的证明. 定

理 4.2.4 (Rothe 不动点定理) 见文献 [25], [36] 等. 凝聚算子延拓定理 (定理 4.2.6) 见文献 [93], 不需要 $D$ 有界的条件.

4.3 节的内容取自文献 [13], [25], 这里对较为一般的同伦不变性进行了详细的讨论.

一些相关的内容可见文献 [44], [65], [71], [110].

# 参 考 文 献

[1]   Amann H. Fixed point equations and nonlinear eigenvalue problems in ordered Banach spaces. SIAM Review, 1976, 18(4): 620-709.

[2]   Avery R I, Henderson J, O'Regan D. Functional compression-expansion fixed point theorem. Electron. J. Differential Equations, 2008, 22: 1-12.

[3]   Akhmerov R R, Kamenskii M I, Potapov A S, et al. Measures of Noncompactness and Condensing Operators. Basel: Springer, 1992.

[4]   Agarwal R P, Meehan M, O'Regan D. Fixed Point Theory and Applications. Cambridge: Cambridge University Press, 2004.

[5]   Berezin I S, Zhidkov N P. Computing Methods. Oxford: Pergamon Press, 1965.

[6]   Chang K C. Methods in Nonlinear Analysis. Berlin: Springer, 2014.

[7]   陈文嶱. 非线性泛函分析. 兰州: 甘肃人民出版社, 1982.

[8]   陈文嶱, 秦成林. 紧摄动连续映象. 数学研究与评论, 1981, 1(1): 39-46.

[9]   崔玉军, 唐兴栋, 王峰. 奇异超线性 $(k, n - k)$ 多点边值问题的正解. 应用泛函分析学报, 2010, 12(1): 17-20.

[10]  Cui Y J, Zou Y M. Nontrivial solutions of singular superlinear $m$-point boundary value problems. Appl. Math. Comput., 2007, 187(2): 1256-1264.

[11]  Daher S J. On a fixed point principle of Sadovskii. Nonlinear Anal., 1978, 2(5): 643-645.

[12]  Day M M. Normed Linear Spaces. Berlin: Springer-Verlag, 1958.

[13]  Deimling K. Nonlinear Functional Analysis. Berlin: Springer-Verlag, 1985.

[14]  定光桂. 巴拿赫空间引论. 第二版. 北京: 科学出版社, 2008.

[15]  丁同仁, 李承治. 常微分方程教程. 第二版. 北京: 高等教育出版社, 2004.

[16]  Du Y H. Fixed points of increasing operators in ordered Banach spaces and applications. Appl. Anal., 1990, 38(1-2): 1-20.

[17]  杜一宏. 全序极小锥. 系统科学与数学, 1988, 8(1): 19-24.

[18]  Dugundji J. An extension of Tietze's theorem. Pacific J. Math., 1951, 1(3): 353-367.

[19]  Dugundji J. Topology. Boston: Allyn and Bacon, 1966.

[20]  Enflo P. A counterexample to the approximation problem in Banach spaces. Acta Math., 1973, 130(1): 309-317.

[21]  费祥历, 王峰, 陈云. 关于一个新泛函的锥拉伸与锥压缩不动点定理及应用. 纯粹数学与应用数学, 2010, 26(4): 546-553.

[22]  冯育强, 吕恒金, 丁新城. 关于锥理论的一些注记. 数学的实践与认识, 2014, 44(1): 227-231.

[23]  葛渭高. 非线性常微分方程边值问题. 北京: 科学出版社, 2007.

[24]  Granas A, Dugundji J. Fixed Point Theory. Berlin: Springer-Verlag, 2003.

[25]  郭大钧. 非线性泛函分析. 第三版. 北京: 高等教育出版社, 2015.

[26] 郭大钧. 非线性分析中的半序方法. 济南: 山东科学技术出版社, 2000.

[27] Guo D J, Lakshmikantham V. Nonlinear Problems in Abstract Cones. Boston: Academic Press, 1988.

[28] Guo D J, Lakshmikantham V, Liu X Z. Nonlinear Integral Equations in Abstract Spaces. Dordrecht: Kluwer Academic Publishers, 1996.

[29] 郭大钧, 孙经先. 非线性积分方程. 济南: 山东科学技术出版社, 1987.

[30] 郭大钧, 孙经先, 刘兆理. 非线性常微分方程泛函方法. 第二版. 济南: 山东科学技术出版社, 2005.

[31] Graef J R, Webb J R L. Third order boundary value problems with nonlocal boundary conditions. Nonlinear Anal., 2009, 71(5-6): 1542-1551.

[32] Hamel A. Variational Principles on Metric and Uniform Spaces. Habilitation Thesis, Halle, 2005.

[33] Hamel A H, Tammer C. Minimal elements for product orders. Optimization, 2008, 57(2): 263-275.

[34] Herrlich H. Axiom of Choice. Lecture Notes in Math., 1876. Berlin: Springer-Verlag, 2006.

[35] 胡适耕. 非线性分析理论与方法. 武汉: 华中理工大学出版社, 1996.

[36] Istratescu V I. Fixed Point Theory——An Introduction. Dordrecht: D.Reidel Publishing Company, 1981.

[37] 贾武艳. 非凸收缩核与非连续算子的不动点定理. 东北大学学位论文, 2015.

[38] 蒋达清. 奇异 $(k, n-k)$ 共轭边值问题的正解. 数学学报, 2001, 44(3): 541-548.

[39] Keener M S, Travis C C. Positive cones and focal points for a class of $n$th order differential equations. Trans. Amer. Math. Soc., 1978, 237: 331-351.

[40] Kong L B, Wang J Y. The Green's function for $(k, n-k)$ conjugate boundary value problems and its applications. J. Math. Anal. Appl., 2001, 255(2): 404-422.

[41] Krasnoselskii M A. Positive solutions of operator equations. Groningen: Noordhoff, 1964.

[42] Krasnoselskii M A. Topological methods in the theory of nonlinear integral equations. Oxford: Pergamon Press, 1964.

[43] Krasnoselskii M A, Zabreiko P P. Geometrical Methods of Nonlinear Analysis. Berlin: Springer-Verlag, 1985.

[44] Liu L S, Guo F, et. al. Existence theorems of global solutions for nonlinear Volterra type integral equations in Banach spaces. J. Math. Anal. Appl., 2005, 309(2): 638-649.

[45] Li F Y, Han G D. Generalization for Amann's and Leggett-Williams' three-solution theorems and applications. J. Math. Anal. Appl., 2004, 298(2): 638-654.

[46] Lakshmikantham V, Leela S. Nonlinear Differential Equations in Abstract Spaces. Oxford: Pergamon, 1981.

[47] Liu Z L, Li F Y. Multiple positive solutions of nonlinear two-point boundary value

problems. J. Math. Anal. Appl., 1996, 203(3): 610-625.

[48]  Liu C G, Ng K F. Ekeland's variational principle for set-valued functions. SIAM J. Optim., 2011, 21(1): 41-56.

[49]  Leggett R W, Williams L R. Multiple positive fixed points of nonlinear operators on ordered Banach spaces. Indiana Univ. Math. J., 1979, 28(4): 673-688.

[50]  马如云. 非线性常微分方程非局部问题. 北京: 科学出版社, 2004.

[51]  马如云. 一类非线性 $m$-点边值问题正解的存在性. 数学学报, 2003, 46(4): 785-794.

[52]  Ma R Y, Thompson B. Positive solutions for nonlinear $m$-point eigenvalue problems. J. Math. Anal. Appl., 2004, 297(1): 24-37.

[53]  Ma R Y, Wang H Y. Positive solutions of nonlinear three-point boundary-value problems. J. Math. Anal. Appl., 2003, 279(1): 216-227.

[54]  Milnor J. Analytic proofs of the "hairy ball theorem" and Brouwer fixed point theorem. Amer. Math. Monthly, 1978, 85(7): 521-524.

[55]  Mönch H. Boundary value problems for nonlinear ordinary differential equations of second order in Banach spaces. Nonlinear Anal., 1980, 4(5): 985-999.

[56]  Nussbaum R D. The fixed point index for local condensing maps. Ann. Mat. Pura Appl., 1971, 89(1): 217-258.

[57]  O'Regan D, Cho Y J, Chen Y Q. Topological Degree Theory and Applications. New York: Taylor & Francis Group, LLC, 2006.

[58]  O'Regan D, Preeup R. Compression-expansion fixed point theorem in two norms and applications. J. Math. Anal. Appl., 2005, 309(2): 383-391.

[59]  O'Regan D, Preeup R. Theorems of Leray-Schauder Type and Applications. The Netherlands: Gordon and Breach Science Publishers, 2001.

[60]  Protter M H, Weinberger H F. Maximum Principles in Differential Equations. New York: Springer-Verlag, 1984.

[61]  Sheng Q, Agarwal R P. Generalized maximum principle for higher order ordinary differential equations. J. Math. Anal. Appl., 1993, 174(2): 476-479.

[62]  宋叔尼, 张国伟. 变分方法的理论及应用. 北京: 科学出版社, 2012.

[63]  宋叔尼, 张国伟, 王晓敏. 实变函数与泛函分析. 北京: 科学出版社, 2007.

[64]  Steinlein H. On two results of J. Dugundji about extensions of maps and retractions. Proc. Amer. Math. Soc., 1979, 77(2): 289-290.

[65]  孙经先. 非线性泛函分析及其应用. 北京: 科学出版社, 2007.

[66]  Sun D D, Zhang G W. Computing the topological degrees via semi-concave functionals. Topol. Methods Nonlinear Anal., 2012, 39(2): 107-117.

[67]  孙冬冬, 张国伟. 凹泛函型锥拉伸与压缩不动点定理. 数学学报, 2010, 3(5): 847-852.

[68]  Sun J X, Zhang G W. Nontrivial solutions of singular sublinear Sturm-Liouville problems. J. Math. Anal. Appl., 2007, 326(1): 242-251.

[69]  Sun J X, Zhang G W. Nontrivial solutions of singular superlinear Sturm-Liouville

problems. J. Math. Anal. Appl., 2006, 313(2): 518-536.

[70] 孙经先, 张国伟. 奇异非线性 Sturm-Liouville 问题的正解. 数学学报, 2005, 48(6): 1095-1104.

[71] 孙经先, 张晓燕. 凸幂凝聚算子的不动点定理及其对抽象半线性发展方程的应用. 数学学报, 2005, 48(3): 439-446.

[72] Toledano J M A, Benavides T D, Acedo G L. Measures of noncompactness in metric fixed point theory. Basel: Birkhauser, 1997.

[73] Webb J R L. Positive solutions of nonlinear equations via comparison with linear operators. Discrete Contin. Dyn. Syst., 2013, 33(11-12): 5507-5519.

[74] Webb J R L. Existence of positive solutions for a thermostat model. Nonlinear Anal. Real World Appl., 2012, 13(2): 923-938.

[75] Webb J R L. Nonexistence of positive solutions of nonlinear boundary value problems. Electron. J. Qual. Theory Differ. Equ., 2012, 61: 1-21.

[76] Webb J R L. Positive solutions of a boundary value problem with integral boundary conditions. Electron. J. Differential Equations, 2011, 55: 1-10.

[77] Webb J R L. Nonlocal conjugate type boundary value problems of higher order. Nonlinear Anal., 2009, 71(5-6): 1933-1940.

[78] Webb J R L. Positive solutions of some higher order nonlocal boundary value problems. Electron. J. Qual. Theory Differ. Equ., 2009, 29: 1-15.

[79] Webb J R L. Remarks on $u_0$-positive operators. J. Fixed Point Theory Appl., 2009, 5(1): 37-45.

[80] Webb J R L, Infante G. Semi-positone nonlocal boundary value problems of arbitrary order. Commun. Pure Appl. Anal., 2010, 9(2): 563-581.

[81] Webb J R L, Infante G. Nonlocal boundary value problems of arbitrary order. J. London Math. Soc., 2009, 79(1): 238-258.

[82] Webb J R L, Infante G. Positive solutions of nonlocal boundary value problems involving integral conditions. Nonlinear Differential Equations Appl., 2008, 15(1): 45-67.

[83] Webb J R L, Infante G. Positive solutions of nonlocal boundary value problems: a unified approach. J. London Math. Soc., 2006, 74(2): 673-693.

[84] Webb J R L, Lan K Q. Eigenvalue criteria for existence of multiple positive solutions of nonlinear boundary value problems of local and nonlocal type. Topol. Methods Nonlinear Anal., 2006, 27(1): 91-115.

[85] Webb J R L, Zima M. Multiple positive solutions of resonant and non-resonant nonlocal fourth-order boundary value problems. Glasgow Math. J., 2012, 54(1): 225-240.

[86] Webb J R L, Zima M. Multiple positive solutions of resonant and non-resonant nonlocal boundary value problems. Nonlinear Anal., 2009, 71(3-4): 1369-1378.

[87] 夏道行, 吴卓人, 等. 实变函数与泛函分析. 第二版 (修订本). 北京: 高等教育出版社, 2010.

[88]  熊金城. 点集拓扑讲义. 第三版. 北京: 高等教育出版社, 2003.

[89]  薛小平, 吴玉虎. 非线性分析. 北京: 科学出版社, 2011.

[90]  Xue Y, Zhang G W. Positive solutions of second-order three-point boundary value problems with sign-changing coefficients. Electron. J. Qual. Theory Differ. Equ., 2016, 97: 1-10.

[91]  叶彦谦. 常微分方程讲义. 北京: 高等教育出版社, 1982.

[92]  游兆永, 龚怀云, 徐宗本. 非线性分析. 西安: 西安交通大学出版社, 1991.

[93]  余庆余, 姚福元. $k$-集压缩映射的延拓问题. 数学研究与评论, 1987, 7(1): 139-140.

[94]  Zeidler E. Nonlinear Functional Analysis and its Applications, I: Fixed-Point Theorems. Berlin: Springer-Verlag, 1986.

[95]  张福保. 现代分析基础及其应用. 北京: 科学出版社, 2014.

[96]  张恭庆, 林源渠. 泛函分析讲义. 上册. 北京: 北京大学出版社, 1987.

[97]  Zhang G W. Positive solutions of two-point boundary value problems for second-order differential equations with the nonlinearity dependent on the derivative. Nonlinear Anal. TMA, 2008, 69(1): 222-229.

[98]  Zhang G W, Li P C. Nonconvex retracts and computation for fixed point index in cones. Topol. Methods Nonlinear Anal., 2014, 43(2): 365-372.

[99]  Zhang G W, Li P C. On nonconvex retracts in normed linear spaces. Carpathian J. Math., 2016, 32(2): 259-264.

[100]  Zhang G W, Sun J X. A generalization of the cone expansion and compression fixed point theorem and applications. Nonlinear Anal., 2007, 67(2): 579-586.

[101]  Zhang G W, Sun J X. Multiple positive solutions of singular second-order $m$-point boundary value problems. J. Math. Anal. Appl., 2006, 317(2): 442-447.

[102]  张国伟, 孙经先. 奇异 $(k, n - k)$ 多点边值问题的正解, 数学学报, 2006, 49(2): 391-398.

[103]  张国伟, 孙经先. 一类奇异两点边值问题的正解. 应用数学学报, 2006, 29(2): 297-310.

[104]  张国伟, 孙经先. 非线性 $(k, n - k)$ 共轭边值问题正解存在的特征值条件. 数学物理学报, 2006, 26(6): 889-896.

[105]  Zhang G W, Sun J X. Existence of positive solutions for singular second-order $m$-point boundary value problems. Acta Math. Appl. Sin. Engl. Ser., 2004, 20(4): 655-664.

[106]  Zhang G W, Sun J X. Positive solutions of $m$-point boundary value problems. J. Math. Anal. Appl., 2004, 291(2): 406-418.

[107]  Zhang G W, Sun J X. Existence of positive solutions for a class of second-order two-point boundary value problem. Positivity, 2008, 12(3): 547-554.

[108]  张国伟, 孙经先. 凸泛函型的区域压缩与拉伸不动点定理. 数学学报, 2008, 51(3): 517-522.

[109]  Zhang G W, Zhang P. On some basic properties of cones with proofs independent of Zorn's lemma. Math. Slovaca, 2016, 66(5): 1187-1192.

[110]  Zhang G W, Zhang T S. Fixed point theorems of Rothe and Altman types about

convex-power condensing operator and application. Appl. Math. Comput., 2009, 214(2): 618-623.

[111]  张澎. 不动点指数的计算与 Banach 空间中锥的性质. 东北大学学位论文, 2014.

[112]  Zhang Z T. Some new results about abstract cones and operators. Nonlinear Anal., 1999, 37(4): 449-455.

[113]  赵义纯. 非线性泛函分析及其应用. 北京: 高等教育出版社, 1989.

[114]  郑维行, 王声望. 实变函数与泛函分析概要. 北京: 高等教育出版社, 1989.

[115]  钟承奎, 范先令, 陈文嵋. 非线性泛函分析引论. 兰州: 兰州大学出版社, 1998.

# 索　引